Für Oddný Assa

STATISTISCHE INFORMATIONEN

LÄNGE – gemessen von der Schnabelspitze bis zum Schwanzend

SPANNWEITE – zwischen den Flügelspitzen bei ausgestreckten Flügeln

*GEWICHT – kleine Vögel in g, große Vögel kg**

GELEGE – häufigste Anzahl der Eier

BRUT – Bebrütung eines Geleges, bis zum Schlüpfen des Kükens

AUFZUCHT – vom Schlüpfen des ersten Kükens bis zum Flüggewerden

LÄNGE	SPANNWEITE	GEWICHT	GELEGE	BRUT	AUFZUCHT	BESTANDGRÖSSE
145–160 cm	218–243 cm	10 kg	2–6 Eier	34–35 Tage	77–91 Tage	16.000 ~ 2.500 Paare

Die Bestandgröße von kleinen Populationen und von Arten, deren Nester leicht zu zählen sind, ist genau bekannt. Viele Arten brüten aber verstreut, und dann handelt es sich nur um grobe Schätzungen (gekennzeichnet mit ~). Meist wird die Bestandgröße in Brutpaaren angegeben, aber manchmal auch die Größe des Gesamtbestands, wenn Zählungen in den Winterquartieren oder Frühjahrszählungen hierzulande vorliegen. Die Bestände sind Ende des Sommers am größten.

Schnabel, Beine und Augen

Flugweise und Verhalten

Stimme

Nahrung

Lebensraum und Brutgebiete

Verbreitung und Zug

* Zu beachten ist, dass es sich hierbei um Durchschnittszahlen handelt. Oft bestehen große, u.U. auch jahreszeitlich bedingte Unterschiede zwischen Geschlechtern und Altersgruppen. Zugvögel haben nach beendetem Zug das geringste Gewicht und sind am schwersten vor Antritt des Flugs.

GRUPPIERUNG DER ARTEN

SEEVÖGEL	WATVÖGEL	MÖWEN	WASSERVÖGEL	LANDVÖGEL	SPERLINGSVÖGEL

♂ oder ♀

Schlichtkleid

Küken

BILDTEXTE

Auf den meisten Fotos auf der linken Seite des Haupttextes sind Ad. im Prachtkleid abgebildet. Erläuterungen werden nur dann gegeben, wenn die Geschlechter ungleich gefärbt sind oder wenn es sich nicht um das **PK** handelt. Folgende Begriffe und Symbole werden verwendet:

♂: Männchen | ♀: Weibchen

***Küken:** Altersstufe vom Schlüpfen bis zum Flüggewerden*

***Jungvogel:** Damit wird das erste Federkleid nach dem Flüggewerden bezeichnet. Einige Arten legen anschließend gleich das Gefieder der Altvögel an*

***1. Herbst:** Gefieder meist wie beim Jungvogel; wird nur bei den Arten verwendet, die das Alterskleid nicht gleich im 1. Jahr erhalten*

***1. Winter:** erstes Kleid nach dem Jugendkleid*

***1. Sommer:** Kleid eines einjährigen Vogels*

***2. Sommer:** Kleid eines zweijährigen Vogels*

***Ad.:** ausgewachsene, geschlechtsreife Vögel*

***Imm.:** noch nicht geschlechtsreife Jungvögel*

Im Hinblick auf die Altersangabe ist zu beachten, dass mit dem 1. Sommer nicht der Sommer gemeint ist, in dem der Vogel schlüpft, sondern der Sommer danach. Der erste Winter hingegen ist der Winter nach dem Schlüpfen. Da es von Art zu Art große Unterschiede gibt, wann die Jungvögel geschlechtsreif werden bzw. das Alterskleid anlegen, wird immer darauf hingewiesen, wenn es sich bei den abgebildeten Vögeln nicht um ein Individuum im PK handelt.

Jóhann Óli Hilmarsson

Isländischer Vogelführer

MÁL OG MENNING

Isländischer Vogelführer

Gestaltung: Alexandra Buhl
Umschlaggestaltung: BÓT, hönnunarstofa
Druck: Oddi, Umweltfreundliche Druckerei

Mál og menning
Reykjavík 2011

Deutsche Übersetzung: Coletta Bürling

1. Ausgabe 2000
2. vollständig überarbeitete und neu übersetzte Ausgabe 2011

ISBN 978-9979-3-3221-3

Die rund 600 Fotos in diesem Buch stammen vom Verfasser, mit Ausnahme der folgenden Aufnahmen:

S. 33, oben links: Bruno Maia
S. 35 obere Fotos: Steven Round.
S. 53, oben rechts.: Hjálmar R. Bárðarson
S. 53, unten: Skarphéðinn Guðmundur Þórisson
S. 54, links: Sigmundur Ásgeirsson
S. 54, rechts: Ómar Runólfsson
S. 78: Hrafn Óskarsson
S. 79, oben rechts: Yann Kolbeinsson
S. 79, unten: Hrafn Óskarsson
S. 89, unten: Halla Hreggviðsdóttir.
S. 92, links: Ómar Runólfsson
S. 94, unten rechts: Yann Kolbeinsson
S. 124, oben rechts: Ingvar Atli Sigurðsson
S. 125, unten links: Yann Kolbeinsson
S. 126, unten rechts: Björn Gísli Arnarson
S. 127 links: Ómar Runólfsson
S. 127 rechts: Jari Peltomäki
S. 184, beide Fotos links: Sindri Skúlason
S. 190, links: Markus Varesvuo
S. 190, rechts: Rich Andrews
S. 206: Markus Varesvuo
S. 207, oben links: Yann Kolbeinsson
S. 207, oben rechts: Markus Varesvuo
S. 207, unten: Jari Peltomäki
S. 213, beide Fotos rechts: Yann Kolbeinsson.
S. 215, links: Örn Óskarsson
S. 247, beide Fotos rechts: Yann Kolbeinsson
S. 249, unten links: Yann Kolbeinsson
S. 249, beide Fotos rechts: Yann Kolbeinsson
S. 250, beide Fotos rechts: Markus Varesvuo
S. 251: Yann Kolbeinsson
S. 252, beide Fotos links: Yann Kolbeinsson
S. 252, rechts: Eyþór Ingi Jónsson
S. 253, rechts: Yann Kolbeinsson
S. 254, links: Yann Kolbeinsson

Die Aufnahmen wurden mit Canon EOS Kameras gemacht: mit den analogen Kameras 3 und 5 und mit den digitalen Kameras D10, D5, D1, MKII, MKIII und MkIV. Unter anderem wurden folgende Objektive eingesetzt: 24-105 f4L, 70-200mm f2.8L, 300mm f4L, 300mm f2.8L, 400mm f2.8L und 500mm f4L kombiniert mit EF1,4x und 2x. Die analogen Filme wurden mit einem Nikon Coolscan V eingescannt. Die Bilder wurden mit verschiedenen Photoshopversionen auf PC und Mac bearbeitet.

Aufnahme vom Verfasser auf der Rückseite: Halla Hreggviðsdóttir
Die meisten Fotos von einzelnen Eiern stammen von Valdimar Sverrisson.
Für die Aufnahmen von Adlern und Falken auf oder am Nest, ebenso wie für die von Thorshühnchen im Brutgbiet, wurde die Erlaubnis des Umweltministerium eingeholt.

INHALTSVERZEICHNIS

TAXONOMISCHE ORDNUNG*

*Die Anordnung in dieser Liste bezieht sich auf den augenblicklichen Stand der Wissenschaft, Fragen der taxonomischen Ordnung werden derzeit sehr kontrovers diskutiert.

VORWORT ZUR ERSTEN AUSGABE 1999

BEI DER VORBEREITUNG zu diesem Buch strebten Autor und Herausgeber an, ein Bestimmungsbuch isländischer Vögel mit umfangreichem, knappem Informationsteil und reicher Bebilderung zu schaffen, das Naturliebhabern, Schülern und Vogelfreunden dienen kann.

Im Hauptteil werden isländische Vögel nach den wesentlichen Merkmalen auf jeweils einer Seite dargestellt. Der Text geht auf die wichtigsten Charakteristika, wie Aussehen, Verhalten, Lebensraum, Verbreitung außerhalb Islands und Vogelzug ein. Die Laute werden in Anbetracht der Schwierigkeit, Töne zu Papier zu bringen, nur kurz geschildert. Ergänzend erscheint

jeweils eine Karte zur Brut- und Winterverbreitung; Aufenthalt in Island und Brutzeit werden graphisch dargestellt.

Abbildungen von Eiern aller in Island, üblichen Brutvögel erscheinen zusammen mit exemplarischen Nestern und Abbildungen zahlreicher Jungvögel.

Die besprochenen Vögel sind so ausgewählt, daß möglichst viele Anwender des Handbuches angesprochen werden. Alle isländischen Brutvögel, Zugvögel und verbreiteten Wintergäste, aber auch Sommergäste und jährliche Transitgäste werden vorgestellt, seltene Irrgäste dagegen vernachlässigt. An dieser Stelle wird auf Bücher über europäische Vögel verwiesen.

[...]

Dem Buch liegen unzählige, teils veröffentlichte und teils unveröffentlichte Quellen über isländische Vögel zu Grunde, die aus Platzgründen nicht alle genannt werden können. Die wichtigsten sind im Anhang zusammen mit einer Liste der seit 1936 erschienenen größeren Werke über isländische Vögel erwähnt.

Ein Buch wie dieses entsteht nicht ohne Hilfe. Allen, die auf irgendeine Weise daran mitgewirkt haben, sei an dieser Stelle gedankt, insbesondere Gunnlaugur Pétursson für seine Assistenz bei der Erstellung von Verbreitungskarten, Korrekturlesen u.a., Kristinn Haukur Skarphéðinsson fürs Korrekturlesen u.a., Guðmundur A. Guðmundsson für das abschließendes Korrekturlesen, Ólafur Karl Nielsen, Ólafur Einarsson und Einar Ólafur Þorleifsson für Auskünfte u.a.

[...]

Dank gilt auch jenen, die Fotos beisteuerten, auf Vögel hinwiesen, ihr Land oder gar ihr Haus zur Verfügung stellten, sowie allen anderen, die bei der Entstehung des Buches mitgeholfen haben.

Besonderer Dank gilt allen, die Fotos seltener Vögel beisteuerten. Sie sind auf S. 4 genannt.

(Deutsch von Gudrun M. Hanneck Kloes)

VORWORT ZUR DRITTEN AUFLAGE 2011

Zum zehnjährigen „Geburtstag“ des Isländischen Vogelführers wurde 2009 die Entscheidung getroffen, eine neue und überarbeitete Fassung herauszugeben. In den zehn Jahren seit seinem Erscheinen hat er sich großer Beliebtheit erfreut. Aber in der Zwischenzeit hat sich vieles verändert, nicht nur, was den Wissenszuwachs über die Avifauna betrifft, sondern nicht zuletzt auch im Hinblick auf den technischen Fortschritt. 2003 ging der Autor zur digitalen Fotografie über, auch wenn er den Film nicht ganz links liegen ließ. Dank der Digitaltechnik ist das Interesse an Vogelfotografie erheblich gestiegen, und heute gelingt es wesentlich mehr Menschen, interessante Aufnahmen von Vögeln zu machen als noch vor zehn Jahren. Wie schon bei der 1. Ausgabe war es kein einfaches Unterfangen, die Bilder für dieses Buch auszuwählen – nicht selten mussten schöne und künstlerische Fotos dem Aspekt zum Opfer fallen, einen Vogel im Hinblick auf seine Charakteristika in optimaler Beleuchtung und Position zu zeigen.

Der Isländische Vogelführer ist zwar in den Grundzügen unverändert, doch die allermeisten Fotos wurden ausgetauscht und auch das Seiten-Layout wurde neu gestaltet. Insgesamt kamen 34 neue Arten von häufigeren oder seltenen Gästen hinzu, und drei Arten, die bislang als „Irrgäste" geführt wurden, erhielten in der Zwischenzeit den Status eines Brutvogels. Im Vorwort zur Erstausgabe wurde es versäumt, den Verleger Jón Karlsson zu erwähnen, von dem die Initiative zu diesem Vogelführer ausging; ihm ist es zu verdanken, dass die Idee zur Durchführung kam, und er besorgte den Umbruch; und nicht zuletzt hielt er den Autoren bei der Stange, was nicht immer einfach war. Ich möchte ihm nachträglich für seine Geduld und seinen uneigennützigen Einsatz danken, denn ohne ihn wäre dieses Buch nicht zustandegekommen.

Viele andere, die seinerzeit an der ersten Ausgabe beteiligt waren, standen mir auch jetzt wieder mit Rat und Tat zur Seite, darunter Gunnlaugur Pétursson, der Eier und die Liste über isländische Vögel zur Verfügung stellte. Außerdem haben er und Yann Kolbeinsson die Abschnitte über „Häufige und seltenere Gäste" gelesen. Daníel Bergmann hat mich beim Fotografieren und in technischen Fragen inspiriert. Halla Hreggvíðsdóttir befasste sich kritisch mit den Aufnahmen und gab mir konstruktive Anregungen. Ólafur K. Nielsen las das endgültige Manuskript zu diesem Buch durch, ihm verdanke ich wichtige Hinweise. Das Naturwissenschaftliche Institut stellte die Informationen für die Verbreitungskarten zur Verfügung, und Kristinn Haukur Skarphéðinsson überprüfte sie. Den Mitarbeitern von Forlagið, vor allem meinem Redakteur Bjarni Guðmarsson, der Designerin Alexandra Buhl und dem DTP-Setzer Ólafur Tryggvi Magnússon möchte ich für die gute Zusammenarbeit und ihre Geduld danken. Die Übersetzer Coletta Bürling und Edward B. Rickson haben sich des Textes mit großer Sorgfalt angenommen und etliche Verbesserungsvorschläge eingebracht. Die Kameras und Linsen wurden bei der Firma Beco gekauft, deren Mitarbeitern ich für exzellenten Service danke. Denjenigen, die Aufnahmen beigesteuert haben, sei für ihre Beiträge gedankt; sie werden auf S. 6 genannt. Und wie zuvor waren es auch viele andere, die auf die eine oder andere Weise zu diesem Buch beigetragen haben – indem sie mich auf Vögel hinwiesen, mir den Zutritt zu ihrem Land gestatteten, mich bei sich aufnahmen oder mich zu Inseln übersetzten – denn Aufnahmen für ein Buch dieser Art schüttelt man nicht aus dem Ärmel, sie kosten Blut Schweiß und Tränen. All diesen Menschen möchte ich an dieser Stelle meinen Dank für ihre Hilfsbereitschaft und Mitarbeit am Vogelführer aussprechen, wie auch allen anderen, die in irgendeiner Form an der Neuauflage beteiligt waren. Ganz zum Schluss sei Hagþenkir gedankt, dem Verband der Autoren von Sachbüchern und Unterrichtsmaterial, für seine Unterstützung.

Das Buch widme ich meiner Tochter Oddný Assa.

VOGELBESTIMMUNG

Bei der Bestimmung eines Vogels sind viele Aspekte wie beispielsweise Färbung, Größe, Körperform, Flugweise, Stimme und sogar Lebensraum zu berücksichtigen. Erfahrene Vogelbeobachter sind häufig imstande, Vögel sehr schnell und sogar aus größerer Entfernung zu erkennen, aber manche Vögel sind schwerer zu bestimmen als andere. Alle kennen Kolkraben und Singschwäne, aber wenn es darum geht, Jungmöwen zu unterscheiden, oder eine weibliche Schnatterente von einer Stockente, bedarf es intensiver Beobachtung.

Im Folgenden einige Hinweise, worauf man achten sollte:

Größe. Wie groß ist der Vogel, beispielsweise gemessen an Vögeln, die man gut kennt? In diesem Buch werden Längenmaß, Flügelspannweite und Gewicht angegeben, was einen Vergleich erleichtern sollte. Ist ein Vogel z.B. größer oder kleiner als eine Taube?

Die Hauptfarben oberseits und unterseits. Weist der Vogel das gängigste Muster auf, d.h. an der Oberseite dunkel und an der Unterseite hell? Eine Ausnahme bildet der Eiderentenerpel, der oberseits heller als unterseits ist.

Auffallende Musterung. Ist der Vogel an Rücken, Bauch oder Kopf gesteift oder gestrichelt? Gibt es Flügelbinden oder Flügelfelder? Ist er am Rücken weiß gefleckt, oder ist der Nacken dunkler als der Vorderhals? Hier könnte man noch lange fortfahren ...

Größe, Form und Farbe von Schnabel und Füßen. Ist der Schnabel lang und schmal wie beim Regenbrachvogel, oder kurz und kräftig wie bei der Schneeammer? Haben die Beine eine auffällige Farbe, sind sie beispielsweise rot, lang oder kurz, haben sie Schwimmhäute zwischen den Zehen?

Flugweise und anderes Verhalten. Bei der Bestimmung von Vögeln sind verschiedene Aspekte in Bezug auf Flug und Verhalten wichtig. Beispiel Enten – fliegen sie steil vom Wasser hoch wie Gründelenten, oder nehmen sie Anlauf wie Tauchenten?

Stimme: Nicht zuletzt die Stimme eines Vogels ist entscheidend bei der Bestimmung, vor allem im Wald. Dort können sich viele und verschiedenartige Vögel gleichzeitig zu Wort melden, ohne dass man sie sehen kann. Die Erfahrung lehrt einen einiges, aber man kann das Gehör auch mit Aufnahmen von Vogelstimmen schulen, die auf CDs oder im Internet zu finden sind.

Habitat. Das Habitat oder der Lebensraum kann oft Hinweise darauf geben, um was für einen Vogel es sich handelt. Wurde er auf Heideland, in Feuchtgebieten oder auf dem Wasser gesichtet? Auf S. 291 in diesem Buch findet sich ein Abschnitt über die wichtigsten Lebensräume isländischer Vögel.

Hier wurden einige Aspekte bei der Vogelbeobachtung aufgezählt. Sie sind keineswegs erschöpfend, können aber hoffentlich dem Benutzer Anregungen geben, wie man diverse Aspekte miteinander verknüpfen kann, um einen Vogel zu bestimmen, den man in der Nähe oder durchs Fernglas sieht bzw. nur hört.

ZUR GRUPPIERUNG DER VÖGEL IN DIESEM BUCH

Der Einfachheit und Zugänglichkeit halber wurden die Vögel in diesem Buch in sechs Gruppen unterteilt: Seevögel, Watvögel, Möwen, Wasservögel, Landvögel und Singvögel. Die vom Autor vorgenommene Zusammenstellung erfolgte nach Lebensraum, Verhalten und/oder Verwandtschaft, und wurde von den Benutzern der vorigen Auflage des Vogelführers sehr geschätzt. Wer an die taxonomische Reihe gewohnt ist, die allerdings im Augenblick sehr kontrovers diskutiert wird, findet sie in der Übersicht auf S. 8-9.

SPEZIALAUSDRÜCKE UND ABKÜRZUNGEN

Ad. – adulte, d.h. erwachsene, geschlechtsreife Vögel

Art – Eine Art ist, vereinfacht gesagt, eine Gruppe von Lebewesen (u.a. Vögel), die eine Population bilden, in Aussehen und Körperbau übereinstimmen, fruchtbaren Nachwuchs zeugen und sich nicht mit artfremden Lebewesen vermischen. Eine Art wird bisweilen unterteilt, wenn es geographisch bedingte Unterschiede erfordern, vgl. auch Taxonomie.

Augenring – ringförmige, farblich abgesetzte Befiederung rings um das Auge

Aufzuchtzeit – Phase vom Schlüpfen bis zur Flugfähigkeit

Bestand – Als Bestand oder Population bezeichnet man eine Gruppe von Individuen derselben Art in einer bestimmten Region. Die Größe eines Brutvogelbestands bezieht sich meist auf die Anzahl der Paare, bei Wintergästen bzw. Durchzüglern zählt man die Individuen.

Brutzeit – Phase vom Eierlegen bis zum Schlüpfen der Küken. Die Bebrütung beginnt meist, wenn das letzte Ei gelegt ist, so daß alle Jungen etwa gleichzeitig schlüpfen. Einige Vogelarten nehmen die Brut mit dem ersten Ei auf, dann schlüpfen die Jungen zu unterschiedlichen Zeiten.

Durchzügler – Vögel, die auf dem Zug zwischen Winter- und nördlicher gelegenen Brutquartieren in Island rasten (u.a. Blässgans, Steinwälzer und Spatelraubmöwe).

eutroph – nährstoffreich

Flügelbinde – Flügelabzeichen, das von den hellen Spitzen der Armdecken gebildet wird.

Flügelstreif – Häufig nur im Flug sichtbarer Streif, der von den Basen der Hand- und Armschwingen gebildet wird.

Gonysfleck – Bereich vor der Unterschnabelspitze, der eine andere Färbung aufweist.

Hybride – Hybriden entstehen bei Kreuzungen zwischen zwei (nah miteinander verwandten) Arten bzw. Unterarten.

Imm. – Immature, noch nicht geschlechtsreife Vögel

Irrgast – Als Irrgäste bezeichnet man Vögel (häufig Jungvögel), die bei Schlechtwetterlagen während des Zugs vom Wind verdriftet werden; sie sind meist im Herbst, aber häufig auch im Frühjahr anzutreffen. Im übrigen scheinen Vögel zu Irrflügen zu tendieren, denen letzten Endes auch kaum Grenzen gesetzt sind.

JK – Jugend kleid, das Gefieder, in dem ein Jungvogel flugfähig wird.

Lidring – unbefiederter, farblich abgesetzter Ring um das Auge

Mauser – Vögel wechseln regelmäßig das Gefieder. Bei den meisten Vogelarten findet einmal im Jahr eine Vollmauser statt, wobei sämtliche Federn gewechselt werden. Einige

Arten wechseln aber Teile des Rumpfgefieders noch öfter. Manche Vögel mausern im Frühjahr und im Herbst, vgl. Prachtkleid. Bei den meisten Arten werden die Flugfedern nach und nach gewechselt. Auf diese Weise bleiben die Vögel flugfähig. Entenvögel, Lappen- und Seetaucher verlieren sämtliche Flugfedern auf einmal und sind während dieser Zeit nicht imstande zu fliegen.

Morphe – Helle bzw. dunkle Farbvariante einer Art, die weder regional noch durch eine Unterart bedingt ist.

Nagel – vorderste Spitze des Schnabels bei Entenvögeln.

Nestflüchter – Frisch geschlüpfte Küken mit Daunenkleid, die das Nest verlassen, sobald die Daunen getrocknet sind.

Nesthocker – Küken, die nach dem Schlüpfen nackt und unselbständig sind und im Nest aufgezogen werden.

PK – Prachtkleid, d.h. das Gefieder von Altvögeln während der Balz- und Brutzeit (meist im Sommer).

Population – s. Bestand

Revier – Das Gebiet, das sich ein Paar in der Nähe des Brutplatzes sichert. Reviere sind unterschiedlich groß – einige Arten beanspruchen nur den eigentlichen Nistplatz (Alke), bei andern umfasst das Revier etliche Quadratkilometer (Eistaucher, Seeadler).

SK – Schlichtkleid, das unauffällige Federkleid von Altvögeln, das nach der Brutzeit und meist im Winter angelegt wird.

Sommergast – Sommergäste sind Vögel, die regelmäßig im Sommer in Island anzutreffen sind, aber nicht hier brüten, beispielsweise Dunkler und Großer Sturmtaucher, die aus der südlichen Hemisphäre nach Island kommen, wenn in ihrer Brutheimat Winter ist.

Standvögel – Standvögel oder Jahresvögel halten sich ganzjährig in Island auf. Bei einigen Vogelarten sind ein Teil der Individuen Jahresvögel, andere ziehen in Winterquartiere.

Tarnkleid (Enten) – Im Sommer bzw. Spätsommer verlieren Entenvögel die Flugfedern. Die Erpel zahlreicher Entenarten wechseln dann aber auch das Rumpfgefieder und legen sich ein Tarnkleid zu, in dem sie den weiblichen Vögeln ähneln. Auf diese Weise leben sie während der fast einmonatigen Flugunfähigkeit sicherer. Die ersten Erpel wechseln bereits Ende Mai zum Tarnkleid über, und die meisten haben im Oktober wieder ihr Prachkleid angelegt. Für die Weibchen ist es von Vorteil, ganzjährig gut getarnt zu sein.

Taxonomie – Vögel werden in 27 Ordnungen (Endung -FORMES) unterteilt. Jede Ordnung wird in Familien (-idae), Gattungen und Arten unterteilt. Die wissenschaftliche Bezeichnung einer Art besteht aus zwei Teilen und wird kursiv geschrieben – zuerst kommt der Gattungsname, z.B. *Branta*, und dann der Artname, *bernicla*. Im Fall von Unterarten kommt eine dritte Bezeichnung hinzu, *Branta bernicla hrota*.

Teilzieher – Von Teilziehern spricht man, wenn nur ein bestimmter Teil einer Population zu Winterquartieren zieht.

Vogelzug – Der jährliche Vogelzug dient meist dazu, von den Winterquartieren in die Brutgebiete zu gelangen und umgekehrt, doch er kann auch mit der Mauser zusammenhängen.

Wintergast – als Wintergäste werden Vögel bezeichnet, die den Winter in Island verbringen und normalerweise nicht hier brüten.

Zugvogel –Zugvögel ziehen jährlich von den Winterquartieren zu den Brutgebieten und umgekehrt. Innerhalb einer Vogelart kann der Status unterschiedlich sein, die Individuen sind dann entweder größtenteils Zugvögel oder größtenteils Jahresvögel, je nach dem Anteil der bleibenden oder ziehenden Vögel.

Topografie des Vogels

Da die Vögel äußerlich gesehen einheitliche Merkmale aufweisen, können in den allermeisten Fällen auch die gleichen Bezeichnungen für die anatomische Beschreibung benutzt werden, auch wenn die Arten biologisch gesehen überhaupt nicht miteinander verwandt sind. Federkleid, Schnabel und Beine werden bei der Beschreibung der Arten aufgeführt, doch es hängt dabei natürlich nicht unwesentlich von der Position des Vogels oder der Perspektive des Beobachters ab, wie gut bestimmte Körperteile oder Charakteristika sichtbar sind. Wie auf der Abbildung rechts zu sehen ist, sind Handschwingen und Schwanzfedern die größten Federn. Die Flugfedern werden unterteilt: Ganz außen sind 9–11 Handschwingen, deren äußerste oft sehr klein sind. Weiter innen liegen 9–30 Armschwingen. Die Flügel sind oben und unten mit Deckfedern bestückt (Ober- und Unterdecken), die für eine aerodynamische Form sorgen und zudem den obersten Teil der Flugfedern bedecken. Die Oberflügeldecken werden häufig in kleine (vorn), mittlere oder große (hinten) Arm- oder Handdecken unterteilt.

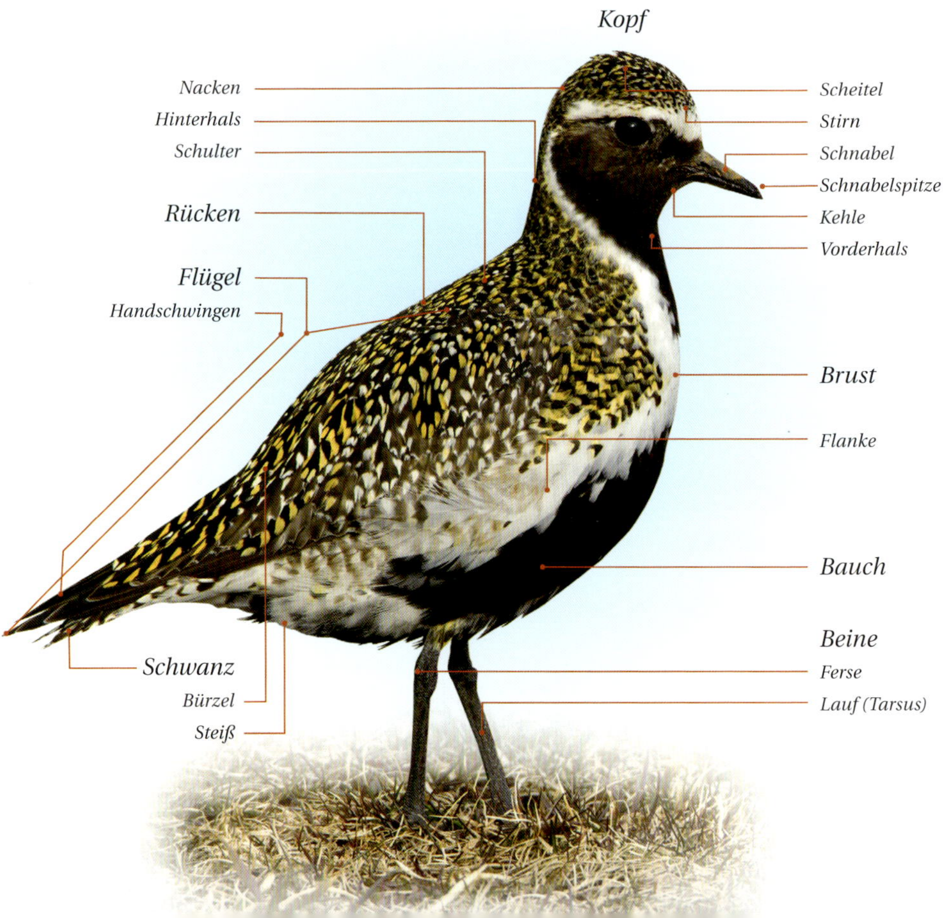

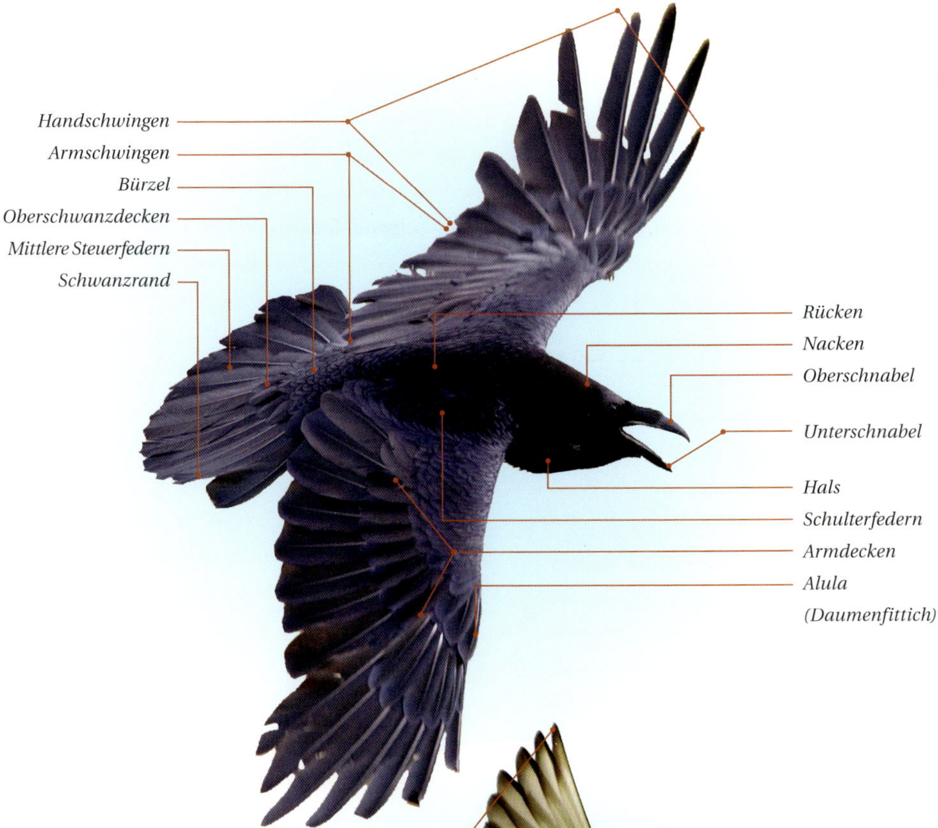
Handschwingen
Armschwingen
Bürzel
Oberschwanzdecken
Mittlere Steuerfedern
Schwanzrand
Rücken
Nacken
Oberschnabel
Unterschnabel
Hals
Schulterfedern
Armdecken
Alula
(Daumenfittich)

Alula
Unterflügeldecken
Achselfedern
Scheitel
Handschwingen
Armschwingen
Schwanz
Steiß
Unterschwanzdecken
Hinterzehe
Mittelzehkralle
Zehen
Lauf (Tarsus)
Ferse
Unterschenkel
Brust
Bauch
Flanke (Seite)
Flügelhinterrand
Flügelbinde
Flügelvorderrand
Flügelspitze

KOPF

Bei der Beschreibung geht es häufig um Details am Vogelkopf, wie z.B. Streifung oder Besonderheiten des Schnabels. Die Streifen am Kopf eines Vogels reichen oft seitlich bis in den Nacken. Die Streifen werden jeweils danach bezeichnet, wo sie sich befinden, zum Beispiel gemessen am Auge (Augen- bzw. Überaugenstreif).

KOPFSCHMUCK

Hat der Vogel einen herunterhängenden Schopf wie die Reiherente, eine aufgerichtete Federtolle wie die Krähenscharbede oder stehen die Federn strähnig ab wie der Mittelsäger?

SCHNABEL UND BEINE

Die Schnabelform ist charakteristisch und der jeweiligen Nahrungsbeschaffung angepasst. Körnerfresser (Schneeammer, Birkenzeisig) haben einen kurzen, kräftigen Schnabel, bei Fischfressern (Seetauchern, Kormoranen, Sägern, Alken) ist er dolchförmig und bei einigen mit Sägezähnen bestückt de. Bei Watvögeln ist der Schnabel meist lang und schmal, um im Schlick oder Boden nach Nahrung zu stochern; häufig ist er vorne leicht abwärts gebogen. Die Insektenfresser unter den Singvögeln haben kurze und schmale Schnäbel. Bei Enten ist der Schnabel flach und breit. Raubvögel und Eulen haben einen hakenförmigen Schnabel, mit dem sie Fleisch zerreißen können. Auch die Beine sagen vieles über die Lebens- und Ernährungsweise der Vögel aus.

CHARAKTERISTIKA DER ENTEN

Diverse Merkmale wie Spiegel oder Flügelabzeichen der Enten erleichtern ihre Bestimmung. Der Spiegel ist ein Feld auf den Armschwingen, das bei allen Gründel- und Tauchenten vorhanden ist. Einige Arten (Bergente, Reiherente) haben Flügelbinden, andere haben auch Bänder am Vorderflügel, meist entlang des Spiegels. Die Flügelmusterung ist vor allem im Flug ein gutes Mittel zur Vogelbestimmung. Eisenten und weibliche Kragenenten haben völlig dunkle, einfarbige Flügel, Trauerenten ebenfalls, aber bei ihnen sind die Handschwingen etwas heller.

FARBMUSTER

Vögel werden häufig als gebändert beschrieben, mit Längsstreifen an Kopf und Rücken wie die Bekassine oder mit Querbänderung wie die Weißwangengans. Sie können auf dem Rücken oder an der Brust gefleckt sein wie ein imm. Alpenstrandläufer, an Kopf und Hals gestrichelt wie eine Silbermöwe im Schlichtkleid, oder aber getupft wie Stare oder schmutzig wie imm. Lachmöwen. Auf die Kopffärbung wurde bereits weiter oben eingegangen.

FORM DES SCHWANZES

Die Schwanzform ist beim fliegenden Vogel ein gutes Bestimmungsmittel; die gängigsten Formen sind hier abgebildet. Beim Gerfalken ist er abgerundet, beim Birkenzeisig flach gegabelt, bei der Küstenseeschwalbe tief gegabelt, beim Kolkraben keilförmig, und beim Eisentenerpel sind die mittleren Schwanzfedern sehr lang. Viele Vogelarten haben Schwanzendbinden.

FORM DES FLÜGELS

Die Form des Flügels richtet sich nach der Flugweise. Vögel, die gleiten, haben längere und schmalere Flügel. Bei kleineren Vögeln sind die Flügel kurz und breit, sie fliegen mit raschem Flügelschlag. Die Flügelform ist ein wichtiges Bestimmungsmerkmal für fliegende Vögel.

Sind die Flügel lang und schmal wie beim Basstölpel, oder sind sie breit und gefingert wie beim Kolkraben. Sind sie lang und abgerundet wie bei der Sumpfohreule, kurz und zugespitzt wie beim Star, oder kurz und breit wie beim Wiesenpieper?

quergebändert *geschuppt* *geschuppt* *längsgebändert*

SEEVÖGEL

Röhrennasen, Ruderfüßer und Alken

1. Papageitaucherkolonie | *2. Abtauchender Kormoran* | *3. Trottellummen und Dreizehenmöwen*

ÜBERSICHT

Zu dieser Kategorie gehören 13 Arten aus drei Ordnungen:
Röhrennasen (Procellariiformes). Kennzeichnend sind die oben auf dem Schnabel liegenden Röhren, in denen sich die Nasenöffnungen befinden (Eissturmvogel, Atlantiksturmtaucher, Sturmschwalbe, Wellenläufer).
Ruderfüßer (Pelicaniformes) haben Schwimmhäute zwischen allen vier Zehen (Baßtölpel, Kormoran, Krähenscharbe).
Alke gehören der Familie der Alken an *(Alcidae)* und zählen zur Ordnung Charadriiformes.

Die Angehörigen dieser drei Ordnungen von Vögeln werden hier in einem Kapitel behandelt, weil sie sich in Lebensweise und Verhalten ähneln. Ihre Nahrung finden sie im Meer, wo sie auch ihr gesamtes Leben verbringen. Sie kommen nur zum Brüten

4. Krähenscharbe mit Jungen | 5. Basstölpelkolonie | 6. Papageitaucher

an Land. Es handelt sich um langlebige Vögel, die spät geschlechtsreif werden und ihren Partnern treu bleiben. Sie brüten in Kolonien und legen mit Ausnahme von Kormoran und Gryllteiste nur ein Ei.

Alle Jungen sind Nesthocker und bleiben lange am Nistplatz. Abgesehen von den Röhrennasen ist der Körperbau dieser Vögel typisch für Fischfresser, die nach Nahrung tauchen.

Kormorane und Alken gleichen der Körperform nach den Seetauchern und Sägern. Die Schnäbel von Kormoranen, einigen Alken und Seetauchern weisen einige Ähnlichkeit auf. Verschiedene Möwen, aber auch andere Vogelarten verhalten sich ähnlich wie Seevögel. Die Geschlechter unterscheiden sich bei Seevögeln allenfalls im Hinblick auf die Größe.

Eissturmvogel

Fulmarus glacialis

GROSSER, MÖWENÄHNLICHER Seevogel mit kompaktem Rumpf, kräftigem Hals und langen und schmalen Flügeln. Kopf, Hals und Bauch weißlich. Oberseite und Flügel silbergrau, Flügelspitzen dunkel. Flanken, Bürzel und Schwanz grau, Unterflügel grau mit dunklen Rändern. Imm. gleichen Ad. Bei der nordischen Farbmorphe gibt es verschiedene Färbungsvarianten.

Kurz und dick, oben hell graublau und unten gelblich, die Nasenöffnungen liegen in Röhren oben auf dem Schnabel, ein Merkmal, das der Ordnung ihren Namen verleiht. Die Füße sind rosagrau. Auffallend dunkle, große Augen.

Im Flug sind Eissturmvögel leicht von Möwen zu unterscheiden: Sie flattern ein paar Mal und gleiten dann mit steifen Flügeln. Eissturmvögel sind gute Schwimmer, fliegen aber schwerfällig auf, besonders bei Windstille. Sehr unbeholfener Gang, Fortbewegung auf den Läufen.

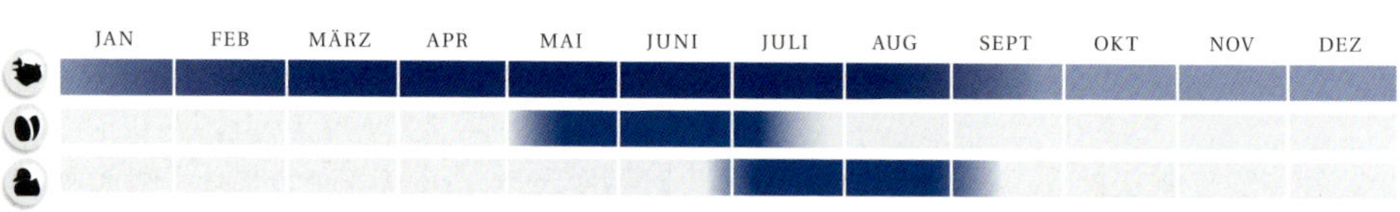

Sehr verbreiteter Brutvogel / Teilzieher

1.

2.

LÄNGE	SPANNWEITE	GEWICHT	GELEGE	BRUT	AUFZUCHT	BRUTPAARE
45–50 cm	102–112 cm	800 g	1 Ei	52–53 Tage	ca. 49 Tage	~1.000.000

1. Altvogel | 2. Altvogel | 3. dunkle Morphe

Normalerweise stumm; am Brutplatz gutturale Laute.

Kleine Meeresfische, vor allem Lodde und Sandaal, aber auch Krebstiere. Wichtige Nahrungsquelle sind Fischereiabfälle von Fangschiffen oder aus Fischverarbeitungsbetrieben. Nimmt Futter zumeist an der Oberfläche auf, ist aber auch imstande, kurz zu tauchen.

Vogel der offenen See, der in Klippen an der Küste oder weiter landeinwärts brütet, manchmal auch in oberen Zonen von felsigen Inseln oder Einzelfelsen im Meer. Das Nest besteht aus einer flachen Mulde, häufig mit Steinchen oder trockenen Pflanzen ergänzt, meist auf Felssimsen, in Felsnischen oder an grasigen Hängen.

Eissturmvögel haben sich im letzten Jahrhundert in Island stark verbreitet und brüten heute auch landeinwärts, manchmal dutzende Kilometer vom Meer entfernt. In den letzten 25 Jahren hat sich der Bestand jedoch um etwa 30% verringert. Eissturmvögel ziehen im Herbst aufs offene Meer. Sie suchen bei mildem Wetter häufig sehr früh ihr Brutgebiet auf, um die Nistplätze zu belegen. Verbreiteter Brutvogel an den nordatlantischen Küsten und im Nordpazifik.

3.

Atlantiksturmtaucher

Puffinus puffinus

MITTELGROSSER, SCHLANKER und eleganter Seevogel mit schwarzer Ober- und weißer Unterseite; aufgrund der langen und schmalen Flügel ist er ein außerordentlich geschickter Flieger. Von unten gesehen ist die weiße Unterseite dunkel umrahmt, Flügelspitzen und Schwanz sind dunkel. Kurzer Schwanz. Imm. ähnlich Ad.; beide Geschlechter gleich gefärbt.

Schmaler, dunkler, an der Spitze hakenförmiger Schnabel mit kurzen Nasenröhren. Beine rosa und grau gesprenkelt; Augen dunkelbraun.

Atlantiksturmtaucher treten meist in Trupps auf. Sie besuchen die Nistplätze nur nachts, sammeln sich aber nachmittags in deren Nähe zu größeren Trupps. Bei Flugmanövern flach über dem Meer drehen sich die Vögel im Flug, so dass die Schwärme entweder schwarz oder weiß wirken. Schwimmend ähnelt er Alkenvögeln. Folgt selten Schiffen.

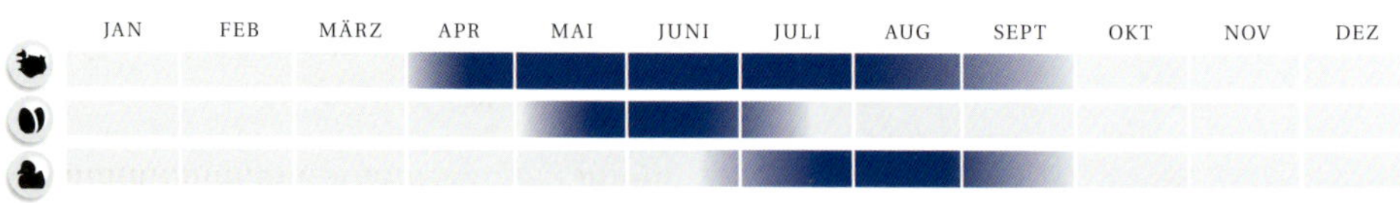

Verbreiteter, aber lokaler Brutvogel / Zugvogel

1.

LÄNGE	SPANNWEITE	GEWICHT	GELEGE	BRUT	AUFZUCHT	BRUTPAARE
30–38 cm	76–89 cm	450 g	1 Ei	ca. 52 Tage	ca. 70 Tage	5.000–10.000

1. Altvögel | 2. Altvogel

♫ Stumm außer am Brutplatz, wo diverse heisere und tiefe Laute zu hören sind.

Nahrungssuche im Trupp, Fisch (u.a. Sandaal und Hering) und Tintenfisch.

Pelagischer Vogel, der nur zum Brüten an Land kommt. Brütet in dichten Kolonien auf grasbewachsenen Inseln und Kaps. Gräbt Nisthöhlen, häufig in Papageitaucherkolonien anzutreffen.

Brütet auf den Westmänner-Inseln. In den letzten Jahren hat sich wie bei den meisten anderen Seevögeln der Bestand wegen Nahrungsmangel verringert. Von Frühjahr bis Herbst an vielen Stellen vor der Küste in S- und SW-Island gesichtet. Überwintert auf dem offenen Meer vor den Küsten Südamerikas bis nach Argentinien. Das Hauptverbreitungsgebiet von Atlantiksturmtauchern liegt an den Küsten der Britischen Inseln, sie haben aber seit neuestem auch in Neufundland Fuß gefasst. Sie nisten zudem auf den Färöern und in geringem Umfang auch auf Inseln vor der Bretagne, auf den Azoren, Madeira und den Kanarischen Inseln.

2.

Sturmschwalbe

Hydrobates pelagicus

SEHR KLEINER, DUNKLER Seevogel. Sturmschwalben (Hydrobatidae) mit den Unterarten Wellenläufer und Sturmschwalbe gehören trotz ihres Namens nicht zu den Schwalben, sondern wie Eissturmvogel und Atlantiksturmtaucher zu den Röhrennasen. Die beiden Arten ähneln einander, sind aber kaum mit anderen Seevögeln zu verwechseln. Sturmschwalben sind etwas kleiner als Wellenläufer und die kleinsten Seevögel Europas. Sie sind braunschwarz und etwa von der Größe einer Schneeammer, haben aber längere Flügel. Schwanz stumpf, Bürzel rein weiß, Flügel oben dunkel, aber weißes Unterflügelband. Die hohe Stirn wirkt wie eine Beule am Kopf. Ad. und Imm. sind gleich.

Schnabel, Füße und Augen sind schwarz.

Aus der Entfernung sind Vögel aus der Familie Hydrobatidae am besten an ihrer Flugweise zu unterscheiden. Wellenläufer flattern wie Schmetterlinge, wechseln häufig Tempo und Richtung. Sturmschwalben fliegen direkter und gleichmäßiger. Beide

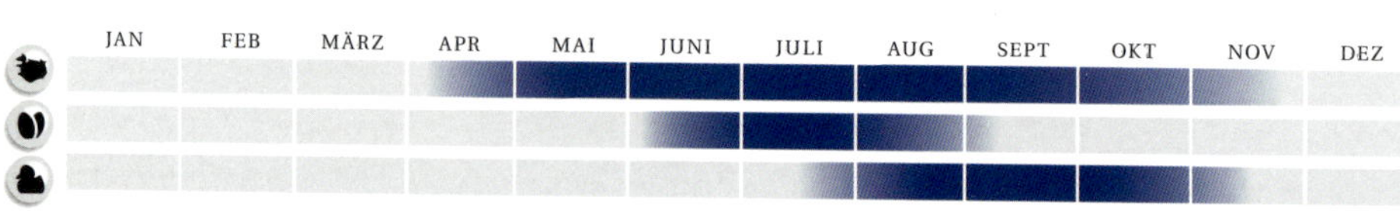

Sehr verbreiteter, aber lokaler Brutvogel / Zugvogel

1.

2.

LÄNGE	SPANNWEITE	GEWICHT	GELEGE	BRUT	AUFZUCHT	BRUTPAARE
14–18 cm	36–39 cm	25 g	1 Ei	39–43 Tage	ca. 63 Tage	50.000–100.000

1. Altvogel | 2. Altvogel | 3. Nestling

Arten sind außerordentlich geschickte Flieger. Auf offener See folgen Sturmschwalben häufig Schiffen. Sie sind gesellig und brüten in großen und dichten Kolonien. An den Brutplätzen nur nachts anzutreffen, und ansonsten allenfalls im Spätsommer zu sehen, wenn Imm. zwischen den Brutplätzen entlang der Atlantikküsten herumstromern. Bei Herbststürmen aus dem Süden werden Individuen manchmal aufs Festland verdriftet.

Während der Brutzeit knurrende Laute in der Bruthöhle, sonst stumm.

Bei der Nahrungssuche fliegen Sturmschwalben mit hängenden Beinen sehr knapp über der Wasseroberfläche, als würden sie übers Wasser laufen. Sie picken Zooplankton, Krill, Tranpartikel, Kleinfische und Fischabfälle von Fangschiffen auf.

Sturmschwalben sind pelagische Vögel und kommen nur zum Brüten an Land. Lange Brutzeit; Junge bleiben lange am Nistplatz. Sturmschwalben brüten in Höhlen und Spalten in Klippen und zwischen Lavaschichten, aber auch in Geröllhängen.

Die größte isländische Brutkolonie befindet sich auf Ellidaey im Archipel der Westmänner-Inseln, aber auch auf zwei anderen Inseln des Archipels sind Nistplätze bekannt, ebenso auf Kap Ingólfshöfði (SO-Island) und der Insel Skrúður (O-Island). Die Sturmschwalbe ist ein europäischer Vogel und brütet auch auf den Färöern und den Britischen Inseln sowie entlang der Küsten Westeuropas bis ins Mittelmeer; zieht im Herbst in den Südatlantik.

3.

Wellenläufer

Oceanodroma leucorhoa

DER WELLENLÄUFER ist etwas größer als die Sturmschwalbe und gleicht ihr im Aussehen und Verhalten. Auch die Färbung ist ähnlich, doch insgesamt ein wenig heller. Etwa so groß wie eine Drossel, aber mit längeren Flügeln und einem artkennzeichnenden gegabelten Schwanz. Bürzel weiß mit mehr oder weniger deutlichem grauen Mittelstreif; Armdeckenband hellgrau, aber nicht am Unterflügel wie bei Sturmschwalbe. Ad. und Imm. gleich.

Schnabel, Beine und Augen sind schwarz.

Wellenläufer zeigen ein ähnliches Verhalten wie Sturmschwalben, doch ihr Flug ist flattriger. Selten Schiffsfolger. Die Vögel werden häufiger von Herbststürmen verdriftet als Sturmschwalben.

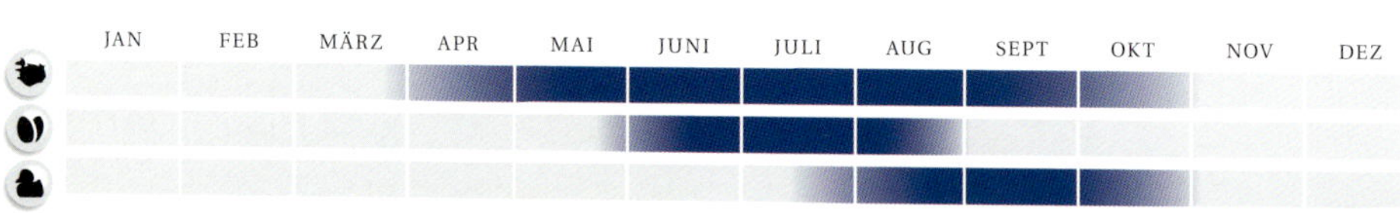

Sehr verbreiteter, aber lokaler Brutvogel / Zugvogel

LÄNGE	SPANNWEITE	GEWICHT	GELEGE	BRUT	AUFZUCHT	BRUTPAARE
19–22 cm	45–48 cm	45 g	1 Ei	41–42 Tage	63–70 Tage	170.000–230.000

1. Altvogel | *2. Altvogel* | *3. Altvogel*

Vielfältige Laute am Brutplatz. Die Laute im Flug erinnern an ein merkwürdiges Lachen, in der Bruthöhle gurrende Laute, Fisteltöne und dazwischen das besagte Lachen.

Ähnlich wie bei Sturmschwalben, Zooplankton und Krill, Tranpartikel und andere Fette sowie kleine Fische. Nachts häufiger auf Nahrungssuche als Sturmschwalben.

Hochseevogel wie Sturmschwalbe. Im Brutgebiet leben Wellenläufer in dichten Kolonien und graben tiefe Bruthöhlen, nicht selten in Nebengängen von Papageitaucher-Höhlen, oder in lockerer Grasnarbe an Steinen und neben Felsen.

Die größten Wellenläufer-Kolonien befinden sich auf Neufundland und am Pazifik, die größte europäische auf der Insel Elliðaey im Archipel der Westmänner-Inseln. Auch auf den anderen Inseln des Archipels gibt es Brutgemeinschaften mit Papageitauchern, aber so gut wie gar nicht auf der Hauptinsel Heimaey. Hat auch auf Kap Ingólfshöfði gebrütet, und vermutlich auch auf der Insel Skrúður in O-Island und anderen Orten hierzulande. Isländische Vögel überwintern im südlichen Atlantik.

Krähenscharbe

Phalacrocorax aristotelis

DIE KRÄHENSCHARBE ist etwas kleiner und schlanker als der Kormoran; der Hals ist kürzer und dünner, der Kopf kleiner; die beiden Arten sind nach Größe und Körperbau leicht zu verwechseln und am besten zu unterscheiden, wenn sie zusammen beobachtet werden können. Der Kopf der Krähenscharbe ist runder, die Stirn steiler und der Schnabel deutlich schlanker als beim Kormoran. Das PK ist tiefschwarz mit grünlichem Glanz und wirkt aufgrund von dunklen Federrändern an der Oberseite schuppig. Von Januar bis Frühjahr kennzeichnende kurze und aufstellbare Federtolle an der Stirn. Imm. dunkelbraun und weißlich am Kinn, aber an Brust und Bauch dunkler als junge Kormorane.

Schnabel dunkelgrau, Unterschnabel heller; bei Imm. bräunlich. Schnabelwinkel gelb, vor allem im Frühjahr. Beine dunkelgrau, Augen bei Imm. gelb, bei Ad. grün.

Liegt schwimmend tief im Wasser und trägt den Kopf hoch wie der Kormoran. Nach dem Tauchen breiten Krähenscharben die Flügel zum Trocknen aus,

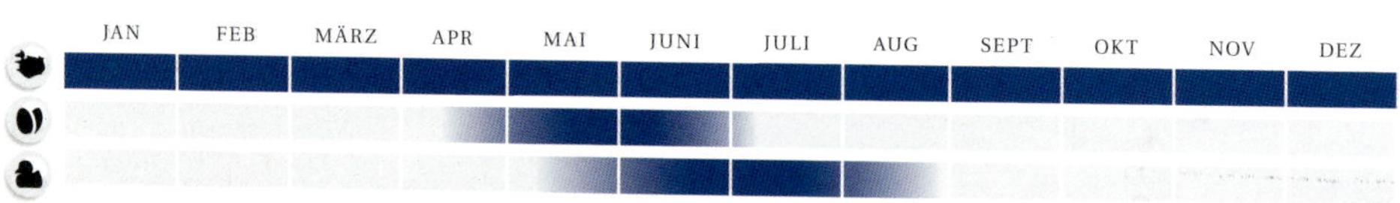

Verbreiteter, aber lokaler Brutvogel / Standvogel

1.

2.

LÄNGE	SPANNWEITE	GEWICHT	GELEGE	BRUT	AUFZUCHT	BRUTPAARE
65–80 cm	90–105 cm	2 kg	3(1–6) Eier	30–31 Tage	ca. 53 Tage	4.900

1. Altvogel | 2. 2jährig | 3. Altvogel mit Nestling

spreizen sie aber weniger als Kormorane. Schwerfälliger Aufflug vom Wasser. Flügelschlag schneller als beim Kormoran, Hals und Schnabel nicht so deutlich angehoben; fliegt eher niedrig. Normalerweise gesellig.

Laute rauhe Rufe an den Brutplätzen.

Taucht nach Nahrung, vor allem Fisch (Sandaal, Hering, Seeskorpion, Kabeljau, Rotbarsch und Butterfische). Taucht mit einem Sprung ab und bewegt sich unter Wasser mit den Beinen fort.

Küstengebiete; im Gegensatz zum Kormoran kaum landeinwärts anzutreffen. Brütet in Kolonien, vor allem auf flachen kleinen und größeren Inseln in den großen Buchten von Breiðafjörður und Faxaflói; ist aber manchmal auch an niedrigen Felsen, bei Vogelklippen oder an Geröllhängen anzutreffen. Nest ähnlich wie beim Kormoran.

Verbreitet entlang europäischer Küsten von der Kola-Halbinsel bis zum Mittelmeer und nach Marokko.

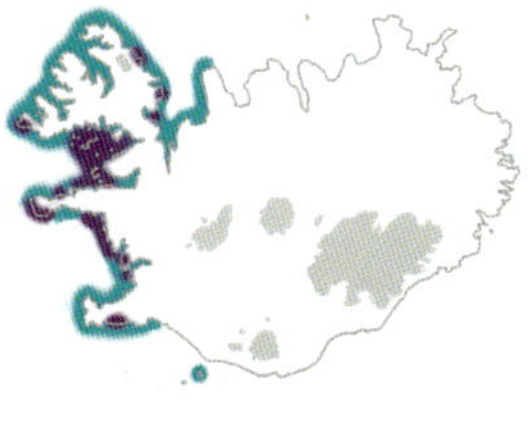

3.

Jungvogel, 2jähriger Vogel, Altvogel

Kormoran

Phalacrocorax carbo

GROSSER, DUNKLER UND LANGHALSIGER Seevogel. PK (Spätwinter bis Frühling): weiße Kehle und weiße Wangen, am Kopf häufig weiße Federränder; aufgestellte Nackenfedern können den Kopf eckig wirken lassen. Weißer Schenkelfleck, ansonsten blauschwarz und metallisch schimmernd. SK (Juli–Dez.): Deutlich mattere Färbung, nur noch an der Kehle weiß. Imm. im ersten Jahr oben braun und vom Kopf bis zum Bauch unterschiedlich hell, dunkeln nach, und erhalten im 3. Jahr das Altkleid.

Schnabel dunkel mit gelber Basis und gekrümmter Spitze; gelbe, nackte Haut am Schnabelgrund. Beine schwarz, Augen graugrün.

Fliegt recht schnell und höher als Krähenscharben. Aus der Entfernung sind die beiden Arten schwer zu unterscheiden. Der Kormoran streckt im Flug den Hals vor und hebt den Kopf etwas an. Schwimmend oder in Ruhestellung weist der Schnabel nach oben. Nach Tauchgängen sitzen Kormorane häufig mit gespreizten Flügeln

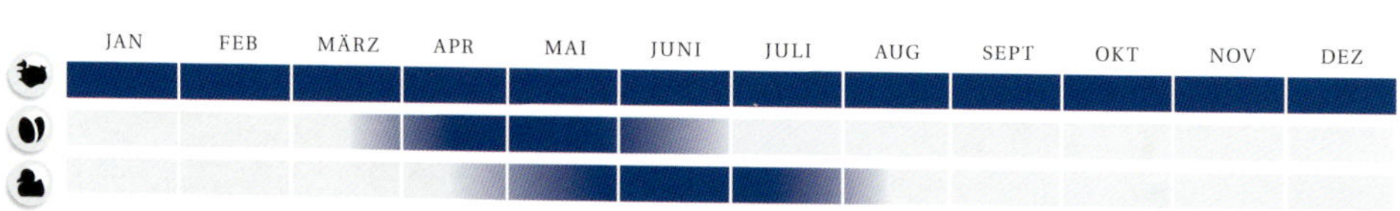

Verbreiteter, aber lokaler Brutvogel / Standvogel

1.

2.

LÄNGE	SPANNWEITE	GEWICHT	GELEGE	BRUT	AUFZUCHT	BRUTPAARE
80–100 cm	130–160 cm	3 kg	3–6 Eier	28–31 Tage	ca. 49 Tage	4.100

1. Altvogel | 2. einjähriger Vogel | 3. Altvogel

an Land und bewegen sie zum Trocknen. Am Brutplatz wachsam und scheu; sonst gesellig.

♫ Tiefe, gutturale Laute am Brutplatz.

Fischfresser, ernährt sich mit Vorliebe von Grundfischen wie Groppen, aber auch von Jungfischen vom Rotbarsch und Kabeljau, Lumpfisch u.a. Verwendet beim Tauchen die Beine zur Fortbewegung, vertilgt kleinere Fische beim Tauchen und größere an der Oberfläche.

Brütet in Kolonien, meist auf flachen, Schären mit wenig Vegetation, manchmal auf Einzelfelsen im Meer. Für den Nestbau wird Tang angehäuft und mit Federn und Gras gepolstert. Wintersüber leben Kormorane meist in Küstennähe, sind aber auch zu jeder Jahreszeit an Seen und Flüssen anzutreffen.

Das Verbreitungsgebiet in Island ist zurückgegangen, denn Kormorane haben sich von ihren Brutplätzen in Nordisland und andernorts zurückgezogen. Ansonsten verbreiteter Brutvogel sowohl in der südlichen wie der nördlichen Hemisphäre.

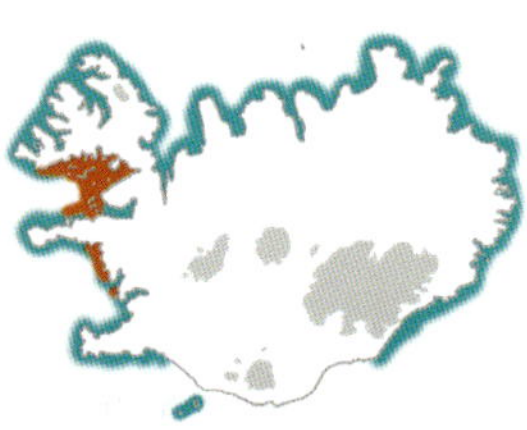

3.

Basstölpel

Morus bassanus

GROSSER, WEISSER SEEVOGEL, im Flug mit stromlinienförmiger Silhouette. Ad. reinweiß bis auf die schwarzen Flügelspitzen und den gelblichen Kopf. Lange, schmale Flügel, keilförmiger Schwanz. Imm. sind je nach Alter unterschiedlich gefärbt, aber aufgrund von Größe, Körperform und Verhalten immer von anderen Seevögeln unterscheidbar. Gerade flügge gewordene Imm. sind ganz dunkel und hell gesprenkelt; sie hellen mit der Zeit auf, zuerst an Bauch, Kopf, Hals und Brust, zuletzt an Armschwingen und Schwanz; mit 4 Jahren gefärbt wie Ad.

Lang, spitz zulaufend, blaugrau. Beine grauschwarz mit hellgrünen Längsstreifen auf den Zehen. Augen hellgelb mit blaugrauem Augenring. Rund um das Auge und die Schnabelbasis ist die Haut kahl.

Majestätische Flugmanöver mit kräftigen Flügelschlägen, von Gleitphasen unterbrochen, bei denen die Flügel angewinkelt werden. Normalerweise gesellig, fliegt oft in kleinen Trupps flach über der Meeresoberfläche. Sturzflug mit angelegten Flügeln. Wendiger Schwimmer.

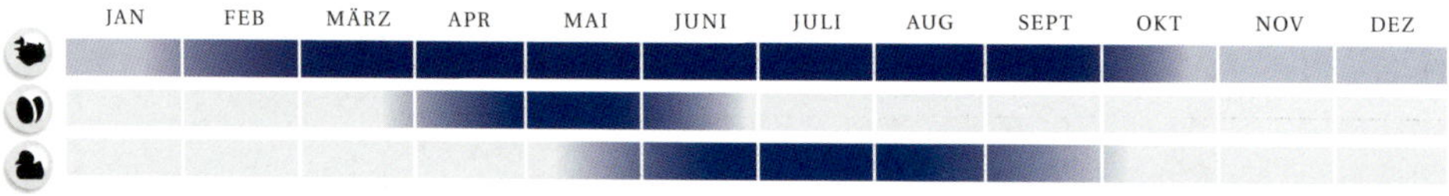

Sehr verbreiteter, aber lokaler Brutvogel/ größtenteils Zugvogel

LÄNGE	SPANNWEITE	GEWICHT	GELEGE	BRUT	AUFZUCHT	BRUTPAARE
87–100 cm	165–180 cm	3 kg	1 Ei	44 Tage	ca. 90 Tage	31.500

1. immaturer Vogel im 3. Jahr | 2. Altvogel | 3. Altvogel

Rauer, schnaubender Laut am Brutplatz.

Der Basstölpel ist ein meisterhafter Stoßtaucher, der senkrecht aus bis zu 40 m Höhe ins Wasser schießt, in flacheren Gewässern auch schräg aus geringerer Höhe. Seine Nahrung besteht aus Fisch, Hering, Lodde, Makrele, versch. Dorscharten, Sandaal u.a., aber auch Fischabfällen von Fangschiffen.

Hochseevogel, der in dichten Kolonien auf steilen Felseninseln, an Einzelfelsen oder Klippen brütet. Das große Nest wird aus Tang, Algen und Treibgut angehäuft und mit Guano und Schlamm befestigt.

Etwa 50% des isländischen Basstölpel-Bestands brüten auf der Insel Eldey, die zu den größten Brutkolonien der Welt gehört. Die Winterquartiere liegen im Nordatlantik. Isländische Basstölpel wurden in Grönland sowie entlang der westeuropäischer Küsten bis nach Westafrika gefunden. In der Zeit von Okt. – Dez. verlassen die Vögel Island zum größten Teil. Außer in Island brüten Basstölpel in Kanada, auf den Britischen Inseln, in Norwegen und in Frankreich.

Tordalk am Nest

Tordalk

Alca torda

MITTELGROSSER ALKENVOGEL, PK: Kopf, Hals und Rücken schwarz, Brust und Bauch weiß. Flügel oben schwarz mit weißem Hinterrand; Unterflügel überwiegend weiß. SK: Kinn, Kehle und Ohrdecken weiß. Schnabel bei Imm. kleiner. Tordalke unterscheiden sich von Trottel- und Dickschnabellummen durch den kürzeren Hals und höheren Schnabel.

Hoher, stumpfer und abgeflachter Schnabel, mit auffälliger weißer Querbinde und weißer Längsbinde, die im Winter weniger deutlich sind.

Schneller, gerader Flug mit ausgestrecktem Hals knapp über dem Wasser. Schwimmt wendig, oft mit gespreiztem Schwanz und aufgesperrtem Schnabel. Guter Taucher wie alle Alke. Unbeholfen an Land; sitzt auf den Läufen und stützt sich mit dem Schwanz ab. Gesellig.

JAN FEB MÄRZ APR MAI JUNI JULI AUG SEPT OKT NOV DEZ

Sehr verbreiteter, aber lokaler Brutvogel / größtenteils Zugvogel

1.

2.

LÄNGE	SPANNWEITE	GEWICHT	GELEGE	BRUT	AUFZUCHT	BRUTPAARE
37–39 cm	63–68 cm	600 g	1 Ei	35 Tage	49–70 Tage	~300.000

1. Altvogel | 2. Schlichtkleid | 3. Altvogel

♫ An den Brutplätzen geben Tordalke tiefe, knarrende Laute von sich, Jungvögel flötende.

Taucht nach Fischen, „fliegt“ unter Wasser, da er sich wie andere Alke unter Wasser mit Hilfe der Flügel fortbewegt. Die Nahrung besteht hauptsächlich aus kleinen Fischen wie Sandaal, Lodde und Hering, in geringerem Umfang Zooplankton und Wirbellose.

Seevogel, der sowohl in seichtem als auch tiefem Wasser anzutreffen ist. Brütet in Kolonien direkt am Meer, in Klippen oder Geröllhängen, auch in Felsnischen, an Steinen, und auf nackten Felssimsen. Bereits mit 2–3 Wochen verlassen die Jungen in der 2. Julihälfte den Nistplatz, lange bevor sie flügge werden; auf dem Meer werden sie von den Eltern betreut.

Die größte Tordalk-Kolonie der Welt befindet sich an den Steilfelsen von Látrabjarg, NW-Island; etwa 75% des isländischen Bestands brüten dort. Über die Winterquartiere ist wenig bekannt; bei den meisten isländischen Tordalken handelt es sich um Zugvögel.

i Die letzten Riesenalke *(Pinguinus impennis)* wurden Anfang Juni 1844 auf der Insel Eldey erlegt. Der Riesenalk war mit dem Tordalk verwandt, der große und flugunfähige Vogel war eine Art Pinguin des Nordens.

3.

Papageitaucher

Fratercula arctica

DER PAPAGEITAUCHER gehört zu den kleineren Alken und ist zugleich die häufigste Art. Er hat einen vergleichsweise großen und rundlichen Kopf und wirkt stämmig. Ad. im PK sind an der Oberseite schwarz, Unterseite weiß, mit schwarzem Scheitel und schwarzem Kragen. Die Kopfseiten sind hellgrau, die Unterflügel schwarz, der große Schnabel ist bunt. Im SK dunkeln die Kopfseiten nach, der Schnabel ist kleiner und blasser. Imm. sind ähnlich, aber bei ihnen ist der Schnabel kleiner und die Augenregion dunkler.

Der bunte, abgeflachte Schnabel ist das artkennzeichnende Merkmal, auch im Winter, wenn die Farben verblassen. Im PK ist der Schnabel gelb, blau und rot, dreieckig und sehr auffallend. In den Schnabelwinkeln befinden sich gelbe Hautlappen. Füße orangerot. Von den dunklen Augen mit rotem Augenring zieht sich ein dunkler Augenstreif zum Hinterkopf. In den ersten fünf Jahren lässt sich das Alter von Papageitauchern mithilfe des Schnabels bestimmen.

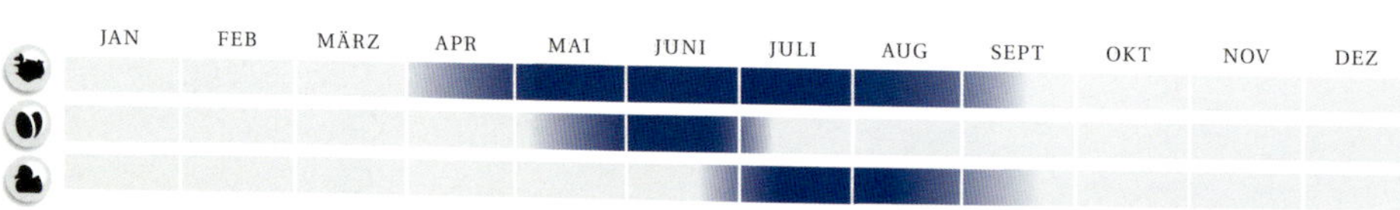

Sehr verbreiteter Brutvogel / Zugvogel

1.

2.

LÄNGE	SPANNWEITE	GEWICHT	GELEGE	BRUT	AUFZUCHT	BRUTPAARE/BESTANDGRÖSSE
26–29 cm	47–65 cm	500 g	1 Ei	39–42 Tage	35–56 Tage	~3.000.000/10.000.000 im Herbst

1. Altvogel | 2. Altvogel | 3. Jungvogel

Fliegt geradlinig mit raschen Flügelschlägen, meist knapp über der Wasseroberfläche. Die Vögel stehen aufrecht und sind gut zu Fuß. Das Kommunikationssystem dieser äußerst geselligen Vögel ist kompliziert.

Meist still, doch hört man zur Brutzeit knurrende Geräusche, sowohl aus den Bruthöhlen als auch von ruhenden Vögeln.

Taucht nach Nahrung und bewegt sich unter Wasser mit den Flügeln fort. Kann bis zu 60 m tief und 1,5 Min. lang tauchen. Reiht die Beute im Schnabel auf, kehrt vom Fang mit 6–20 Fischen zurück. Hauptnahrung sind diverse Sandaal-Arten, so wie Lodde, aber auch Jungfische anderer Fischarten sowie Große Schlangennadeln und Zooplankton.

Brütet in Kolonien auf grasbewachsenen Inseln, Kaps und Hängen oberhalb von Steilklippen oder in Steinhalden. Gräbt Brutröhren ins Erdreich, nistet aber auch an Steinen und in Felsspalten. Der Nistplatz im Innern der Brutröhre wird mit trockenen Pflanzen gepolstert.

Gegen Ende der Brutzeit werden die Jungvögel unternehmungslustig und besuchen andere Kolonien. Die isländische Population ist sehr groß. Nach der Brutzeit kehren die Vögel aufs offene Meer zurück. Die Brutgebiete liegen an allen nordatlantischen Küsten von Maine/USA über die Bretagne nach Spitzbergen, doch die größten Populationen brüten in Island.

3.

Gryllteiste

Cepphus grylle

DER EINZIGE ISLÄNDISCHE Alkenvogel mit schwarzem Bauch. Im PK sind Gryllteisten völlig schwarz, abgesehen von einem weißen Armflügelfeld und hellen, dunkel geränderten Unterflügeln. Im SK heller als andere Alke: Oberseite weiß und dunkel gebändert, unten hell, mit schwarzem Schwanz und schwächeren Flügelmustern. Imm. sind dunkler, sie haben dunkel gefleckte Flügelfelder und einen dunklen Scheitel.

Schnabel schwarz, schmal und sehr spitz. Kehle und Zunge rot; Beine im PK leuchtend rot, im SK gelb; Augen dunkelbraun.

Gryllteisten haben relativ kurze und breite Flügel und fliegen meist mit raschen Flügelschlägen flach über der Wasserfläche, die weißen Flügelfelder sind auffallend. Verhalten ähnlich wie Trottellummen, doch Gryllteisten sind an Land beweglicher. Man trifft sie normalerweise einzeln oder in kleinen Gruppen an.

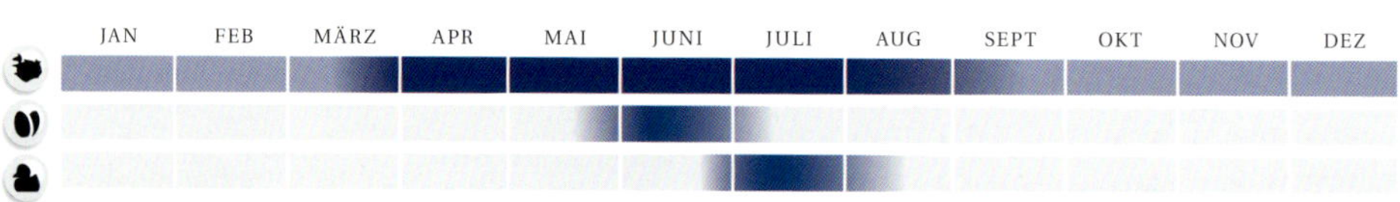

Sehr verbreiteter Brutvogel / Teilzieher

LÄNGE	SPANNWEITE	GEWICHT	GELEGE	BRUT	AUFZUCHT	BRUTPAARE
30–32 cm	52-58 cm	400 g	2 Eier	29–30 Tage	40 Tage	10.000–15.000

1. Altvögel | 2. Jungvogel im SK | 3. Altvogel

Heiseres, feines Zirpen, oft durchdringend.

Die Hauptnahrung von Gryllteisten ist Butterfisch, den sie in flachen Gewässern fangen, ebenso wie andere Kleinfische wie Sandaal und Seeskorpion. Sie fressen aber auch Wirbellose und Krebstiere, Borstenwürmer und Muscheln.

Hält sich am Strand, in flachem Küstengewässern und nur selten auf dem offenen Meer auf. Brütet einzeln oder in kleinen Kolonien auf Inseln, Kaps und in Geröllhalden unterhalb von Steilfelsen. Nistplatz in Felsnischen und Spalten, an Steinblöcken oder auf Höhlensimsen.

Viele isländische Gryllteisten, vor allem Imm., überwintern in Grönland, ansonsten sind sie überwiegend Standvögel. Vögel aus Skandinavien überwintern zum Teil in Island. Verbreitungsgebiet zirkumpolar in nördlichen Breiten.

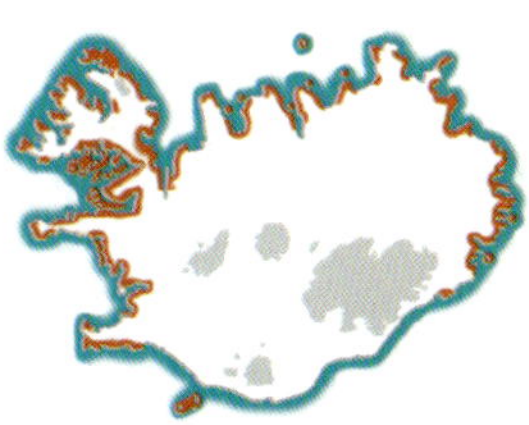

Dickschnabellumme

Uria lomvia

EHER GROSSER ALK, der einige Ähnlichkeit mit der Trottellumme hat. PK: Oberseite schwarz, Unterseite weiß, Flanken weiß und ungestrichelt. Die weißen Ränder der Armschwingen bilden bei anliegenden Flügeln helle Streifen. Im SK zieht sich das Weiß der Unterseite bis zur Kehle hoch.

Spitzer schwarzer Schnabel mit weißer Linie an den Schnabelseiten (auch im Winter). Grundfarbe von Beinen und Augen schwarz.

Flug und Verhalten sind weitgehend wie bei der Trottellumme, unterscheidet sich aber von ihr durch weiße Flanken, kürzeren und kräftigeren Schnabel mit weißem Längsstreif, etwas steilere Stirn und markanteren Kopf, im SK durch schwarze Wangen und Ohrdecken. Hals länger und Schwanz kürzer als beim Tordalk. Die Dickschnabellumme fliegt

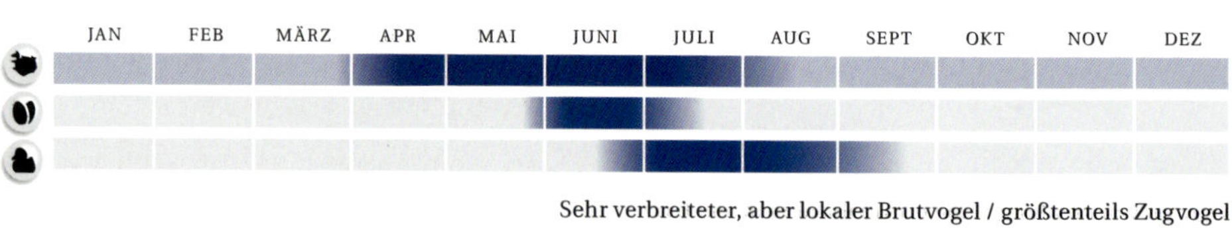

Sehr verbreiteter, aber lokaler Brutvogel / größtenteils Zugvogel

LÄNGE	SPANNWEITE	GEWICHT	GELEGE	BRUT	AUFZUCHT	BRUTPAARE
39–43 cm	65–73 cm	1 kg	1 Ei	30–35 Tage	49–70 Tage	~330.000

1. Altvogel. | *2. Schlichtkleid* | *3. Altvögel*

mit eingezogenem Hals und taucht sehr geschickt. Ausgesprochen gesellig.

Stimmfreudig, knurrende und murrende Geräusche, zur Brutzeit unterbrochen von rauen Rufen.

Taucht nach Nahrung und bewegt sich wie andere Alke unter Wasser mit den Flügeln fort. Hauptnahrung ist Lodde, aber auch Sandaal, Hering und andere kleine Fische, Zooplankton und Flohkrebse.

Brütet in großen Kolonien in Vogelfelsen. Das Ei wird auf einem nackten Felssims abgelegt, der noch schmaler sein kann als bei der Trottellumme, und gelegentlich brüten auch nur wenige Paare zusammen. Verbringt die meiste Zeit ihres Lebens auf dem offenen Meer. Imm. verlassen nach ca. 3 Wochen (Mitte Juli) den Brutplatz, lange bevor sie flügge sind.

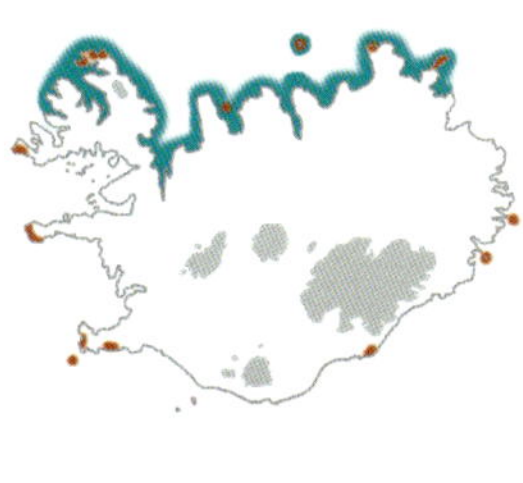

Ca. 90% des isländischen Bestands brüten in den Steilklippen von NW-Island (Látrabjarg, Hæluvíkurbjarg und Hornbjarg). Zwischen 1983 und 2008 hat sich der Bestand um etwa 44% verringert, und die Dickschnabellumme steht nun auf der Roten Liste für gefährdete Vögel. Über die Winterquartiere isländischer Dickschnabellummen ist kaum etwas bekannt, sie liegen vermutlich vor der SW-Küste Grönlands. Brutgebiete liegen in den ans Eismeer grenzenden Küsten des Nordatlantiks und Nordpazifiks.

In der Mitte „Ringellumme“

Trottellumme

Uria aalge

VERBREITETER und eher großer Alk, der viel Ähnlichkeit mit der Dickschnabellumme hat. PK: Oberseite braunschwarz, Unterseite weiß. Charakteristisch sind die unterschiedlich stark gestrichelten Flanken. Die weißen Ränder der Armschwingen fallen vor allem bei angelegten Flügeln auf. Die Variante „Ringellumme“ hat einen weißen Ring um die Augen, von dem ein weißer Streif zum Hinterkopf führt. Im SK zieht sich das unterseitige Weiß bis hinauf zu Kehle, Halsseiten und Wangen, und eine schwarze Linie zieht sich vom Auge bis über die Ohrdecken.

Schnabel schwarz, schmal und spitz. Füße schwärzlich, Augen schwarz.

Ähnelt Tordalk und Dickschnabellumme. Von ihnen durch andere Kopfform, längeren Hals, und vom Tordalk durch kürzeren Schwanz zu unterscheiden. Fliegt mit eingezogenem Hals. Unbeholfen am Boden, hockt auf den Läufen. Im Unterschied zur Dickschnabellumme sind die Flanken gestrichelt und die weißen Schnabellinien fehlen. Ausgesprochen gesellig.

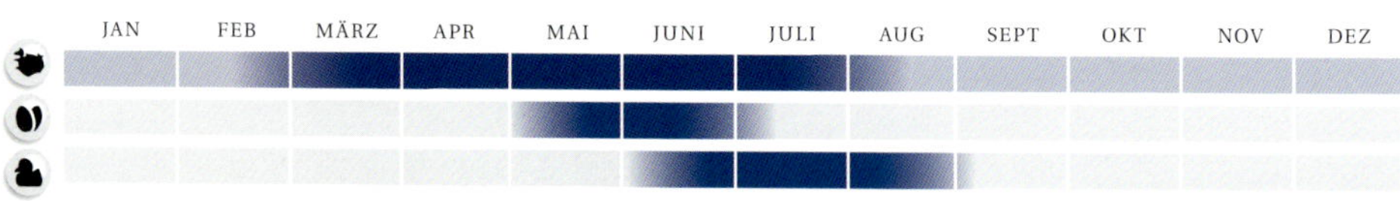

Sehr verbreiteter, aber lokaler Brutvogel / größtenteils Zugvogel

1.

2.

LÄNGE	SPANNWEITE	GEWICHT	GELEGE	BRUT	AUFZUCHT	BRUTPAARE
38–41 cm	64–70 cm	1 kg	1 Ei	32–33 Tage	49–70 Tage	~700.000

1. Altvogel | 2. Altvögel mit Küken | 3. Schlichtkleid

Laute, langgezogene Rufe zur Brutzeit.

Taucht wie andere Alke von der Wasseroberfläche nach Sandaalen und Lodde, ernährt sich aber auch von Hering und kleinen Krebsen – je nach dem jeweiligen Angebot im Brutgebiet.

Brütet in großen Kolonien in Vogelklippen, felsigen Inseln und Einzelfelsen im Meer. Lebt außerhalb der Brutzeit sowohl in flacherem wie tieferem Gewässer. Legt das einzige Ei auf nackten Felssimsen ab. Wie bei Tordalken und Dickschnabellummen liegen die Nistplätze oft dicht beieinander. Die Jungen verlassen den Nistplatz früh, die Vogelfelsen sind Ende Juli verlassen.

Ein Großteil des isländischen Bestands brütet in den drei großen Vogelklippen in NW-Island, Látrabjarg, Hæluvíkurbjarg und Hornbjarg. Der Bestand ist in den letzten 25 Jahren um 30% geschrumpft. Über die Winterquartiere isländischer Trottellummen ist wenig bekannt; ein kleiner Teil der Vögel hält sich vor Islands Küsten auf, doch in der Mehrzahl handelt es sich um Zugvögel. Die Verbreitungsgebiete von Trottellummen liegen im nördlichen Atlantik und Pazifik, und an den Atlantikküsten brüten sie von Spitzbergen im Norden bis nach Portugal im Süden.

3.

Schlichtkleid

Krabbentaucher

Alle alle

DER KRABBENTAUCHER ist der Winzling unter den Alken und gehört zu den kleinsten Seevögeln. Von der Körperform her ist er klein und sehr kompakt mit kurzem Hals und kurzen Flügeln, von der Größe her vergleichbar mit dem Star. PK: Oberseite, Kehle und Vorderbrust schwarz, doch weiß am Bauch. Weiße streifige Muster auf Schulter- und Armdecken. SK: Brust von der Kehle bis zu den Kopfseiten weiß gefärbt.

Kurzer, kegelförmiger, schwarzer Schnabel, schwarze Beine und dunkle Augen.

Krabbentaucher fliegen mit schnellen Flügelschlägen wie Papageitaucher und können ihnen im Flug ähneln, doch die Flügel sind kürzer und unterseits dunkel. Fliegend und schwimmend wirken Krabbentaucher halslos. Zwischen Tauchgängen liegen die Vögel mit aufgerichtetem Schwanz tief im Wasser, in Ruhephasen dazwischen höher. Lebhaftere Bewegungen als bei anderen Alken.

Wintergast

LÄNGE	SPANNWEITE	GEWICHT
17–19 cm	40–48 cm	150 g

1. Schlichtkleid | 2. Prachtkleid | 3. Prachtkleid

Stimmfreudig zur Brutzeit.

Wie andere Alke taucht er nach Nahrung, hauptsächlich Zooplankton, Krill, Flohkrebsen und Wasserasseln.

Brütet in Geröll-und Schutthängen unterhalb von Klippen oder in Felsspalten und Sprüngen. Hält sich im Winter meist am Rand des Packeises, kommt außer zur Brutzeit kaum an Land.

Vogel der Arktis, der früher an einigen Stellen in Nordisland brütete. Um 1900 gab es einige Hundert Paare auf der Insel Grímsey, der Halbinsel Langanes und möglicherweise auf der Schäre Kolbeinsey. Der Rückzug in den Norden ist vermutlich durch Klimaerwärmung bedingt. Bis vor kurzem noch brüteten einige Paare in Grímsey, wo sie unter strengstem Schutz standen, aber sie sind inzwischen verschwunden. In arktischen Regionen sind Krabbentaucher sehr verbreitet und brüten in riesigen Kolonien in Grönland, Jan Mayen und Spitzbergen sowie weiter im Osten auf Franz-Josef-Land. In Island werden im Winter bei anhaltenden nördlichen Winden und nach Süden vorrückendem Treibeis häufig Krabbentaucher gesichtet. Sie können durch heftige Stürme weit landeinwärts verdriftet werden.

LÄNGE	SPANNWEITE	GEWICHT
40–51 cm	94–109 cm	820 g

Dunkler Sturmtaucher

Puffinus griseus

Regelmäßiger Spätsommer- und Wintergast, der von Mitte Juli bis Anfang November anzutreffen ist; es gibt aber auch einige Nachweise ab April. Das häufigste Vorkommen ist im August und September, meist auf hoher See südlich von Island, aber auch andernorts. Wird sowohl von Schiffen als auch von weit ins Meer ragenden Landspitzen aus gesichtet. Dunkle Sturmtaucher sind wesentlich größer als Atlantiksturmtaucher, haben aber eine ähnliche Körperform. Die Vögel wirken zunächst ganz dunkel, doch wenn sie auf der Verfolgungsjagd nach Sturmtaucherart über die Wellen gleiten, ist deutlich eine hellere Färbung an den Unterflügeln zu erkennen. Ihre Brutgebiete liegen im südlichen Pazifik und an der Südspitze Südamerikas. Während des Winters auf der Südhalbkugel suchten die Vögel nördliche Gebiete auf und umfliegen dabei den Nordatlantik im Uhrzeigersinn.

Eine weitere Art aus der südlichen Hemisphäre ist der Große Sturmtaucher *(Puffinus gravis)*, der aber wesentlich seltener nachgewiesen ist. Artkennzeichnend sind die dunkle Kappe am Kopf und eine weiße, u-förmige Zeichnung an der Schwanzbasis. Irrgäste wurden rings um Island gesichtet, die meisten jedoch vor der Südküste.

1. Meerstrandläufer | 2. Uferschnepfen | 3. Uferschnepfe

ÜBERSICHT

WATVÖGEL ODER LIMIKOLEN gehören der umfangreichen Ordnung Wat-, Möwen- und Alkenvögel (Charadriiformes) an. Charakteristisch für viele Watvögel sind ein langer Schnabel, lange Beine und ein langer Hals. Sie ernähren sich von allerlei Wirbellosen, nach denen sie mit dem Schnabel in Wattgebieten, in Teichgründen und in trockenem Gelände stochern. Bei Arten wie beispielsweise Sandregenpfeifer oder Goldregenpfeifer, die trockene Habitats bevorzugen, sind Schnabel und Beine kürzer. Watvögel sichern sich ein Revier und brüten einzeln, doch manchmal auch in lockeren „Kolonien". Die Jungen verlassen das Nest, sobald das Daunenkleid trocken ist, werden aber von beiden Eltern beaufsichtigt, und u.U. auch gefüttert (Austernfischer und Bekassine). Ganz anders verhalten sich die auch zu den Schnepfenvögeln zählenden Odinshühnchen und Thorshühnchen: Bei ihnen sind

4. Goldregenpfeifer | *5. Wintereinbuch/Wetterunbilden im April* | *6. Knutts*

die Geschlechterrollen vertauscht, so dass sich ausschließlich das Männchen um Brut und Aufzucht der Jungen kümmert. Nur bei ganz wenigen anderen Limikolen fühlen sich die Weibchen ebenfalls kaum oder gar nicht für die Aufzucht zuständig.

Bei Watvögeln gibt es kaum Unterschiede zwischen den Geschlechtern; Männchen haben aber häufig eine stärkere Färbung. Die Geschlechter sind zu unterscheiden, wenn beide zusammen beobachtet werden können. Bei Odins- und Thorshühnchen verhält es sich genau umgekehrt.

In diesem Abschnitt werden außer den Watvögeln fünf weitere Vogelarten aufgeführt, nämlich aus der Ordnung Kranichvögel (Gruiformes) Blässhuhn, Teichhuhn und Wasserralle aus der Familie der Rallen (Rallidae), der Kranich (Gruidae) sowie der Graureiher aus der Ordnung der Schreitvögel (Ciceroniformes).

Austernfischer

Haematopus ostralegus

DER AUSTERNFISCHER ist einer der größten Watvögel Islands und an seiner markanten Färbung leicht zu erkennen. Oberseite an Kopf und Hals schwarz, Unterseite weiß. Charakteristisch ist auch die breite, weiße Flügelbinde. Weißer Schwanz mit breiter schwarzer Endbinde, wobei sich das Weiß des Bürzels keilförmig zum Rücken hin verlängert. Imm. haben ein weißes Kehlband und sind nicht so tief schwarz wie Ad., bei ihnen ist die Schnabelspitze dunkler.

Roter, langer Schnabel; rote, kräftige Beine. Augen rot.

Der Austernfischer ist ein lauter, geselliger Vogel. Er fliegt kraftvoll, aber mit flachen Flügelschlägen und normalerweise niedrig. Einer der wenigen Watvögel, der seine Jungen füttert.

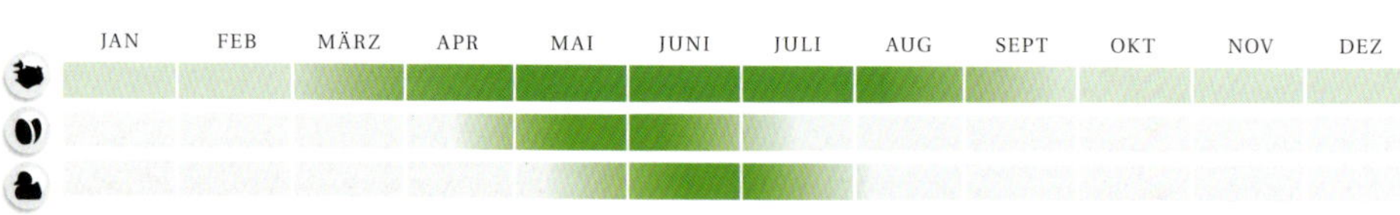

Sehr verbreiteter Brutvogel / größtenteils Zugvogel

1.

2.

LÄNGE	SPANNWEITE	GEWICHT	GELEGE	BRUT	AUFZUCHT	BRUTPAARE
40–45 cm	80–86 cm	600 g	2–4 Eier	24–27 Tage	28–32 Tage	10.000–20.000

1. Altvogel | 2. Altvogel mit Küken | 3. Altvögel

Gellender Warnruf, ansonsten eine Skala von Tönen, häufig lärmend.

Am Strand gräbt er nach Wattwürmern, ist aber auch imstande, Muscheln zu knacken. Landeinwärts ernährt er sich hauptsächlich von Regenwürmern. Findet die Nahrung durch häufiges Stochern im Untergrund.

Brütet vorzugsweise im Geröll oder sandigem Gelände in Meeresnähe, landeinwärts aber auch an Flußufern und in besiedelten Gebieten sogar direkt am Straßenrand und gelegentlich auch auf Dächern. Außerhalb der Brutzeit hält er sich im Küstenbereich auf. Das Nest wird in einer flachen Mulde im Sand oder Geröll angelegt, immer in offenem Gelände, und mit trockenen Pflanzen, Muschelscherben und Steinchen verstärkt.

Austernfischer haben sich auch in N- und O-Island ausgebreitet, wo sie früher selten waren. Der Großteil des Bestands überwintert auf den Britischen Inseln, doch 5.000-10.000 Vögel halten sich wintersüber an den Küsten zwischen Reykjanes und Breiðafjörður oder in SO-Island auf. Austernfischer sind verbreitete Brutvögel an vielen europäischen Küsten und in östlicher Richtung quer durch Asien.

3.

Sandregenpfeifer

Charadrius hiaticula

DER SANDREGENPFEIFER, einer der kleinsten isländischen Watvögel, ist etwa so groß wie Meer- oder Alpenstrandläufer; er hat einen kurzen Hals und ist kompakt gebaut. Oberseite graubraun, Unterseite weiß; im PK weißer Halskragen mit schwarzem Band darunter, schwarze Maske um die Augen, weiße Stirn. Im Flug ist eine weiße Flügelbinde sichtbar. Schwanz und Bürzel sind dunkel mit weißen Rändern. SK und JK sind matter, bei Imm. ist die Oberseite fein geschuppt, die Augenmaske und das Brustband sind grau.

Kurzer Schnabel, orangegelb mit schwarzer Spitze, bei Imm. völlig schwarz. Füße orangegelb, Augen dunkel.

Kleiner, lebhafter und flinker Vogel. Er hat relativ lange Flügel und fliegt mit regelmäßigen, schnellen Flügelschlägen. Außerhalb der Brutzeit eher gesellig.

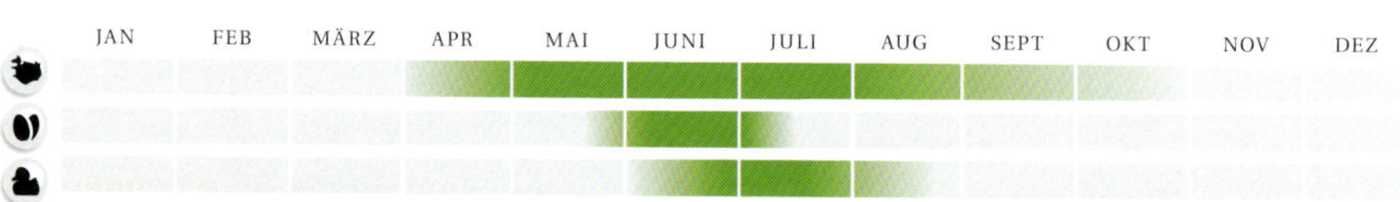

Sehr verbreiteter Brutvogel / Zugvogel / Durchzügler

LÄNGE	SPANNWEITE	GEWICHT	GELEGE	BRUT	AUFZUCHT	BRUTPAARE
18–20 cm	48–57 cm	60 g	4 Eier	24 Tage	24 Tage	~50.000

1. Altvogel | 2. Jungvogel | 3. Küken

Melodischer, flötender, häufig wiederholter Ruf.

Pickt Insekten und Würmer vom Boden auf, am Strand u.a. Tangfliegenlarven, Strandschnecken, Mückenlarven und Flohkrebse. Rasche Bewegungen bei der Nahrungssuche, späht im Laufen nach Beute, pausiert zum Aufpicken und läuft sofort wieder weiter.

Sandregenpfeifer sind vor allem in sandigem und steinigem Gelände sowohl am Meer als auch weiter landeinwärts, z.B. in Flussniederungen anzutreffen. Das nicht getarnte Nest besteht in einer Mulde im Sand oder Kieselgeröll und wird mit Steinchen oder Muschelbruchstücken verstärkt. Außerhalb der Brutzeit halten sich die Vögel in Wattgebieten und an Sandstränden auf.

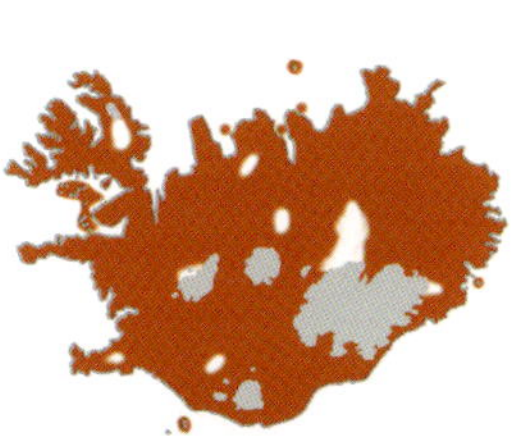

Sandregenpfeifer brüten verstreut in ganz Island, doch am häufigsten in Küstennähe. Große Trupps von in Grönland brütenden Vögeln rasten im Frühjahr und Herbst in Island. Die Winterquartiere liegen in Südeuropa (Frankreich und Pyrenäenhalbinsel) sowie in Westafrika. Die Verbreitungsgebiete liegen in Nordeuropa und Sibirien bis zum Beringsund, sowie in NO-Kanada.

Goldregenpfeifer

Pluvialis apricaria

DER GOLDREGENPFEIFER ist der charakteristische Vogel isländischer Wiesen- und Heidelandschaften. Der mittelgroße Watvogel mit rundlich-kompaktem Körper und kurzem Hals ist wesentlich kleiner als der Regenbrachvogel. Die Flügel sind relativ lang. Altvögel im PK sind an der Oberseite goldbraun und schwarz gesprenkelt. Die schwarze Farbe an der Unterseite reicht von den Augen bis hinter die Beine. Ein weißer Rand trennt schwarze und goldgesprenkelte Färbung, der im SK zusammen mit dem Schwarz verschwindet, so dass Goldregenpfeifer im Herbst an Hals und Bauch hell sind. Imm. ähnlich wie Ad. im SK. Von unten wirken die Flügel weiß.

Der Schnabel ist schwarz und wesentlich kürzer als bei anderen Watvögeln. Dunkelgraue Füße, dunkle Augen.

Fliegt schnell und läuft rasch. Fliegt im Balzflug mit langsamen, tief ausholenden Flügelschlägen und singt. Wenn man sich dem Nest oder den Jungen nähert, täuschen Eltern einen gebrochenen Flügel vor, um Feinde abzulenken

Sehr verbreiteter Brutvogel / Zugvogel

1.

2.

LÄNGE	SPANNWEITE	GEWICHT	GELEGE	BRUT	AUFZUCHT	BRUTPAARE
26–29 cm	67–76 cm	200 g	4 Eier	30 Tage	25–33 Tage	~300.000

1. Altvogel | 2. Vortäuschen eines gebrochenen Flügels | 3. Schlichtkleid/Jugendkleid

und wegzulocken. Außerhalb der Brutzeit gesellig.

♫ Die bekanntesten Rufe zur Brutzeit bestehen in rhythmischen Trillern („dirrindi"), sowohl in Ruhestellung als auch im Flug.

Die Nahrung besteht vornehmlich aus Insekten wie Käfern, Spinnen und Tangfliegen, aber auch aus Würmern, Schnecken und Schalentieren sowie Beeren im Herbst. Legt bei der Nahrungssuche wiederholt kurze Strecken in schnellem Tempo zurück, hält inne und pickt nach der Beute.

Goldregenpfeifer brüten in trockenen Gebieten, auch in bewachsener Lava, sowohl im Tiefland als auch in höheren Lagen. Das Nest wird in einer Mulde zwischen Bodenerhebungen oder in offenem Gelände angelegt und mit Altgras gepolstert. Der Goldregenpfeifer hält sich außerhalb der Brutzeit am Strand, auf Zwergstrauchheiden oder auf kultivierten Wiesen auf.

Ende des Sommers sammeln sich Goldregenpfeifer zu großen Trupps, um in die Winterquartiere in Westeuropa, vor allem Irland, aber auch Frankreich, Spanien und Portugal zu fliegen, wo die Vögel an Küsten und Flussmündungen überwintern. Vereinzelt im Winter auch in Island zu sehen. Goldregenpfeifer brüten auch in Großbritannien, Skandinavien und Rußland.

3.

Alpenstrandläufer

Calidris alpina

DIESER KLEINE Watvogel ist im Sommer der charakteristische Vogel der Feuchtgebiete. PK: Oberseite gold- bis rostbraun gesprenkelt, Unterseite hell mit einem dunklen Bauchfleck, der sich bis zum hinteren Rumpfende zieht. Im Flug ist ein schmaler, weißer Flügelstreif erkennbar. Weißer Bürzel mit grauem Rand, grauer Schwanz, beide mit dunklem, mittigen Streifen. Im SK verlieren Alpenstrandläufer ihre schwarze „Schürze". JK: Bauchfleck fehlt, Brust auffallend dunkel gestrichelt.

Relativ lang, schwärzlich und leicht abwärts gebogen. Füße und Augen schwarz.

Fliegt schnell; Bei Flugmanövern von Trupps wirken die Vögel abwechselnd hell oder dunkel, je nachdem ob Rücken oder die helle Unterseite zu sehen sind. Haltung etwas bucklig. Außerhalb der Brutzeit gesellig; dann sind in Wattgebieten oder an Sandstränden oft große Trupps zu beobachten. Im Frühjahr häufig in Gesellschaft von Goldregenpfeifern anzutreffen.

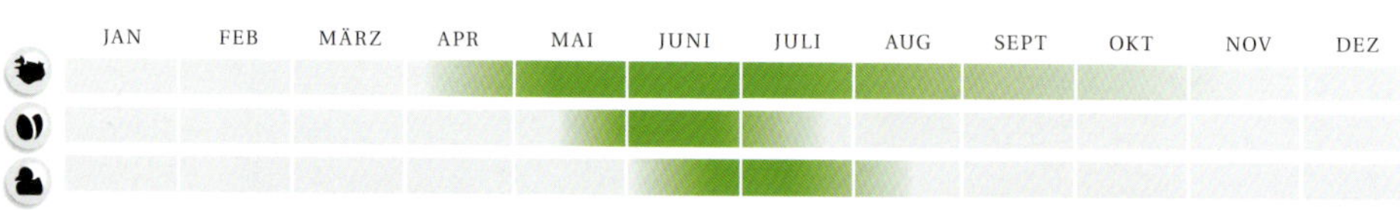

Sehr verbreiteter Brutvogel / Zugvogel / Durchzügler

1.

2.

LÄNGE	SPANNWEITE	GEWICHT	GELEGE	BRUT	AUFZUCHT	BRUTPAARE
16–20 cm	38–43 cm	50 g	4 Eier	21–22 Tage	19–21 Tage	~270.000

1. Altvogel, Singflug | 2. Schlichtkleid | 3. Jungvogel

Langgezogener Triller bei der Balz, sonst kurzer, schwirrender Laut.

Alpenstrandläufer ernähren sich von Insekten, u.a. Mückenlarven, kleinen Schalentieren, Schnecken und Borstenwürmern. Nahrungssuche in Trupps auch außerhalb des Brutgebiets, meist an Stränden.

Brütet in sumpfigem Marschland und Feuchtwiesen, aber auch in trockeneren Gras- und Heidelandschaften; größte und dichteste Verbreitung im südisländischen Tiefland. Das normalerweise gut getarnte Nest wird in bewachsenen Mulden angelegt und mit Altgras gepolstert. Außerhalb der Brutzeit meist an Stränden anzutreffen, aber auch landeinwärts in Feuchtgebieten.

Isländische Alpenstrandläufer überwintern hauptsächlich in Westafrika. Die grönländische Population rastet im Frühjahr und Herbst in Island, darunter gibt es Individuen, die heller gefärbt sind als isländische Alpenstrandläufer. Im Winter sind einige wenige Vögel manchmal an den Küsten in SW-Island anzutreffen. Alpenstrandläufer brüten an allen Küsten des nördlichen Eismeers, und im Süden bis England und Polen.

3.

Meerstrandläufer

Calidris maritima

DER MEERSTRANDLÄUFER wirkt mit seinen kurzen Beinen, dem kurzen Hals und relativ kurzem Schnabel gedrungen und pummelig. Von den kleinen Watvögeln ist er der dunkelste, kaum größer als Sandregenpfeifer oder Alpenstrandläufer. PK: Oberseite von Kopf bis Schwanzende und Brust grau und braun gesprenkelt, Unterseite weiß. Im Flug sind eine schmale, helle Flügelbinde und ein dunkler Mittelstreifen über dem weißem Bürzel erkennbar. SK: insgesamt grauer gefärbt. JK: wie eine Mischung aus PK und SK von Ad.

Dunkel, leicht nach unten gewölbt, gelb an der Schnabelbasis. Gelbliche Beine. Helle Ringe um dunkle Augen.

Meerstrandläufer fliegen niedrig und geradlinig und können schwimmen. Außerhalb der Brutzeit gesellig, oft in großen Trupps anzutreffen, die bei Flugmanövern abwechselnd hell und dunkel wirken. Wenig scheu, fliegt erst auf, wenn man direkt herangekommen ist. Sitzt gern auf Booten und Kais.

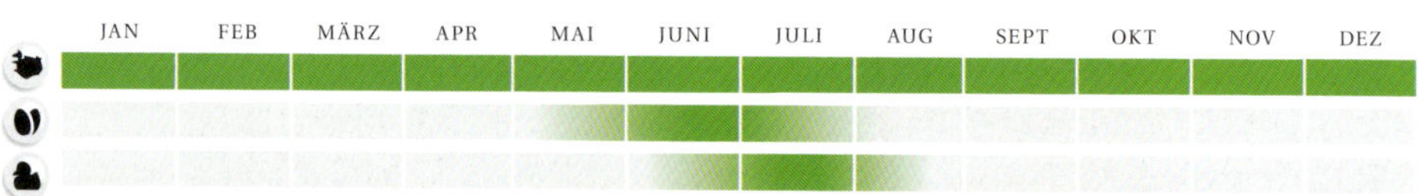

Sehr verbreiteter Brutvogel / Durchzügler / Wintergast

LÄNGE	SPANNWEITE	GEWICHT	GELEGE	BRUT	AUFZUCHT	BRUTPAARE
20–22 cm	42–46 cm	80 g	4 Eier	21–22 Tage	ca. 21 Tage	~30.000

1. Prachtkleid | 2. Schlichtkleid | 3. Altvogel

Kurzer, leise flötender Ruf, am Brutplatz trillernde Laute.

Zur Brutzeit Insekten, Spinnen und andere Wirbellose. Am Meeresufer bilden Strandschnecken, kleine Mollusken, Borstenwürmer und kleine Krebstiere sowie Tangfliegen die Hauptnahrung.

Brütet hauptsächlich in höheren Lagen, aber auch auf Halbinseln und in unwirtlichen Tieflandgebieten wie Moränen und Ödflächen mit Moos- und Flechtenbewuchs; meist in der Nähe von Wasser. Das Nest wird in einer natürlichen Vertiefung angelegt, oft neben Steinen oder Bodenerhebungen, und kaum gepolstert. ♂ kümmert sich um Brut und Aufzucht der Jungen. Außerhalb der Brutzeit sind Meerstrandläufer meist an steinigen Stränden und in Wattgebieten anzutreffen.

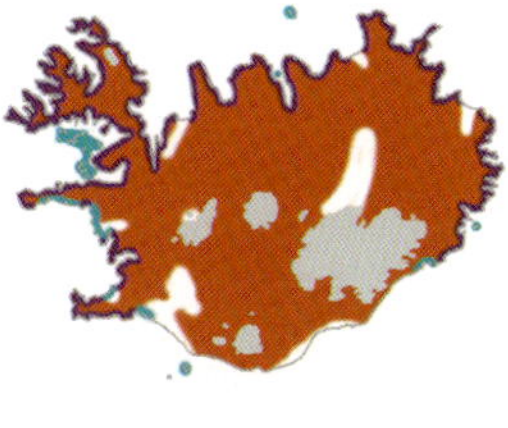

Meerstrandläufer halten sich im Winter in kleinen Trupps an der Küste auf, wo sie dann die häufigsten Watvögel sind, in N- und O-Island sogar die einzig regelmäßigen. Ein Teil der isländischen Population zieht im Herbst nach Großbritannien, während ziehende Meerstrandläufer nördlicher Regionen im Frühjahr und Herbst in Island rasten; einige von ihnen überwintern hier. Der Meerstrandläufer ist ein arktischer Vogel, der an den nördlichen Küsten des Atlantiks in Grönland und auf Inseln des nördlichen Eismeeres verbreitet ist, aber auch in den skandinavischen Ländern.

Sanderling

Calidris alba

KLEINER, FLINKER und heller Watvogel. PK: rotbrauner Kopf, Hals und Rücken, Rückenfedern mit helleren und dunkleren Rändern. Flügeldecken grau, Brust und Unterbauch weiß. SK: sehr hell; Kopf, Hals und Bauch fast weiß, Oberkopf grau. Im Flug fallen ein helles Flügelband und der dunkle Flügelbug auf. Bürzel und Schwanz grau und hell gerändert. Imm. ähnlich, doch an der Oberseite dunkler.

Schwarz, kurz und gerade. Beine schwarz, Augen dunkelbraun.

Im SK ähneln Sanderlinge Alpenstrandläufern, sind aber heller, etwas größer und gedrungener und haben einen kürzeren Schnabel. Geselliger Vogel, der hierzulande häufig in kleinen Trupps anzutreffen ist.

JAN FEB MÄRZ APR MAI JUNI JULI AUG SEPT OKT NOV DEZ

Durchzügler

1.

2.

LÄNGE	SPANNWEITE	GEWICHT	GELEGE	BRUT	AUFZUCHT	BESTANDGRÖSSE
20–21 cm	40–45 cm	60 g				~25.000 im Frühjahr

1. Altvögel im PK | 2. Altvogel im Schlichtkleid | 3. Jungvogel

Kurzer, scharfer Laut.

Läuft schnell und geschäftig hinter Wellen her, um Nahrung zu finden, u.a. Borstenwürmer, Muscheln, Flohkrebse und Insekten.

Sandküsten und Wattgebiete.

Auf ihrem Zug zwischen den Brutplätzen in Nordost-Grönland und den Winterquartieren in W-Europa (Großbritannien) und W-Afrika bis nach Namibia rasten tausende Sanderlinge an der Bucht Faxaflói, SW-Island, aber auch andernorts. Hin und wieder trifft man hierzulande auf Sanderlinge außerhalb der Zugzeiten. Sie sind auch auf den nördlichsten Inseln Kanadas, in Sibirien und in geringem Umfang auf Spitzbergen verbreitet.

3.

Knutt

Calidris canutus

MITTELGROSSER, UNTERSETZTER Watvogel mit kurzem Schnabel, Hals und Beinen. PK: rotbraun an Kopf, Hals, Brust und Bauch, Oberseite dunkel mit rostroten Flecken und dunkel gestricheltem Oberkopf. SK: meist grau mit hellen, schuppig wirkenden Federrändern auf dem Rücken, unten hell. Imm. ähnlich, wirkt aber oben dunkler; das Schuppenmuster auf dem Rücken ist deutlicher, und die Brust schimmert gelblich. Die Flügel sind beim Knutt immer grau mit weißer Flügelbinde, der Bürzel hellgrau und fein gebändert und der Schwanz grau.

Schnabel schwarz, Beine graugrün, Augen dunkel.

Erinnert an Alpenstrandläufer, ist aber deutlich größer und nicht so agil. Kräftiger Flügelschlag. Gesellig, oft in großen Trupps von mehreren tausend Vögeln anzutreffen.

JAN	FEB	MÄRZ	APR	MAI	JUNI	JULI	AUG	SEPT	OKT	NOV	DEZ

Durchzügler

1.

2.

LÄNGE	SPANNWEITE	GEWICHT	GELEGE	BRUT	AUFZUCHT	BESTANDGRÖSSE
23–25 cm	57–61 cm	150 g				~270.000 im Frühjahr

1. Prachtkleid | 2. Jungvogel | 3. Prachtkleid

Pfeifen im Flug, sonst tiefer, kurzer Ruf.

In Island hauptsächlich am Strand anzutreffen, wo Knutts sich meist von Insekten, Würmern, Mollusken und Krebstieren ernähren; landeinwärts auch von Mücken und deren Larven.

Vorzugsweise Wattgebiete und tangbewachsene Küstenstreifen mit kleineren Wattabschnitten.

Auf dem Weg zu den Brutplätzen in Grönland und dem kanadischen Eismeer und umgekehrt zu den Winterquartieren in Westeuropa nutzt der Knutt die weiten Buchten in Südwest-Island „zum Auftanken" und rastet vor allem an den weiten Buchten von Faxaflói und Breiðafjörður. Der Frühjahrszug findet im Mai statt, der Herbstzug verteilt sich über einen längeren Zeitraum, und die Trupps sind kleiner; erst kommen die Ad., später die Imm. Einige Imm. verbringen den größten Teil des Sommers in Island, einige wenige Knutts halten sich auch im Winter an den Küsten SW-Islands auf.

3.

Steinwälzer

Arenaria interpres

EHER KLEINER und robuster, markant gemusterter und flinker Küstenvogel. PK: Oberseite rotbraun und schwarz mit prägnantem schwarz-weißen Muster an Kopf und Brust; Unterseite weiß. Oberkopf dunkel gestrichelt. SK: Färbung insgesamt grauer und matter; ähnlich Imm., bei denen aber die schuppige Zeichnung auf dem Rücken deutlicher ist. Im Flug fallen die weißen Rücken- und Flügelbinden auf.

Schnabel schwarz, kurz und spitz. Beine orangefarben und kurz, Augen dunkel.

JAN FEB MÄRZ APR MAI JUNI JULI AUG SEPT OKT NOV DEZ

Durchzügler / Wintergast

LÄNGE	SPANNWEITE	GEWICHT	GELEGE	BRUT	AUFZUCHT	BESTANDGRÖSSE
22–24 cm	50–57 cm	120 g				40.000 im Frühjahr, 1–2.000 im Winter

1. Schlichtkleid | 2. Jungvogel | 3. Altvogel

Seinen Namen bezieht der Steinwälzer in vielen Sprachen von seiner Angewohnheit, auf der Nahrungssuche Steine und Tang umzudrehen. Gesellig, aber selten bestehen die Trupps aus mehr als ein paar Dutzend oder ein paar Hundert Vögeln.

Glucksende, schwätzende Geräusche.

Durch Umwälzen von Steinen und Tang gelangt der Steinwälzer an Insekten (Tangfliegenlarven), kleine Krebstiere, Miesmuscheln und Seeschnecken heran.

Steinwälzer sind vor allem an felsigen Küsten und offenen Stränden anzutreffen, wo viel Tang angeschwemmt wird, aber auch in Wattgebieten; im Frühjahr auch weiter landeinwärts anzutreffen.

Brutvogel in Grönland und NO-Kanada, Durchzügler in Island im Frühjahr und Herbst auf dem Weg von oder zu den Winterquartieren von Westeuropa bis nach NW-Afrika. Einige Hundert Steinwälzer überwintern an den Küsten von SW-Island; ein Teil der Imm. hält sich auch sommersüber in Island auf. Steinwälzer brüten zirkumpolar an allen Eismeerküsten und an den Küsten des skandinavischen Festlands, aber nicht auf Island und den Färöern.

Bekassine

Gallinago gallinago

DIE BEKASSINE ist ein in Island sehr verbreiteter, mittelgroßer und sich meist bedeckt haltender Schnepfenvogel. Der Vogel weist überwiegend braune und rostrote Tarnfarben mit gelblichen Streifen auf, nur die Unterseite ist weiß. Dunkle Kopf- und Augenstreifen; Schwanzfedern weiß gerändert.

Sehr langer, gerader und kräftiger brauner Schnabel, bei den Küken kleiner. Gelblich-braune kurze Beine mit langen Zehen, braune Augen.

Kennzeichnend für Bekassinen ist der Zickzackflug. Im Frühjahr „himmelt“ die Bekassine häufig über ihrem Revier und „meckert“ im Sturzflug. Am Boden wegen der Tarnfarben kaum zu sehen. Aufgeschreckt fliegt die Bekassine rätschend hoch, entfernt sich mit schnellen Flügel-

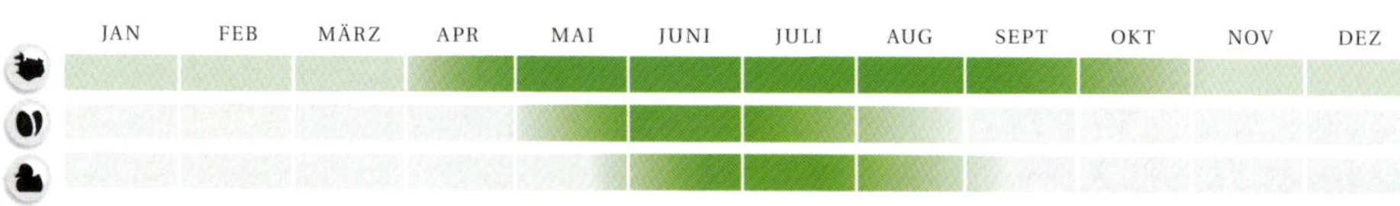

Sehr verbreiteter Brutvogel / größtenteils Zugvogel

LÄNGE	SPANNWEITE	GEWICHT	GELEGE	BRUT	AUFZUCHT	BRUTPAARE
25–27 cm	44–47 cm	110 g	4 Eier	18–20 Tage	19–20 Tage	~180.000

1. „Meckernde" Bekassine | 2. Altvögel | 3. Küken

schlägen und landet rasch wieder. Bekassinen füttern ihre Jungen. Kein geselliger Vogel.

Beim Auffliegen rätscht die Bekassine laut, und von Warten aus gibt sie rhythmische Lautfolgen von sich. Das mit den Schwanzfedern im Sturzflug erzeugte „Meckern" ist charakteristischer.

Stochert mit dem langen Schnabel in weichem und feuchtem Untergrund nach Würmern, aber auch andere Wirbellosen wie Larven, Käfern und Spinnenartigen auf; manchmal auch pflanzliche Nahrung.

Brütet in feuchten wie in trockeneren Gebieten des Tieflands, aber auch in höher gelegenen Heidegebieten. Das Nest wird in Altgras oder anderer Vegetation angelegt, gut getarnt und mit Gras ausgepolstert. Vor der Brutzeit hält sich die Bekassine vorwiegend in Feuchtgebieten auf, im Winter in offenen Gräben, Entwässerungkanälen und in der Nähe heißer Quellen.

Die wenigen in Island überwinternden Bekassinen sind fast überall in Island anzutreffen. Die Haupt-Winterquartiere liegen in W-Europa, größtenteils in Irland. Mit Ausnahme von Ozeanien ist die Bekassine auf der ganzen Welt verbreitet.

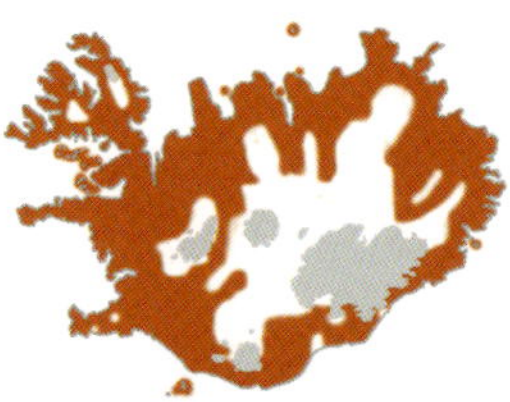

Waldschnepfe

Scolopax rusticola

DIE WALDSCHNEPFE wirkt wie eine zu groß geratene Bekassine, sie ist mit ihr verwandt und von der Färbung her ähnlich, ist aber größer und untersetzter und hat breitere Flügel. Das Gefieder in verschiedenen Brauntönen dient der Tarnung im alten Laub auf dem Waldboden. Rücken rostrot mit grauen Flecken, Muster ähnlich wie bei Bekassine, doch die Unterseite ist fein gebändert, die Bänder am Kopf verlaufen quer. Imm. ähnlich.

Gerader, braun-hellbrauner Schnabel mit dunklerer Spitze, kräftiger als bei Bekassine. Beine blaugrau oder graubraun. Die großen Augen am rundlichen Kopf liegen weit hinten, die Iris ist dunkelbraun.

Beim Balzflug kreist die Waldschnepfe morgens und abends mit knarzenden Lauten über den Bäumen. Sie wirkt im Flug dick und halslos, der Schnabel ist nach unten gerichtet. Vogel der Morgen- und Abenddämmerung, der sich tagsüber in dichter Vegetation bedeckt hält. Wird sie

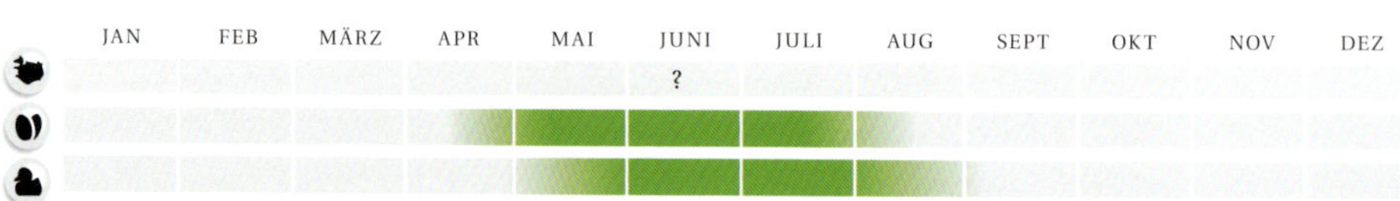

Sehr seltener Brutvogel / Nachweise im ganzen Jahr

1.

2.

LÄNGE	SPANNWEITE	GEWICHT	GELEGE	BRUT	AUFZUCHT	BRUTPAARE
33–35 cm	56–60 cm	300 g	4 Eier	21–24 Tage	15–20 Tage	~50

1. Singflug | 2. Altvogel | 3. Altvogel

aufgescheucht, fliegt sie auf, lässt sich aber bald wieder in Deckung fallen.

♫ Beim Balzflug gibt das ♂♂ drei gedämpft quietschende Laute von sich, die mit den Geräuschen einer verrosteten Schubkarre verglichen wurden. Auf sie folgt ein hoher scharfer Laut. Der hohe Laut ist am besten unterscheidbar.

Brütet in Waldgebieten mit viel Unterholz, vor allem auf feuchtem Untergrund. Über Brutgebiete in Island ist noch wenig bekannt. Auch im Winter an offenen Gräben, Entwässerungskanälen, in der Nähe von heißen Quellen vor allem in der Nähe von Baumbeständen anzutreffen.

Wird seit Neuestem zu den isländischen Brutvögeln gezählt, doch vieles deutet darauf hin, dass Waldschnepfen schon seit etwa 1970 hier Brutversuche unternommen haben. ♂ auf dem Balzflug im Frühling sind der beste Beweis für Brutversuche. Sie wurden in verschiedenen Landesteilen sowohl in einheimischem Moorbirkenwald als auch in Aufforstungsgebieten gesichtet. Es besteht keine Klarheit darüber, ob die brütenden Vögel Zugvögel sind, bzw. ob es sich bei den überwinternden um Standvögel handelt. Waldschnepfen sind vielerorts auch im Winter beobachtet worden. Ihre Verbreitung erstreckt sich von den europäischen Wäldern quer durch Asien bis nach Japan. Meist Zugvogel, aber Standvogel auf den britischen Inseln und in W-Europa.

Territorialverhalten zur Brutzeit und einige wenige Nestfunde

3.

Regenbrachvogel

Numenius phaeopus

DER REGENBRACHVOGEL ist ein großer, hochbeiniger und eleganter Watvogel. Oberseite und die Brust bis zum Bauch sind graubraun mit hellen Federrändern, Bauch und Unterflügel sind heller. Dunkler Kopf mit hellem Scheitelstreif, dunklem Zügelstreif und hellem Überaugenstreif. Im Flug fällt der weiße Bürzel auf. Der Schwanz im Flug stumpf und quer gebändert, dunkle Flügelenden. Imm. ähnlich, doch bei ihnen ist der Schnabel kürzer und gerader.

Lang, graubraun und nach unten gebogen, artkennzeichnend. Lange, blaugraue Beine, dunkle Augen mit hellem Augenring.

Fliegend sind Regenbrachvögel am raschen Flügelschlag zu erkennen. Im Spätsommer vor dem Zug sammeln sie sich zu Trupps, ansonsten wenig gesellig. Regenbrachvögel sitzen gern auf erhöhten Warten und trillern.

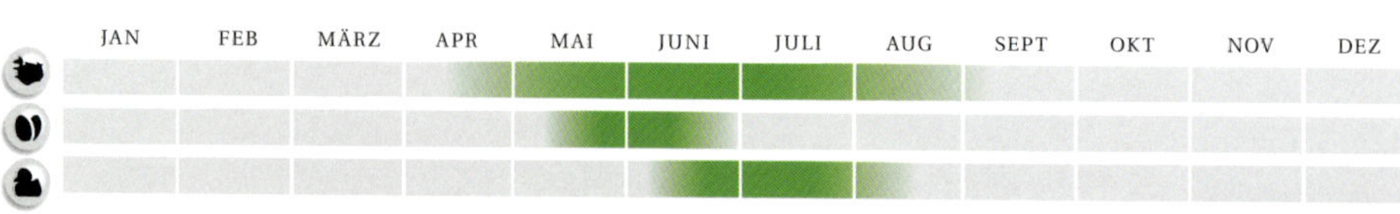

Sehr verbreiteter Brutvogel / Zugvogel

LÄNGE	SPANNWEITE	GEWICHT	GELEGE	BRUT	AUFZUCHT	BRUTPAARE
40–42 cm	76–89 cm	500 g	4 Eier	27–28 Tage	35–40 Tage	~250.000

1. Altvogel | 2. Altvogel | 3. Küken

Flötender Triller – eines der typischen Geräusche des isländischen Sommers.

Insekten, Spinnen, Schnecken, Würmer, kleine Krebstiere und Beeren. Mit dem langen Schnabel können Regenbrachvögel sowohl Nahrung vom Boden aufpicken als auch in weichem Untergrund stochern.

Regenbrachvögel brüten sowohl in trockenen als feuchten Zonen; die größte Dichte findet sich in Feuchtwiesen und dort, wo Trocken- und Feuchtgebiete aneinandergrenzen, aber er ist auch in Zwergstrauchheiden, bewachsenen Lavafeldern, Sumpfgebieten und steinigen und sandigen Flächen mit einiger Vegetation anzutreffen. Das meist ungetarnte Nest besteht aus einer mit Altgras gepolsterten Mulde in niedriger Vegetation. Außerhalb der Brutzeit sind Regenbrachvögel auch auf kultivierten Wiesen anzutreffen, aber nur selten am Strand.

In ganz Island im Flachland sehr verbreitet, seltener im Hochland. Isländische Regenbrachvögel überwintern in Westafrika südlich der Sahara. Die Brutgebiete liegen in allen an das nördliche Eismeer angrenzenden Ländern.

Uferschnepfe

Limosa limosa

DIE UFERSCHNEPFE ist in Island der charakteristische Vogel feuchter bzw. sumpfiger Tieflandgebiete. Sie ist hochbeinig, langhalsig und schlank, und vergleichbar groß wie der Regenbrachvogel. PK: Kopf und Hals rostrot bis zur Brust, sonst bräunlich und hell gemustert, ♀ matter gefärbt als ♂. SK: Oberseite grau, Unterseite hell. JK: Kopf, Hals und Brust heller rostfarbig, Zeichnung nicht unähnlich Ad. im PK. Im Flug fallen weiße Flügelstreifen, weißer Bürzel und schwarze Schwanzbinde auf.

Langer, gerader Schnabel, orangefarben an der Basis, dunkle Spitze. Lange, schwärzliche Beine, die im Flug weit überstehen. Braune Augen mit hellem Augenring.

Energische, rasche Flügelschläge. Am Brutplatz sind Uferschnepfen laut und unruhig. Außerhalb der Brutzeit gesellig.

Stimmfreudig während der Balz, raue, nasale Rufe, sonst stumm.

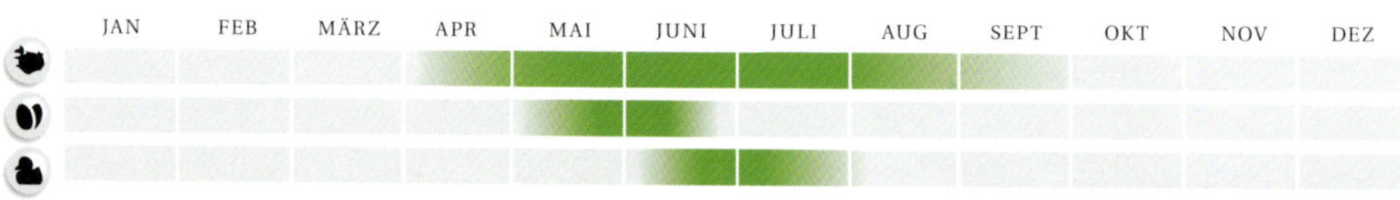

Sehr verbreiteter Brutvogel / Zugvogel

LÄNGE	SPANNWEITE	GEWICHT	GELEGE	BRUT	AUFZUCHT	BRUTPAARE
40–44 cm	70–82 cm	300 g	4 Eier	22–24 Tage	25–35 Tage	~25.000

1. Altvogel | 2. Jungvogel | 3. Altvogel

Stochert mit dem Schnabel in sumpfigem Gelände oder im Schlick von flachen Teichen nach Würmern, Mollusken, Schnecken, Larven und anderen Wirbellosen, aber nimmt auch pflanzliche Nahrung wie Samen und Beeren zu sich.

Uferschnepfen sind Vögel der Feuchtgebiete des Tieflands, die auf Feuchtwiesen, in Marschgbieten und Niedermooren anzutreffen sind, nie weit vom Wasser entfernt. Das Nest besteht in einer Mulde im Bewuchs, meist gut getarnt und mit Halmen gepolstert. Außerhalb der Brutzeit ist die Uferschnepfe häufig auf Feuchtwiesen, kultivierten Wiesen und in Wattgebieten anzutreffen.

Bis 1920 kam die Uferschnepfe ausschließlich im südisländischen Tiefland vor, sie hat sich aber in den vergangenen Jahrzehnten stark ausgebreitet und brütet nun in fast allen isländischen Tieflandgebieten. Die Winterquartiere liegen in Westeuropa bis zum südlichen Portugal, hauptsächlich in Irland. Island (Unterart *L.l. islandica*) ist ihr westlichstes und nördlichstes Verbreitungsgebiet, sie brütet verstreut in W- und Mitteleuropa, vor allem Holland, und im mittleren Russland bis weit nach Osten.

Rotschenkel

Tringa totanus

MITTELGROSSER UND SEHR STIMMFREUDIGER Watvogel. PK: Oberseite grau und braun gezeichnet, Unterseite kräftig gestrichelt bzw. gefleckt. Im Flug fallen weißer Rückenkeil und weißer Hinterrand der Flügel auf, der Schwanz ist quer gebändert. SK: grauer und insgesamt einheitlicher gefärbt. Imm. sind am Kopf hell bräunlich bis gelblich; gelbe Beine; Zeichnung insgesamt nicht unähnlich Ad.

Roter Schnabel mit schwarzer Spitze. Braune Augen mit hellem Augenring. Die Beine sind rot und ragen im Flug über den Schwanz hinaus.

Zur Brutzeit sitzen Rotschenkel auffällig gern auf Zaunpfählen, rucken beunruhigt mit Kopf und Schwanz und lärmen, wenn sich ein Unberufener dem Nest oder den Jungen nähert. Sie umflattern dann Eindringlinge mit kurzen, hektischen Flügelschlägen, ansonsten fliegen sie schnell und direkt. Gesellig außerhalb der Brutzeit.

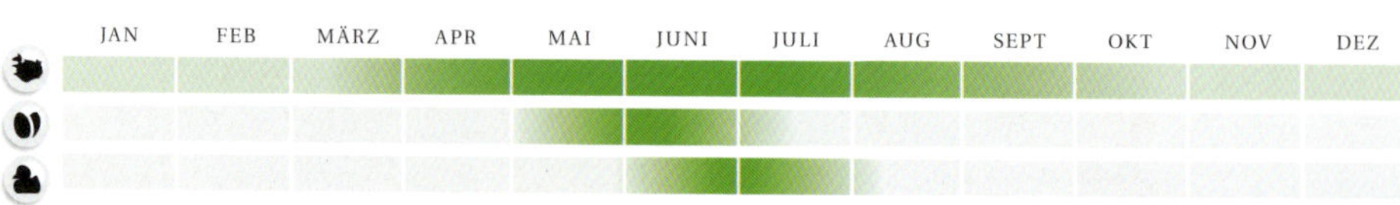

Sehr verbreiteter Brutvogel / größtenteils Zugvogel

LÄNGE	SPANNWEITE	GEWICHT	GELEGE	BRUT	AUFZUCHT	BRUTPAARE
27–29 cm	60–66 cm	140 g	4 Eier	24 Tage	25–35 Tage	~140.000

1. Altvogel | 2. Schlichtkleid | 3. Jungvogel

Diverse pfeifende Töne mit sich wiederholenden Motiven; schrille Alarm- und leisere Entwarnungsrufe.

Insekten, Würmer und Spinnenartige im Binnenland, am Strand Tangfliegen, kleine Mollusken, Mücken- und Tangfliegenlarven.

Bevorzugt im Sommer Grasland und Feuchtgebiete, während der Zugzeiten und im Winter auch häufig an Stränden anzutreffen. Nistet in Wiesen- oder Feuchtgebieten, aber auch im Brachland in der Nähe von menschlichen Siedlungen, am Wiesenrand oder bei Höfen; das Nest wird gut getarnt an Bülten oder im Altgras angelegt.

Der Großteil des isländischen Bestands hält sich im Winter auf den Britischen Inseln und in Westeuropa auf, aber 1.000–2.000 Individuen überwintern an den Küsten in SW-Island.

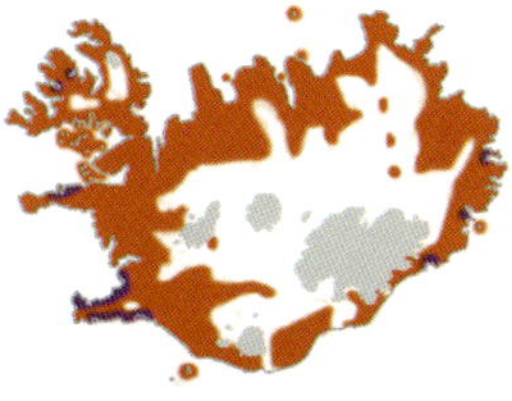

Odinshühnchen

Phalaropus lobatus

DAS ODINSHÜHNCHEN ist ein kleiner, zierlicher Vogel von der Größe eines Alpenstrandläufers, mit grauer Oberseite; im Sommer dunkler, im Winter heller. ♀ ist bunter gefärbt als ♂. Im PK breiter, rostfarbener Kragen mit weißem Kehlfleck, Kopf, Nacken und Brust grau. Der Rücken ist dunkel mit cremefarbenen Längsstreifen, Unterseite weiß, heller Flügelstreif, Bürzel weiß mit dunklem Mittelstreifen, der bis zum grauen Schwanz reicht. SK: Oberseite hell blaugrau, Unterseite weiß, dunkler Augenstreif. Imm. ähnlich, aber mit dunklerem Kopf und Nacken; Rücken gleicht Ad. im Prachtkleid.

Schnabel schwarz, schmal und dünn, Augen dunkel. Dunkelgraue Füße, Schwimmhäute zwischen den Zehen.

Flug schnell und flatternd. Am häufigsten schwimmend zu beobachten, wirkt wie ein Korken auf dem Wasser. Bei der Balz hat ♀ die Initiative, während ♂ Brut und Aufzucht übernimmt. ♀ zieht sich nach

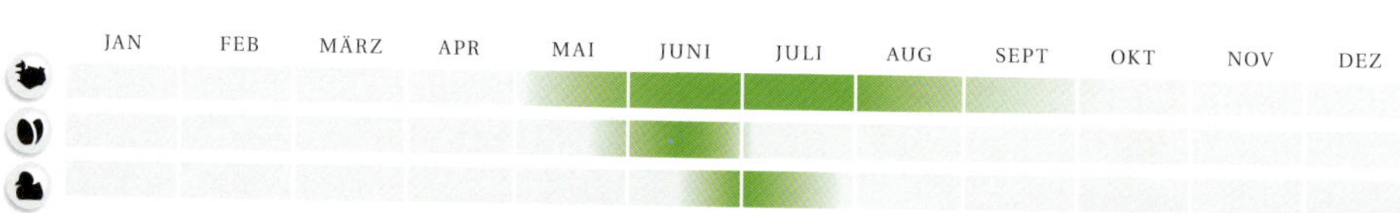

Sehr verbreiteter Brutvogel / Zugvogel

1.

2.

LÄNGE	SPANNWEITE	GEWICHT	GELEGE	BRUT	AUFZUCHT	BRUTPAARE
18–19 cm	32–41 cm	40 g	4 Eier	17–21 Tage	ca. 21 Tage	~50.000

1. Altvogel | 2. übergang zum Schlichtkleid | 3. Jungvogel

der Eiablage zurück und kann polygame Beziehungen anknüpfen. Odinshühnchen sind nicht scheu und leben außerhalb der Brutzeit gesellig.

Dünne Stimme, metallisch schnalzender Ruf.

Schwimmt kreiselnd, dabei Nahrung aufwirbelnd, taucht den Schnabel rasch und häufig ein und pickt Wirbellose wie Insekten, Zuckmücken, Schwimmkäfer und kleine Krebstiere auf, Zuckmücken auch an Seeufern und an Land. Auf dem Meer ernähren Odinshühnchen sich von Plankton.

In ganz Island verbreitet, bes. im Flachland, aber auch weithin im Hochland anzutreffen. Bevorzugt artenreiche Feuchtbiotope wie seggenbestandene Seen und Tümpel; am Mývatn-See gibt es eine besonders dichte Verbreitung. Das gut getarnte Nest besteht aus einer Mulde im Moos oder Altgras. Außerhalb der Brutzeit vor allem in Küstennähe auf Teichen und flachen Brackwasserlagunen, aber auch in größeren Trupps vor der Küste auf dem Meer anzutreffen. Im Winter lebt das Odinshühnchen auf dem offenen Meer.

Odinshühnchen halten sich nur kurz in Island auf. Winterquartiere liegen im Indischen Ozean bzw. Arabischen Meer und im Pazifik vor der südamerikanischen Küste. Es ist nicht bekannt, wohin die isländischen Vögel ziehen. Die Verbreitungsgebiete liegen entlang vieler arktischer Küsten der nördlichen Hemisphäre.

3.

Thorshühnchen

Phalaropus fulicarius

THORSHÜHNCHEN sind etwas größer als Odinshühnchen. PK: Unterseite rostbraun mit auffallend hellen und dunklen Bändern auf dem Rücken. ♀ Oberkopf, Schnabelbasis und Kehle schwarz, Wangen weiß. ♂ matter gefärbt, Kopf dunkel gestrichelt, häufig mit weißen Flecken an Brust und Bauch. Weiße Flügelbinden. SK: Oberseite hell blaugrau. Unterseite weiß; dunkler Augenstreif. Imm. ähnlich, aber dunklerer Oberkopf, Nacken, Rücken und dunklere Seiten.

Schnabel gelb mit dunkler Spitze, kräftiger als beim Odinshühnchen, dunklere Spitze. Beine grau, gelbe Schwimmhäute zwischen den Zehen. Dunkle Augen.

Verhalten von Thorshühnchen ähnlich wie Odinshühnchen, die Weibchen dominieren.

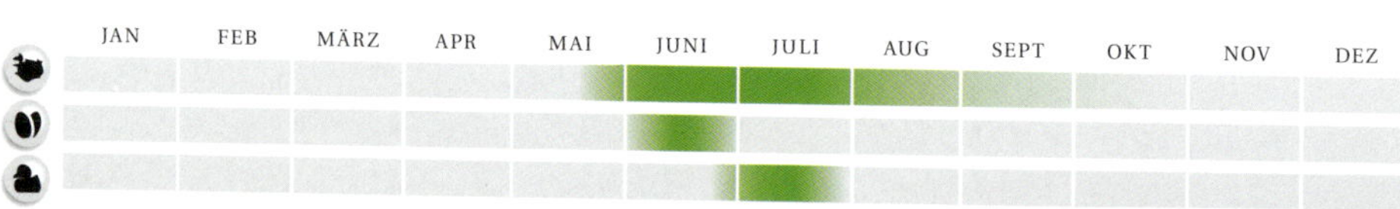

Sehr seltener Brutvogel / Zugvogel

1.

2.

LÄNGE	SPANNWEITE	GEWICHT	GELEGE	BRUT	AUFZUCHT	BESTANDGRÖSSE
20–22 cm	40–44 cm	60 g	4 Eier	18–20 Tage	16–18 Tage	180-270

1. Altvogel ♂ | 2. ♂ und ♀ | 3. Schlichtkleid

Laute ähnlich wie bei Odinshühnchen, nur metallischer.

Nahrungsaufnahme ähnlich wie bei Odinshühnchen, Thorshühnchen sind aber häufiger am Meeresufer anzutreffen, wo sie nach Tangfliegenlarven, Schnecken und anderen kleinen Mollusken suchen.

Lebt näher am Meer als Odinshühnchen und ist vor allem an Brackwasserlagunen, an Stränden mit viel Tang oder auf Gletscherschwemmland an Tümpeln und Bächen anzutreffen. Das Nest besteht aus einer flachen Vertiefung und wird in der Vegetation versteckt.

In Island gibt es nur knapp 300 Thorshühnchen in kleinen Brutgebieten rings um die Insel. Das Thorshühnchen zählt zu den seltensten isländischen Brutvögeln und ist vom Aussterben bedroht. Die Vögel halten sich nur 1–2 Monate im Brutgebiet auf. Bei Vögeln, die bis in den Oktober zu sehen sind, handelt es sich möglicherweise um Durchzügler aus arktischen Regionen. Die Winterquartiere liegen vermutlich im südlichen Atlantik in Äquatornähe. Das Thorshühnchen ist ein hocharktischer Vogel und brütet zirkumpolar, u.a. in Spitzbergen und Novaja Zemlja; innerhalb Europas kommt der Vogel nur in Island vor.

3.

Jungvogel/Schlichtkleid

LÄNGE	SPANNWEITE	GEWICHT
27–30 cm	71–83 cm	240 g

Kiebitzregenpfeifer

Pluvialis squatarola

Herbst- und Wintergast, der an den Küsten in SW-Island und in Hornafjörður fast jedes Jahr anzutreffen ist, aber auch in O- und NO-Island. Wurde in allen Monaten gesichtet, doch am häufigsten im September und Oktober, und auch während der jährlichen Winterzählung Ende Dezember. Hat Ähnlichkeit mit dem Goldregenpfeifer, ist aber grauer und größer und hat einen kräftigeren Schnabel. Im Flug fallen heller Bürzel und weiße Flügelbinden auf; auch an den schwarzen Achselfedern ist der Vogel zu erkennen. Kiebitzregenpfeifer brüten in den Tundra-Gebieten von Sibirien und Nordamerika, aber nicht in Grönland.

Altvogel ♂

Altvogel ♀

LÄNGE	SPANNWEITE	GEWICHT
28–31 cm	82–87 cm	230 g

Kiebitz

Vanellus vanellus

Häufiger Irrgast, vor allem im Winter. Kiebitze flüchten gelegentlich in größeren Trupps vor Kälteeinbrüchen in Europa; im Anschluss an solche Strapazen haben sie versucht, hierzulande zu brüten. Man weiß zwar von 15 – 20 Brutversuchen, doch als isländischer Brutvogel kann der Kiebitz nicht gelten. Ein großer, von weitem schwarz und weiß wirkender Vogel mit langem Federschopf, breit gerundeten Flügeln und weißen Flügelspitzen. Breites schwarzes Brustband, weißer Schwanz mit schwarzem Ende und rotbraunen Unterschwanzdecken. Jungvögel matter gefärbt, ähnlich wie Ad. im SK. Dann auch an der Oberseite helle Flügelränder, die das Gefieder schuppig wirken lassen. Einer der häufigsten und verbreitetsten Watvögel Europas. Seine Brutgebiete liegen von Mitteleuropa quer durch Asien bis zum Pazifik.

Jungvogel

Jungvogel

LÄNGE	SPANNWEITE	GEWICHT
15–17 cm	40–45 cm	50 g

Weißbürzel-Strandläufer

Calidris fuscicollis

Häufiger Spätsommer- und Herbstgast, der anscheinend zwei Phasen bevorzugt: ab der zweiten Juliwoche bis Mitte August, und dann wieder von Anfang September bis Anfang November. Die meisten Nachweise sind im Oktober. Der Weißbürzel-Strandläufer ähnelt dem Alpenstrandläufer, ist aber etwas kleiner und hat einen kürzeren Schnabel. In Island werden oft Imm. gesichtet, sie sind an der Oberseite überwiegend grau, mit bräunlichen Flecken an Rücken und Flügeln. Weißer Überaugenstreif; Bürzel weiß wie bei Sichelstrandläufer, aber letzterer ist größer und hat einen längeren Schnabel. Vor allem am Bürzel unterscheidbar, aber auch am charakteristischen mäuseartigen Zirpen. Weißbürzel-Strandläufer brüten in den arktischen Regionen von Kanada und vereinzelt auch in Alaska.

Jungvogel

LÄNGE	SPANNWEITE	GEWICHT
18–19 cm	42–46 cm	60 g

Sichelstrandläufer

Calidris ferruginea

Jährlich auftretender Irrgast, Vorkommen von April bis Oktober, am häufigsten aber in der zweiten Maihälfte und im September, vor allem in SW-Island, im Hornafjörður und im äußersten Nordosten. Kein Nachweis in NW-Island. Der Sichelstrandläufer ähnelt dem Alpenstrandläufer, ist aber deutlich schlanker und hochbeiniger und hat einen längeren Schnabel. Im rostbraunen PK leicht zu bestimmen. JK und SK erinnern an Alpenstrandläufer, aber dunklerer Überaugenstreif und weniger gestrichelte Brust. Der rein weiße Bürzel ist ebenfalls ein Bestimmungsmerkmal. Sichelstrandläufer sind wesentlich größer und haben einen sehr viel längeren Schnabel als Weißbürzel-Strandläufer, der einzigen anderen Art mit ebenfalls weißem Bürzel. Brutgebiete an den Eismeerküsten von Sibirien, Winterquartiere in Afrika und an den Küsten Asiens und Australiens.

LÄNGE	SPANNWEITE	GEWICHT
19–23 cm	42–49 cm	70 g

Graubrust-Strandläufer

Calidris melanotos

Dieser fast jedes Jahr auftretende Gast ist hierzulande der zweithäufigste Watvogel aus Amerika, der häufigste ist der Weißbürzelstrandläufer. Nachweise gibt es vor allem im Herbst in SW-Island (meist Imm.), aber auch regelmäßig im Frühjahr in O-Island; aber auch in den meisten anderen Landesteilen nachgewiesen. Der Graubrust-Strandläufer ist größer als der Alpenstrandläufer und an Kopf, Hals und Brust auffällig gebändert. Die scharf vom weißen Bauch abgegrenzte Streifung an der Brust ist das beste Bestimmungsmerkmal. Oberkopf braun, heller Augenstreif und helle Kehle; der Rücken ist scharzbraun gebändert, mit hellen Längsstreifen; sehr matte Flügelbinden. Beine und Schnabel gelbgrün, letzterer mit dunkler Spitze. Hat eine gewisse Ähnlichkeit mit ♀ Kampfläufer. Brutvogel in den Tundren von Kanada, Alaska und NO-Sibirien.

Altvogel ♂

Jungvögel ♀ ♂

LÄNGE	SPANNWEITE	GEWICHT
20–30 cm	48–58 cm	150 g

Kampfläufer

Philomachus pugnax

Praktisch jährlich vorkommender Irrgast, Nachweise in allen Landesteilen, aber vor allem in SW-Island, in Hornafjörður und in N- und NO-Island. Kampfläufer sind meist im Frühjahr (April-Juni) landeinwärts anzutreffen, und im Herbst (Ende Juli – Oktober) an der Küste. Es gibt einige Nachweise für ♂ beim Balztanz, aber nicht für Brutversuche. ♀ etwa so groß wie Sanderling, ♂ wie Rotschenkel. ♂ im Frühjahr sehr auffällig im PK aufgrund der Federkrause an Hals und Kopf in den verschiedensten Farbkombinationen (weiß, schwarz, braun, rostbraun). Im SK sind beide Geschlechter am Rücken dunkel geschuppt. Kurzer, dunkler Schwanz mit auffallend weißen seitlichen Binden. Schnabel eher kurz und dunkel, Beine rötlich oder hellgrün. Brutgebiete von Holland über Skandinavien, in Osteuropa bis nach Sibirien. Die wichtigsten Winterquartiere liegen in Afrika.

LÄNGE	SPANNWEITE	GEWICHT
50–60 cm	80–100 cm	920 g

LÄNGE	SPANNWEITE	GEWICHT
37–39 cm	70–80 cm	340 g

Großer Brachvogel

Numenius arquata

Jedes Jahr anzutreffender Wintergast und vereinzelt Brutvogel. Vorkommen an tangbewachsenen Küstenstreifen im ganzen Land, doch am häufigsten in SW-Island und in Hornarfjörður. 1987 wurde ein Brutversuch in Melrakkaslétta (NO-Island) nachgewiesen. Die in Sandgerði (SW-Island) und Höfn (SO-Island) überwinternden Vögel bilden möglicherweise einen kleinen isländischen Bestand und brüten jeweils in ihren Landesteilen. Der Große Brachvogel ähnelt dem Regenbrachvogel, ist aber wesentlich größer und scheuer; der Schnabel ist länger, und der Kopf weist keine Streifen auf. Flugweise erinnert an Möwen. Der Große Brachvogel brütet verbreitet in offenem Gelände in weiten Teilen Nordeuropas und Asiens.

Pfuhlschnepfe

Limosa lapponica

Jährlicher Durchzügler und Wintergast an den Küsten von SW-Island und in Hornarfjörður (SO-Island). Pfuhlschnepfen sind kurzbeiniger und kleiner als Uferschnepfen, ohne Flügelbinden, der Schwanz ist quergebändert. Im SK sind Pfuhlschnepfen an der Oberseite grau gefleckt und an der Unterseite hell, sie haben Ähnlichkeit mit kleinen Regenbrachvögeln, haben aber einen ganz leicht aufwärts gebogenem Schnabel. Ihre Verbreitungsgebiete liegen in den nördlichsten Regionen Skandinaviens und in den Tundren Sibiriens und Alaskas. Die Winterquartiere sind in Europa, Asien, Afrika und Australien.

LÄNGE	SPANNWEITE	GEWICHT
19–21 cm	56–57 cm	70 g

Bruchwasserläufer

Tringa glareola

Sommergast und unregelmäßiger Brutvogel. Vorkommen von Mai bis Oktober, die meisten Nachweise im Juni. Wurde in allen Landesteilen mit Ausnahme von NW-Island gesichtet, am häufigsten am Mývatn; dort sind auch Brutversuche nachgewiesen. Zierlicher als Rotschenkel, Oberseite grau gesprenkelt, Unterseite hell; auffälliger weißer Überaugenstreif. Bürzel weiß, Schwanz fein quergebändert. Keine Flügelstreifen, Flügel an der Unterseite hell. Der dunkle Schnabel ist an der Basis gelbgrün, Füße gelbgrün. Verbreiteter Brutvogel im eurasischen Nadelwaldgürtel.

LÄNGE	SPANNWEITE	GEWICHT
17–19 cm	38–42 cm	55 g

Zwergschnepfe

Lymnocryptes minimus

Die Zwergschnepfe ähnelt der Bekassine, ist aber wesentlich kleiner. Kurzer Schnabel und auffällig gelbe Längsbänder auf dem Rücken. Fliegt gerade und meist geräuschlos auf. Wintergast, am häufigsten von Ende September bis Mitte März, ist aber auch in allen anderen Monaten gesichtet worden. Nachweise in allen Landesteilen mit Ausnahme von NW-Island. Zwergschnepfen halten sich im Winter an ähnlichen Stellen wie Bekassinen auf, an offenen Gewässern und in der Nähe von heißen Quellen. Brütet im Nadelwaldgürtel und in europäischen und asiatischen Tundragebieten.

Prachtkleid

Altvogel

Altvogel/Schlichtkleid

Jungvogel

LÄNGE	SPANNWEITE	GEWICHT
36–38 cm	70–80 cm	800 g

LÄNGE	SPANNWEITE	GEWICHT
32–35 cm	50–55 cm	320 g

Blässhuhn

Fulica atra

Irrgast aus Europa; zu allen Jahreszeiten, vor allem aber im Winter und Frühling in ganz Island anzutreffen (am häufigsten im Nov./Dez. und April/Mai, vor allem in SW- und NO-Island). Etliche Brutversuche, und in den letzten Jahren auch Nachweise von Bruterfolg. Blässhühner bauen schwimmende Nester in der Wasservegetation. Schieferschwarzer, stämmiger Wasservogel mit großem Körper und kleinem Kopf, Schwanz und Flügel kurz. Im Flug ist ein schmaler weißer Rand an den Armflügeln zu sehen. Leicht kenntlich am weißen, kurzen und kräftigen Schnabel und am auffälligen weißen Stirnschild. Graugrüne Beine, lange Zehen mit Schwimmlappen, rote Augen. Blässhühner sind gesellig, schwimmen wie Korken auf dem Wasser und rucken ständig mit dem Kopf. Verbreiteter Brutvogel in Europa, Nordafrika, Asien und Australien.

Teichhuhn

Gallinula chloropus

Nahezu jährlich anzutreffender Wintergast, am häufigsten im November und April bis zum Mai, aber kaum in der Zeit von Juni–September. Nachweise aus allen Landesteilen, darunter erstaunlich viele auf der Insel Grímsey am Polarkreis. Das Teichhuhn ist mit dem Blässhuhn verwandt, aber deutlich kleiner. Es lebt heimlicher und hält sich weniger auf offenen Wasserflächen auf als das Teichhuhn. Ein dunkler, kräftiger Vogel mit weißer Flankenlinie und weißen Unterschwanzdecken. Stirnschild rot, Schnabel rot mit gelber Spitze. Imm. dunkelbraun. Die langen Beine hängen im Flug herunter.

LÄNGE	SPANNWEITE	GEWICHT
23–28 cm	38–45 cm	130 g

Wasserralle

Rallus aquaticus

Die Wasserralle war früher ein seltener Brutvogel in Sumpfgebieten, doch durch Drainagemaßnahmen und ausgewilderte amerikanische Nerze wurde der Bestand so dezimiert, dass sie wohl als Brutvogel in Island ausgestorben ist. Seit 1963 gibt es keine Nachweise für Brutversuche mehr. Im Winter sind aber einzelne Vögel an nicht zugefrorenen Gräben und Quellen gesichtet worden; vermutlich handelt es sich um Irrgäste aus Europa. Die Wasserralle, wirkt grau, ist aber an der Oberseite olivbraun und schwarz gebändert und hat schwarz und weiß gebänderte Flanken. Gesicht, Kehle, Brust und Bauch blaugrau. Schnabel lang und rot, Zehen sehr lang. Am Brutplatz von Wasserrallen sind relativ laute, grunzende Laute zu hören. Extrem heimlicher Vogel, der selten fliegt. Seine Brutgebiete liegen in Europa, Asien und vereinzelt in Nordafrika.

LÄNGE	SPANNWEITE	GEWICHT
110–120 cm	220–245 cm	5,6 kg

Kranich

Grus grus

Beinahe jährlich auftretender Irrgast. Nachweise in ganz Island in praktisch allen Monaten, aber am häufigsten im Mai. Kraniche sind große Vögel, von weitem an Graureiher erinnernd, aber größer. Sie fliegen mit gestrecktem Hals. Schiefergrauer Vogel, Kopf und Hals schwarz und weiß, auf dem Scheitel roter Fleck. Die langen Schirmfedern bilden im Stand eine Art Federbusch am Hinterende. Flugfedern dunkel, Beine grau. Die Hauptverbreitungsgebiete liegen in Nordeuropa und Nordasien.

2. Winter

2. Winter

LÄNGE	SPANNWEITE	GEWICHT
90–98 cm	175–195 cm	1,5 kg

Graureiher

Ardea cinerea

Alljährlicher Wintergast aus Norwegen; vorwiegend kommen Jungvögel. Einzelne Vögel oder kleine Gruppen sind landesweit an eisfreien, fischreichen Küsten, Flüssen, Bächen, Teichen und Seen anzutreffen, am häufigsten in S- und SW-Island, wo einzelne Vögel auch sommersüber bleiben. Sehr hochbeiniger grauer Vogel mit langem Hals und dolchartigem Schnabel. Ad. sind heller als Imm. und haben Schmuckfedern im Nacken. Die breiten Flügel sind gefingert. Fliegt mit langsamen, tief ausholenden Flügelschlägen, dabei ruht der Kopf auf den Schultern; die Beine ragen weit über den Schwanz hinaus. Steht bei der Beutesuche reglos am Ufer, entweder mit vorgerecktem oder eingezogenem Hals. Meist scheu. In ganz Europa und Asien verbreitete Art.

MÖWEN

Möwen, Raubmöwen und Seeschwalben

1.

2.

3.

1. Dreizehenmöwen | 2. Küstenseeschwalben | 3. Silbermöwenpaar, ♂ links.

ÜBERSICHT

MÖWEN, RAUBMÖWEN UND SEESCHWALBEN gehören wie Watvögel und Alken der Ordnung Charadriiformes an. Sie ernähren sich vor allem von dem, was aus dem Meer zu holen ist, aber auch von Insekten, Abfall, Jungvögeln, Eiern u.a. Alle Arten haben Schwimmhäute zwischen den Zehen, und die meisten Möwen und Raubmöwen haben einen starken, am Ende hakenförmig gebogenen Schnabel. Sie sind hervorragende Flieger, und die Küstenseeschwalbe hat einen der längsten Zugwege in der Vogelwelt. Die Geschlechter sind gleich gefärbt, doch ♂♂ sind meistens etwas größer als ♀♀. Möwen, Raubmöwen und Seeschwalben brüten meist in Kolonien. Die Jungen sind Nestflüchter. Möwen werden oft in zwei Gruppen geteilt,

4. Polarmöwe im 2. Winter | 5. Schmarotzerraubmöwen, helle und dunkle Morphe
6. Eismöwen verfolgen Mantelmöwe mit Hering.

Großmöwen (u.a. Mantelmöwe, Eismöwe, Heringsmöwe) und Kleinmöwen (u.a. Lachmöwe, Dreizehenmöwe und Sturmmöwe).

Der Federwechsel vom ersten Jugendkleid bis zur Geschlechtsreife ist sehr kompliziert, und die Bestimmung junger Möwen ist für einen Vogelbeobachter mithin das Schwierigste, vgl. auch S. 128.

„Graumöwe" ist in Island ein Sammelbegriff für Imm. von Großmöwen und bezieht sich auf keine bestimmte Art. Möwen wechseln im 1. Herbst einen Teil des Gefieders, und zwar die Kopf- und Rumpffedern. Danach mausern sie zweimal jährlich; im Herbst (Aug.–Okt.) gehen sie in die Vollmauser, im Febr.–Apr. in die Teilmauser an Kopf und Rumpf.

Lachmöwe

Chroicocephalus ridibundus

DIE LACHMÖWE ist die kleinste in Island brütende Möwe und an Küsten und in Feuchtgebieten sehr verbreitet. Meist leicht bestimmbar, weil heller, kleiner und wendiger im Flug als Dreizehen- oder Sturmmöwe. PK: Ad. an Rücken und Flügeln hellgrau, sonst größtenteils weiß. Die dunkelbraune Kapuze reicht bis unter den Schnabel, die Flügelspitzen sind schwarz. Im SK keine Kapuze, stattdessen von August bis März schmutzige Ohrflecken. Gerade erst flügge gewordene Junge sind an der Oberseite grau und braun gefleckt und werden zum Herbst heller. Einjährige Lachmöwen sind an Kopf, Hals und Unterseite weiß, die Flügel sind braun und schwarz gefleckt, schwarze Schwanzendbinde. Volle Ausfärbung im 2. Winter.

Ad.: Schnabel dunkel und schmal, Beine rot; Imm.: Beine blaßrot und Schnabel mit dunkler Spitze. Dunkle Augen, weißer Augenring.

Lachmöwen sind weniger abhängig vom Meer wie Dreizehenmöwen. Sie sind oft bei der Futtersuche am Strand, in

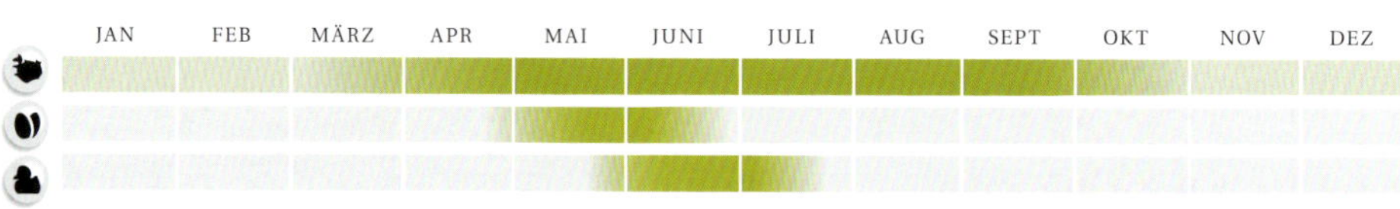

Sehr verbreiteter Brutvogel / größtenteils Zugvogel

LÄNGE	SPANNWEITE	GEWICHT	GELEGE	BRUT	AUFZUCHT	BRUTPAARE
34–37 cm	100–110 cm	300 g	(2)–3 Eier	23–26 Tage	ca. 35 Tage	25.000–30.000

1. Jungvogel | 2. Altvogel im Schlichtkleid | 3. Altvogel

Wattgebieten und bei Abwasserleitungen anzutreffen. Gesellig, nicht scheu. Wie Küstenseeschwalben verteidigen Lachmöwen ihr Brutgebiet gegen ungebetene Eindringlinge, deshalb brüten Enten und Watvögel gern in ihren Kolonien.

♫ Lautes Gackern, lärmend zur Brutzeit.

Größtenteils tierische Nahrung, Insekten, Schnecken, Würmer und andere Wirbellose, aber auch Fische, Beeren und Abfall. Nahrungsaufnahme sowohl im Flug, im Laufen oder schwimmend. Folgt auch pflügenden Landmaschinen und pickt in Ackerfurchen Würmer und Insekten auf.

Brütet in Kolonien in diversen feuchten oder trockenen Tieflandgebieten, manchmal in Nachbarschaft zur Küstenseeschwalbe; Vorkommen an Stränden, Seen und Teichen und in Sumpfgebieten. Das Nest wird mit Halmen und Altgras angehäuft und kann in Feuchtgebieten groß sein. Überwinternde Vögel sind bei Häfen und in der Nähe von Ortschaften zu finden.

Die größten Brutkolonien befinden sich in S-Island, im südlichen Bereich der Faxaflói-Bucht sowie im mittleren N-Island. Lachmöwen fassten in Island erst im 20. Jh. Fuß. In Island überwinternde Lachmöwen sind in SW- und in N-Island anzutreffen, Zugvögel fliegen nach Westeuropa bzw. nach Nordamerika. Lachmöwen brüten fast überall in Europa und in den nördlichen Regionen Asiens.

Sturmmöwe

Larus canus

STURMMÖWEN haben eine gewisse Ähnlichkeit mit Silbermöwen, sind aber wesentlich kleiner. PK: Oberseite hellgrau mit schwarzen, weiß getupften Flügelspitzen, sonst weiß. Im SK ist der Kopf wie bei Großmöwen braun gestrichelt. Imm.: graubraun gesprenkelt mit schwarzer Schwanzbinde; schon im 1. Herbst wird der dunkle Rücken graublau. Vögel im 1. Winter sind an Unterseite und Kopf weiß, mit gleichmäßig grauem Rücken und Schulterschwingen; die Flügeldecken sind bräunlich geschuppt, die Handflügel dunkel. Im 2. Winter werden Jungvögel heller und verlieren die dunkle Endbinde am Schwanz, aber Flügeldecken und Handschwingen sind schwärzlich.

Schmaler, relativ kurzer, gelblicher Schnabel ohne roten Gonysfleck. Beine grünlich-grau, Augen dunkel. Bei Imm. ist der Schnabel dunkelbraun, die Beine hautfarben; der Schnabel hellt mit der Zeit auf und ist im 2. Winter schmal mit dunkler Binde an der Spitze.

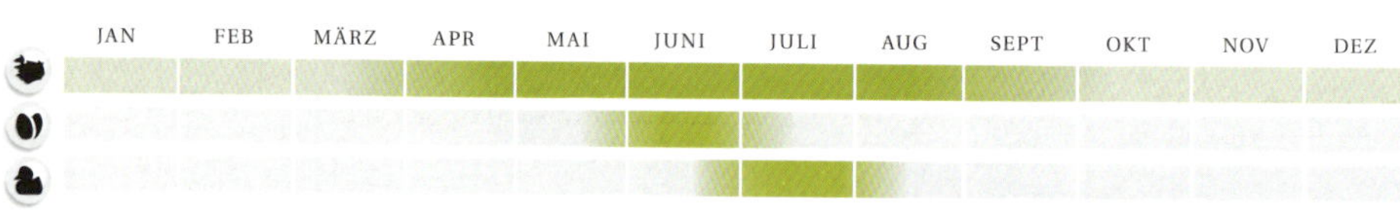

Seltener Brutvogel / größtenteils Zugvogel

LÄNGE	SPANNWEITE	GEWICHT	GELEGE	BRUT	AUFZUCHT	BRUTPAARE
40–42 cm	110–130 cm	400 g	2–3 Eier	24–27 Tage	ca. 35 Tage	~700

1. Altvogel | 2. 1. Winter | 3. Altvogel im Schlichtkleid

Sturmmöwen sind größer als Lachmöwen, aber kleiner, rundköpfiger und wendiger im Flug als Silbermöwen.

Lauter, gellender Ton, höher als bei der Silbermöwe, erinnert an Miauen.

Ähnlich wie Lachmöwe, sind oft gemeinsam bei der Nahrungssuche zu beobachten: Würmer, Insekten, Mollusken und Fisch, auch Abfall.

Brütet in kleinen Kolonien, aber auch einzeln oder mit anderen Möwen, vor allem Lachmöwen. Zumeist an der Küste, aber auch landeinwärts in Flussniederungen, an Mündungsdeltas und auf Geröll- und Sandflächen mit wenig Vegetation anzutreffen. Das Nest wird in offenem Gelände bei Steinen oder Bewuchs mit Moos, Gras bzw. Altgras angelegt. Im Winter sind Sturmmöwen in Häfen und in der Nähe von Ortschaften anzutreffen.

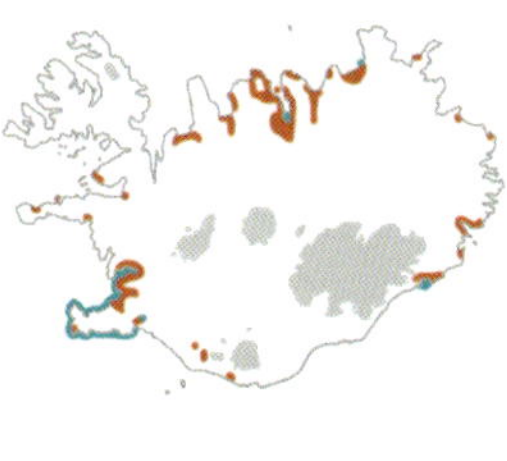

Erste nachgewiesene Brutversuche 1936 bei Akureyri und erstmals 1955 in S-Island, also eher junger Neusiedler. Die Hauptbrutgebiete befinden sich im Eyjafjörður in Norden sowie im Kollafjörður und Hvalfjörður im Süden. Ein Teil der isländischen Population zieht zu den Britischen Inseln, aber einige Dutzend Vögel überwintern in SW-Island, im Eyjafjörður sowie in der Skjálfandi-Bucht. Sturmmöwen sind in weiten Teilen der nördlichen Hemisphäre verbreitet.

Silbermöwe

Larus argentatus

UNTER DEN MÖWEN mit grauem Rücken und schwarzen Flügelspitzen die größte Art. Etwas kleiner als Eismöwe, und ein wenig größer als Heringsmöwe. Kräftig gebaut mit relativ kurzen, breiten Flügeln. Ad. sind an Unterseite und Kopf weiß, Rücken und Flügeldecken hellgrau; schwarze Flügelspitzen mit weißen Flecken. Jungvögel sind im 1. Jahr – wie gleichaltrige Heringsmöwen – dunkler als andere Jungmöwen, doch voneinander dadurch zu unterscheiden, dass junge Silbermöwen etwas heller wirken, auch die Unterflügel und die Oberflügeldecken sind heller, ebenso der innere Bereich des Vorderflügels. Schwarze Schwanzendbinde. Im 2. Jahr werden Rücken und Flügeldecken grau, die Brust wird hell. Im 3. Jahr hellt der Vogel weiter auf, doch es gibt noch Reste einer dunklen Schwanzbinde; im 4. Jahr voll ausgefärbt.

Ad.: Schnabel gelb mit rotem Gonysfleck am Unterschnabel. Rosa Beine. Imm.: dunkler Schnabel und dunkle Beine, die sich mit zunehmendem Alter aufhellen. Augen bei Imm. braun, bei Ad. hellgelb mit rotem Lidring.

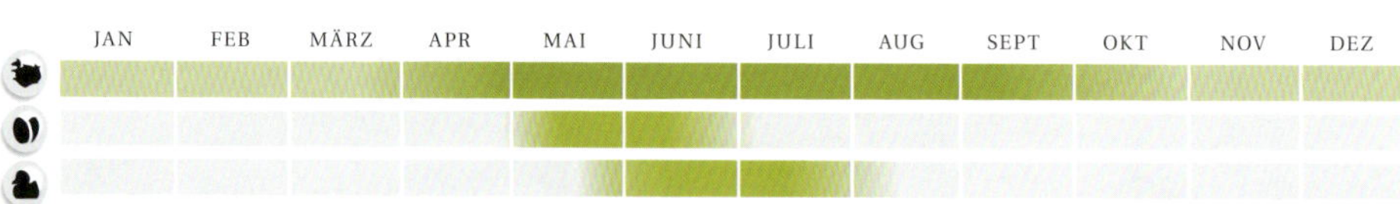

Sehr verbreiteter Brutvogel / Teilzieher

LÄNGE	SPANNWEITE	GEWICHT	GELEGE	BRUT	AUFZUCHT	BRUTPAARE
55–67 cm	138–155 cm	1,1 kg	3 Eier	28–30 Tage	35–40 Tage	5.000–10.000

1. 1. Winter | 2. (links) 1. Winter; (Mitte) Altvogel; (rechts) 3. Winter | 3. Altvogel

Flugbild und -verhalten wie bei allen größeren Möwenarten.

Ähnlich wie Eismöwe, doch schriller.

Breites Nahrungsspektrum: Fisch, Krebs- und Schalentiere, Insekten; außerdem zu Wasser und zu Lande Aas und Abfälle.

Brütet in Kolonien an Grashängen, Felsen, auf Inseln und manchmal auf kahlen Geröllflächen in Meeresnähe, hin und wieder zusammen mit anderen Großmöwen. Das Nest wird sorgfältig aus vertrockneter Vegetation, Pflanzen, Tang und kleinen Zweigen aufgeschichtet.

Ab 1920 Neusiedler in Island, brütet heute im ganzen Land, aber nicht in den Domänen der Eismöwen am Breiðafjörður und in den Westfjorden. Eis- und Silbermöwen können sich paaren; die Hybriden sind fruchtbar. Das größte Verbreitungsgebiet von Silbermöwen liegt in den Ostfjorden. Vor allem Imm. ziehen im Herbst zu den Britischen Inseln. Silbermöwen kommen weit verbreitet auf der Nordhalbkugel vor, wo sie sich – wie andere Möwenarten – in letzter Zeit enorm vermehrt haben; dies ist vermutlich darauf zurückzuführen, dass durch vermehrte Abfallproduktion das Nahrungsangebot erweitert wurde.

Dreizehenmöwe

Rissa tridactyla

CHARAKTERISTISCHE MÖWE der Vogelklippen, die häufig auch auf hoher See anzutreffen ist; Größe etwa wie Sturmmöwe. PK Ad.: Rücken und Oberschwingen graublau mit tiefschwarzen Flügelspitzen, ansonsten weißes Gefieder. Im SK ist der Hinterkopf grau, schwärzliche Färbung an den Ohrdecken. Imm. im JK und im 1. Winter haben ein schwarzes Nackenband. Rücken, Schulterfedern und kleine Armdecken sind wie bei Ad. im SK; V-förmige Flügelbinden; innere Hand- und Armschwingen sind weiß. Schwarze Schwanzendbinde, leicht gekerbter Schwanz. Im 1. Sommer verschwindet die Schwanzbinde. 2-jährige Dreizehenmöwen gleichen den Altvögeln.

Schnabel gelb bei Ad., schwarz bei Imm. Beine kurz und immer schwarz, die Augen dunkel mit rotem Lidring.

Dreizehenmöwen sind ausgesprochene Meeresvögel, häufig auf dem offenen Meer anzutreffen, aber fast nie landeinwärts. sind geschickte und wendige Flieger und folgen häufig Fangschiffen. Sehr geselllig.

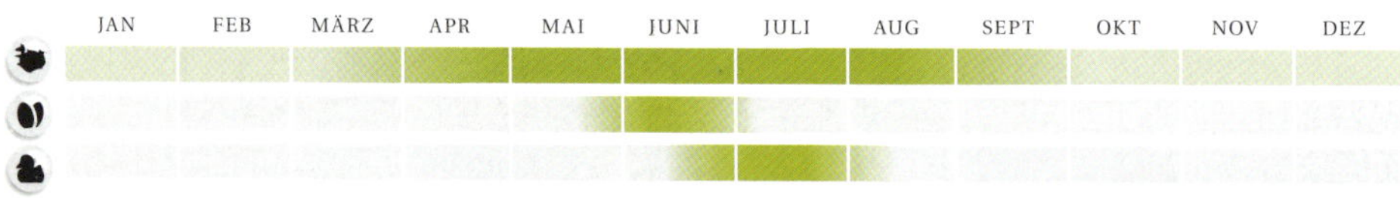

Sehr verbreiteter, aber lokaler Brutvogel / größtenteils Zugvogel

LÄNGE	SPANNWEITE	GEWICHT	GELEGE	BRUT	AUFZUCHT	BRUTPAARE
38–40 cm	95–120 cm	400 g	2 (1–3) Eier	27 Tage	42 Tage	~530.000

1. Altvogel mit Jungvogel | 2. Jungvogel | 3. Altvogel

Am Brutplatz stimmfreudig mit nasal-miauenden Lauten, sonst stumm.

Ernährt sich von Fisch, vor allem Sandaalen und Lodde, aber auch Tintenfischen, Garnelen, Borstenwürmern und Fischabfällen. Nimmt die Nahrung von der Oberfläche auf oder taucht knapp unter die Wasseroberfläche, dann ähnlich wie Küstenseeschwalbe im Sturzflug Nahrung aufschnappend.

Brütet in Felsklippen, häufig in großen Brutgemeinschaften mit anderen Seevögeln, aber auch auf flachen, felsigen Inseln und Schären. Beim Nestbau werden trockenes Gras, Vegetationsreste und Tang verwendet, und mit Guano und Schlamm an den Felsen befestigt.

Im vergangenen Jahrhundert nahm der Bestand an Dreizehenmöwen sehr zu, sie ist an allen Vogelfelsen anzutreffen. ¾ der isl. Population nistet in den 12 größten Kolonien. Als Folge der Missjahre in letzter Zeit, von denen viele Seevögel betroffen sind, hat sich der Bestand verringert. Eine geringe Anzahl von Dreizehenmöwen überwintert an isl. Küsten, der Großteil zieht aufs offene Meer. Beringte isländische Dreizehenmöwen wurden bei Grönland gefunden (vorwiegend Imm.), bei Neufundland und in Europa zwischen der Kola-Halbinsel bis nach Gibraltar. Das Verbreitungsgebiet umfasst die nördlich gelegenen Küsten von Pazifik und Atlantik, wo Dreizehenmöwen sogar bis weit im Süden (Portugal) brüten.

Mantelmöwe

Larus marinus

DIE MANTELMÖWE ist die größte Möwenart und ähnelt im Aussehen der Heringsmöwe. Ad.: Rücken und Flügeldecken schwarz, sonst weiß. Flügelspitzen tiefschwarz wie die Flügeldecken mit großen weißen Flecken. Im Winter am Kopf dunkel gestrichelt. JK: aschgrau an Kopf, Brust und Bauch, ansonsten dunkel gefleckt mit dunklen Flügelspitzen und einer breiten, dunklen Schwanzbinde. Ähnlich wie bei der Heringsmöwe hellen Imm. im 2. und 3. Winter auf, und die Flügeldecken dunkeln nach. Ad. unterscheiden sich vor allem durch Größe, dunkleren Rücken, gleichfarbige Flügelspitzen und rosa Beine von Heringsmöwen. Die Schwingen sind proportional kürzer und breiter, die Beine kürzer und der Schnabel massiver. Jungvögel sind unten und am Kopf wesentlich heller. Sie haben zwar sehr viel Ähnlichkeit mit jungen Silbermöwen und Heringsmöwen, sind aber um einiges größer.

Kräftiger, gelber Schnabel mit rotem Gonysfleck am vorderen Unterschnabel. Gelbliche Augen mit rotem Lidring. JK: Schnabel und Augen dunkel. Die Beine von Ad. sind rosa, bei Imm. dunkler.

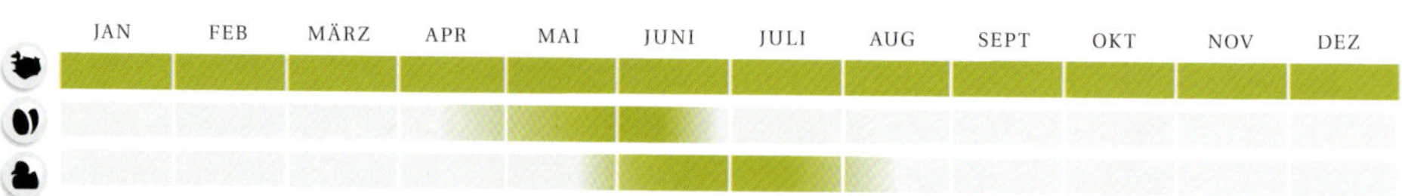

Sehr verbreiteter Brutvogel / größtenteils Standvogel

LÄNGE	SPANNWEITE	GEWICHT	GELEGE	BRUT	AUFZUCHT	BRUTPAARE
64–78 cm	150–165 cm	2 kg	2–3 Eier	27–28 Tage	49–56 Tage	15.000–20.000

1. Altvogel | 2. 1. Winter, 2. Winter | 3. Altvogel; hinten ad. Heringsmöwe

Diese große Möwe ist eine eindrucksvolle Erscheinung, sie fliegt mit langsamen, kraftvollen Flügelschlägen. Gesellig, oft zusammen mit anderen Möwen anzutreffen.

Tiefe, raue Laute; tiefere Tonlage als bei anderen Möwen.

Sozusagen Allesfresser, doch Sandaale und Lodde bilden den Hauptbestandteil der Nahrung. Frisst auch Krebse, Seesterne und andere Wirbellose, und macht sich über Aas, Fischabfälle und Müllhalden her; räubert Jungvögel und Eier.

Brütet in unterschiedlichen Habitats in Meeresnähe, z.B. auf angeschwemmten Kiesflächen, Inseln, Schären, in Feuchtgebieten und in höheren Lagen, ebenso landeinwärts auf Inseln in Seen und Flussniederungen, in Vegetationsoasen des zentralen Hochlands und auf Nunataks im Gletscher. Brütet in Kolonien, manchmal mit anderen Möwen, aber auch einzeln. Das Nest besteht in einer großen Anhäufung aus Zweigen, Tang, Gras und Heidekraut, wird oft auf einer Bodenerhebung angelegt. Im Winter halten sich Mantelmöwen in seichten Küstengewässern und entlang der Küsten auf, werden aber gelegentlich auch landeinwärts angetroffen.

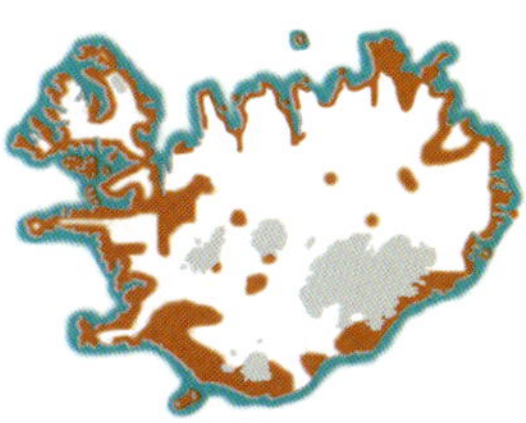

Verbreiteter Vogel, doch in den letzten Jahren ist der Bestand rückläufig. Imm. überwintern z.T. auf den Färöern und den Britischen Inseln. Die Mantelmöwe ist beidseitig des Atlantiks verbreitet, in Europa liegt die südliche Verbreitungsgrenze in Frankreich.

Heringsmöwe

Larus fuscus

DIE HERINGSMÖWE ähnelt der Mantelmöwe, ist aber kleiner. Ad.: Rücken dunkelgrau und Flügeldecken mit auffallend schwarzen Flügelspitzen und weißen Flecken. Ansonsten weißes Gefieder. Jungvögel sind im 1. Herbst so dunkel gemustert wie keine andere Möwenart; sie gleichen jungen Silbermöwen, aber die Handschwingen und die großen Armdecken sind dunkler; die Schwanzbinde ist breiter und der Bürzel etwas heller als bei Silbermöwen. Der Federwechsel im 2. und 3. Jahr verläuft ähnlich wie bei Silber- und Mantelmöwe mit Aufhellung unten und Nachdunkeln oben, bis im 4. Jahr das Alterskleid komplett ist.

Ad.: Beine gelb, nicht rosa wie bei Mantelmöwe. Gelber Schnabel mit rotem Gonysfleck, die Augen sind hellgelb mit rotem Lidring. Jungvögel im 1. Jahr haben dunkle Schnäbel und rosa Beine, im 3. Jahr sind die Beine hellgelb.

Die Flügel der Heringsmöwe sind schmaler und laufen spitzer zu als bei der Mantelmöwe; sie reichen angelegt über den Schwanz hinaus. Guter Schwimmer.

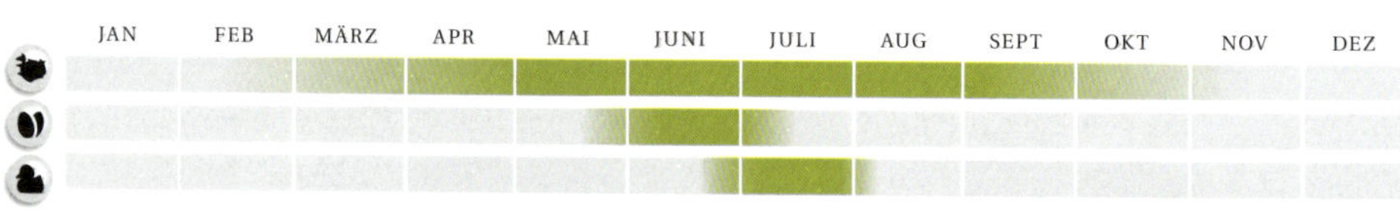

Sehr verbreiteter Brutvogel / Zugvogel

LÄNGE	SPANNWEITE	GEWICHT	GELEGE	BRUT	AUFZUCHT	BRUTPAARE
52–67 cm	135–155 cm	800 g	3 Eier	24–27 Tage	30–40 Tage	~50.000

1. Altvogel | 2. Jungvogel | 3. Jungvogel

Heringsmöwen sind gesellig und nicht scheu, häufig in der Nähe von Ortschaften anzutreffen.

♫ Laute höher als bei Mantelmöwen, tiefer als bei Silbermöwen.

Vielfältiger Speisezettel, aber vor allem Sandaale und andere Jungfische. Heringsmöwen suchen mehr als andere Möwen Nahrung an Land, sie picken Insekten und Würmer auf und verschmähen auch Beeren nicht. Außerdem fressen die Vögel Aas und Abfälle und räubern Eier und Junge anderer Vögel.

Heringsmöwen brüten in Grasland, Flussniederungen, in hügeligem Land, auf Geröllflachen und auf kahlen Flächen und in höheren Lagen, meist in Küstennähe, aber auch landeinwärts, manchmal zusammen mit Mantelmöwen. Das Nest aus Moos, Altgras und anderen Pflanzen wird oft zwischen Steinen oder Bodenerhebungen angelegt.

In Island seit ca. 1930 vertreten, erst in S- und SW-Island, aber nun im ganzen Land, anzutreffen; hat an einigen Orten anscheinend die Mantelmöwe verdrängt. Die Heringsmöwe ist der einzige Zugvogel unter den isl. Möwenarten und überwintert an den Küsten der Pyrenäenhalbinsel und Nordafrikas. Verbreitungsgebiete in ganz West- und Nordeuropa bis nach Sibirien.

Altvogel im Winter

Polarmöwe

Larus glaucoides

JÄHRLICH AUFTRETENDER WINTERGAST, der sehr viel Ähnlichkeit mit der Eismöwe hat; die Polarmöwe ist aber kleiner, der Kopf ist rundlicher und die Stirn steiler. Kleider und Federwechsel bei jungen Polarmöwen ähnlich wie bei Eismöwen.

Schnabel gelb, kürzer und schmaler als bei Eismöwe; roter Gonysfleck vorn am Unterschnabel; bei Jungvögel im 1. Winter ist der Schnabel rosa mit dunkler Spitze. Beine graurosa, kürzer als bei Eismöwe. Im Sommer rötlicher Lidring um das Auge.

JAN	FEB	MÄRZ	APR	MAI	JUNI	JULI	AUG	SEPT	OKT	NOV	DEZ

Wintergast

1.

2.

LÄNGE	SPANNWEITE	GEWICHT	GELEGE	BRUT	AUFZUCHT	BESTANDGRÖSSE
52–60 cm	140–150 cm	800 g				15.000–20.000 im Winter

1. 2. Winter | 2. Jungvogel | 3. Altvogel

Flügel von Polarmöwen sind länger und schmaler als die von Eismöwen und überragen in Standposition den Schwanz weiter; die Vögel wirken leichter und wendiger im Flug. Sie schwimmen aufgerichtet und liegen höher im Wasser als Eismöwen, erinnern an Eissturmvögel. Das Hinterende weist dabei schräg nach oben, während es bei der Eismöwe waagerecht liegt.

Ähnliche Laute wie Eismöwen, doch schriller als Silbermöwen.

Fisch, u.a. Sandaale und Lodde, Fischabfälle. Auch Tangfliegen sowie Krebstiere und Mollusken. Nahrungsaufnahme schwimmend, läuft manchmal flatternd über die Wasserfläche und pickt Partikel auf.

Polarmöwen halten sich vorwiegend an Küsten auf, häufig zusammen mit anderen Möwen. Selten an Land, im Spätwinter und zu Frühjahrsbeginn aber manchmal auf Teichen und Lagunen in Ufernähe anzutreffen.

Polarmöwen aus den Brutgebieten in Grönland, Baffinland und benachbarten Inseln überwintern oft sehr zahlreich in Island. Ad. ziehen gegen Winterende früher weg und sind Ende März fast alle verschwunden, Imm. bleiben etwas länger. Vereinzelt auch im Sommer anzutreffen.

3.

Eismöwe

Larus hyperboreus

VOR ALLEM IM WINTER ist die Eismöwe der charakteristische Vogel vieler Küsten. Ähnelt der Mantelmöwe in Körperform und Größe. Ad.: vorwiegend weiß, Rücken und Flügeldecken hellgrau mit weißen Schwingenspitzen; Kopf im SK kräftig braun gestrichelt. Imm. im 1. Jahr sind am ganzen Körper hellbraun und teilweise dunkler gefleckt an der Oberseite, ohne dunkles Schwanzendband. Das Gefieder hellt nach und nach auf und kann gegen Ende des 2. Jahres ganz weiß sein. Im 3. Jahr gleicht das Kleid bis auf einige bräunliche Flecken an Flügel und Schwanz dem von Ad. Im Gegensatz zu Silbermöwen mit ihrem schwarz-weißem Muster an den Flügelspitzen haben Ad. nirgends dunkle Stellen. Aus Kreuzungen dieser beiden Arten entstanden in den letzten Jahren unterschiedliche Hybridformen. Polarmöwen haben sehr viel Ähnlichkeit mit Eismöwen, aber letztere haben einen kräftigeren Schnabel und eine flachere Stirn als die Polarmöwe. Die kürzeren Flügel überragen im Stand den Schwanz nicht so weit; ebenso sind die Flügel proportional breiter.

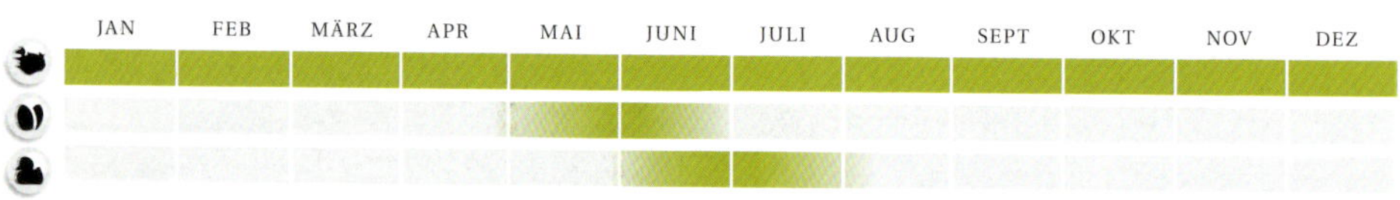

Sehr verbreiteter Brutvogel / Standvogel

1.

2.

LÄNGE	SPANNWEITE	GEWICHT	GELEGE	BRUT	AUFZUCHT	BRUTPAARE
62–68 cm	150–165 cm	1,5 kg	(2-)3 Eier	27–28 Tage	ca. 49 Tage	10.000–15.000

1. Altvogel | 2. Jungvogel | 3. Altvogel

Ad.: Schnabel eher groß, gelb und mit rotem Gonysfleck vorn am Unterschnabel. Imm.: Schnabel rosa mit schwarzer Spitze. Beine rosa, dunkler bei Imm.; Augen gelb.

Eismöwen sind groß und schwer und ähneln anderen Großmöwen; im Vergleich zu Polarmöwen liegen sie tiefer im Wasser. Die Vögel sind gesellig.

Gellendes Kreischen, vergleichbar der Silbermöwe.

Eismöwen ernähren sich hauptsächlich von Sandaal und Lodde, suchen aber auch am Strand nach Nahrung wie Miesmuscheln, Dreieckskrabben und Seesternen; räubert Futter bei Eiderenten und nimmt Fischabfälle von Verarbeitungsbetrieben und Fangschiffen; außerdem stehen Eier und Junge anderer Vögel auf dem Speisezettel.

Brütet in großen Kolonien in Steilhängen und Felsen am Meer. Das Nest besteht aus Moos, Altgras und Federn. Hält sich im Winter in Küstennähe oder auf dem Meer auf.

Vogel der arktischen Breiten; die größten isländischen Brutgebiete sind im Breiðafjörður und den Westfjorden. Die Eismöwe ist entlang der Küsten des nördlichen Eismeers verbreitet. Vermutlich überwintern etliche Individuen der Populationen von Spitzbergen und Grönland in Island; isländische Brutvögel sind anscheinend Standvögel.

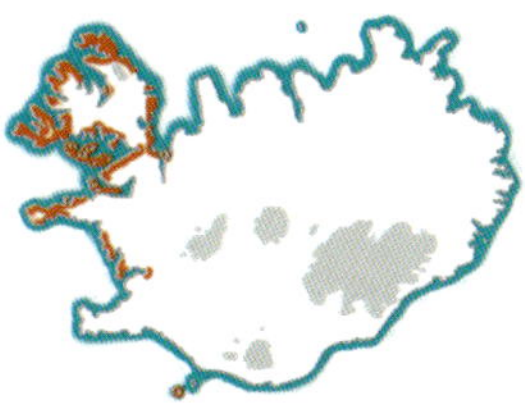

3.

Skua (Große Raubmöwe)

Stercorarius skua

DIE GROSSE RAUBMÖWE ist der charakteristische Vogel der riesigen, von Gletscherflüssen angeschwemmten Geröll- und Sandflächen (Sander) in S- und SO-Island. Verwandt mit der Schmarotzerraubmöwe, aber wesentlich größer und gedrungener; wirkt wie eine dunkle Großmöwe mit kurzem Hals. ♀ ist deutlich größer als ♂. Die Große Raubmöwe ist dunkelbraun mit hell gerandeten Federn an Kopf, Hals, Brust und Rücken. Bei ausgebreitetem Flügel sind auffällig weiße Felder auf den Handschwingenbasen sichtbar. Breite und kurze Flügel, kurzer und breiter Schwanz mit etwas längeren Mittelfedern. Imm. sind einfarbiger dunkelbraun.

Der schwarze Schnabel ist kräftig und hakenförmig an der Spitze, die Füße sind kräftig und schwarz; Augen schwarz.

Skuas sind sehr kraftvolle Flieger und trotz des eher massigen Körperbaus enorm wendig. Im Brutrevier sind sie äußerst aggressiv. Dort gesellig, aber sonst eher Einzelgänger.

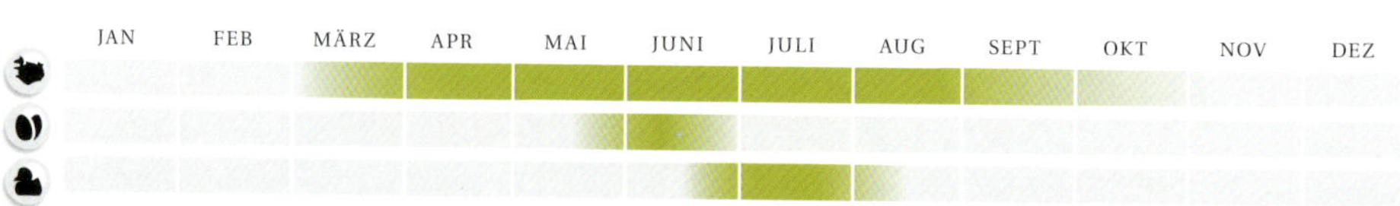

Verbreiteter, aber lokaler Brutvogel / Zugvogel

LÄNGE	SPANNWEITE	GEWICHT	GELEGE	BRUT	AUFZUCHT	BRUTPAARE
53–58 cm	132–140 cm	1,4 kg	2 Eier	ca. 29 Tage	ca. 44 Tage	~5.400

1. Altvogel mit Küken | 2. Altvogel | 3. Altvogel

Gutturales Gackern, im Brutrevier rauer Nasallaut.

Sandaale sind vermutlich die Hauptnahrung von Skuas, aber darüber hinaus auch alle mögliche andere tierische Nahrung. Skuas sind bekannt dafür, anderen Seevögeln wie Alken, Möwen und sogar Basstölpeln die Beute abzujagen, indem sie sie so lange verfolgen, bis die Opfer ihre Beute fallenlassen oder herauswürgen. Skuas erbeutet aber auch andere Vögel, Junge und Altvögel, und verschmähen auch Fischabfälle nicht.

Brütet in verstreuten Kolonien meist in Meeresnähe auf angeschwemmtem oder von Gletscherflüssen abgelagertem Geröll, gelegentlich auch auf felsigen Kaps und Inseln. Das Nest wird in einer Boldenmulde angelegt, oft ohne Polsterung.

Ca. ¾ des isländischen Bestands brütet auf den Sandern der Gletscherabflüsse in S- und SO Island. Einzelne Brutpaare sind aber auch außerhalb des Hauptverbreitungsgebiets anzutreffen. Außerhalb der Brutzeit halten sich Skuas auf dem offenen Nordatlantik auf. Skuas brüten auch auf den schottischen Inseln und den Färöern. In der südlichen Hemisphäre gibt es drei eng verwandte Arten.

Helle Morphe

Schmarotzerraubmöwe

Stercorarius parasiticus

DIE SCHMAROTZERRAUBMÖWE ist wesentlich kleiner als die Große Raubmöwe. Charakteristisch sind die langen, spitzen, 5–10 cm herausragenden mittleren Steuerfedern. Es gibt eine helle und dunkle Farbmorphe, mit diversen Zwischenstufen. Die dunkle Morphe ist größtenteils erdbraun mit schwarzem Oberkopf, Flügeln und Schwanz. Die schwarzen Armschwingen haben weiße Schäfte, die vor allem von unten sichtbar, aber auch an der Oberseite des Flügels als hell zu erkennen sind. Die helle Morphe ist an Wangen, Nacken, Brust und Bauch hell mit auffallend dunklem Oberkopf, häufig mit dunklem Brustband. Flügel und Schwanz wie bei der dunklen Morphe, die häufiger vorkommt. Die dunkle Morphe ist insgesamt verbreiteter, und die helle Morphe ist in N-Island häufiger anzutreffen als in S-Island. Bei Imm. gibt es unterschiedliche Färbungstypen, normalerweise braunfleckig und heller am Schwanzansatz, mit schwarzen Beinen und dunklen Augen. Bei ihnen sind die mittleren Steuerfedern kurz.

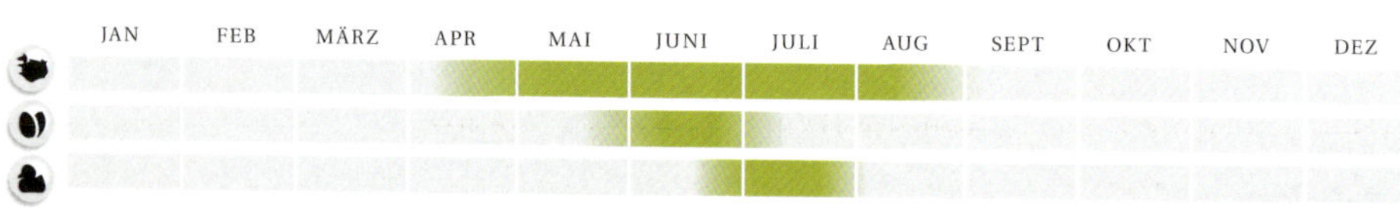

Sehr verbreiteter Brutvogel / Zugvogel

1.

2.

LÄNGE	SPANNWEITE	GEWICHT	GELEGE	BRUT	AUFZUCHT	BRUTPAARE
41–46 cm	110–125 cm	400 g	2 Eier	25–28 Tage	25–30 Tage	5.000-10.000

2. dunkle Morphe | *2. helle Morphe* | *3. Jungvogel*

Schnabel schwarz, etwas heller am Ansatz; Beine und Augen dunkel.

Die Flügel von Schmarotzerraubmöwen sind lang; sie sind schnittige und geschickte Flieger und verteidigen Gelege und Junge aggressiv.

Quäkender Nasallaut, erinnert an die Dreizehenmöwe.

Schmarotzerraubmöwen jagen andere Vögel, vor allem Küstenseeschwalben, Dreizehenmöwen, Papageitaucher und Eissturmvögel bis zur Erschöpfung und zwingen sie, ihre Beute, meist Sandaal und Lodde, loszulassen oder herauszuwürgen, die sie dann reaktionsschnell im Flug auffangen. Schmarotzerraubmöwen fressen aber auch Insekten, Eier und Jungvögel.

Angepasst an diverse Habitats zwischen Küste und Bergland; anzutreffen in Feuchtgebieten, Zwergstrauchheiden, Vegetationsoasen im Hochland und sogar Nunataks im Gletscher. Auch lockere Brutkolonien auf dem Schwemmland von Gletscherflüssen. Das Nest besteht aus einer einfachen Mulde im Moos oder anderer Vegetation.

Schmarotzerraubmöwen sind in Island bis in 700 m Höhe anzutreffen. Sie sind Zugvögel und überwintern in der südlichen Hemisphäre. Die zirkumpolaren Brutgebiete reichen vom Nordatlantik bis nach Schottland.

3.

Küstenseeschwalbe

Sterna paradisaea

DIE KÜSTENSEESCHWALBE ist die einzige Vertreterin der Familie der Seeschwalben mit „isländischer Staatsbürgerschaft". Der elegante und anmutige Vogel ist etwas kleiner und wesentlich schlanker und stromlinienförmiger als die Lachmöwe. PK: schwarze Kappe vom Schnabelansatz bis in den Nacken. Ansonsten hellgrau, aber mit weißem Streifen unterhalb der Kopfkappe, schmalem dunklen Rand an den Handschwingen und weißem, tief gegabelten Schwanz mit langen Spießen. Imm. (gerade flügge gewordene Jungvögel) mit weißer Stirn und Brust, braunem, grau gefleckten Rücken und Flügeldecken; Schwanz noch wenig gegabelt. Bei Einjährigen und Ad. im SK sind Stirn, Brust und Unterseite weiß, die vorderen Flügelränder dunkel, und die Schwanzspieße kürzer.

Der spitze Schnabel und die Beine sind bei Ad. leuchtend rot, bei Einjährigen schwarz. Im JK ist der Schnabel rosa, dunkelt aber im Herbst nach; die Beine sind rosa. Die Augen sind immer schwarz.

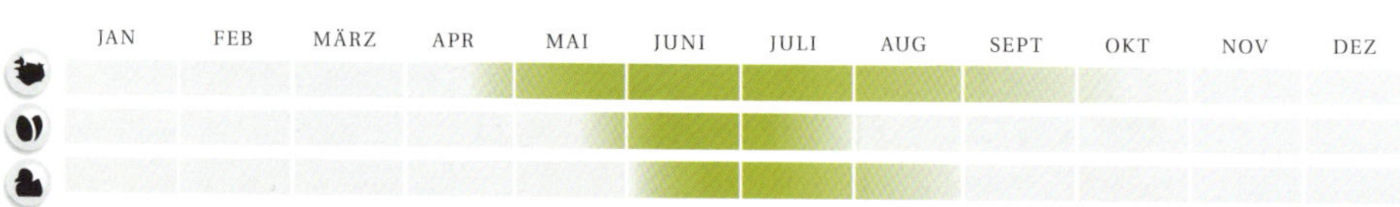

Sehr verbreiteter Brutvogel / Zugvogel

LÄNGE	SPANNWEITE	GEWICHT	GELEGE	BRUT	AUFZUCHT	BRUTPAARE
33–35 cm	75–80 cm	120 g	2 (1–3) Eier	20–24 Tage	21–24 Tage	250.000-500.000

1. Jungvogel | 2. Einjährig | 3. Altvogel

Küstenseeschwalben sind meisterhafte Flieger und verteidigen ihre Brut mit aggressiven Luftangriffen, wovon auch andere Vogelarten profitieren. Sehr gesellig und immer aktiv.

Ruffreudig mit schrillenden Lauten, insbesondere am Brutplatz.

Am Meer sind Sandaale die Hauptnahrung der Küstenseeschwalbe, im Binnenland Stichlinge. Sie rüttelt über der Wasseroberfläche und taucht im Sturzflug nach Fischbeute. Nimmt auch Jungfische von Seehasen und Groppen, Insekten, kleine Krebstiere und Borstenwürmer.

Brütet sowohl in bewachsenem als auch vegetationsarmem Gelände. Die größten Kolonien befinden sich in flachen, küstennahen Gebieten und auf Inseln.

Küstenseeschwalben sind aber auch landeinwärts an Seen und Flüssen bzw. an kleinen Teichen in Ortschaften und sogar im Hochland anzutreffen. Das unauffällige Nest wird in einer Mulde angelegt und manchmal mit Steinchen oder Pflanzenteilen verstärkt.

Küstenseeschwalben haben den längsten Zugweg aller isländischen Brutvögel: Sie überwintern im Südatlantik (bei Südafrika) und im Südpolargebiet bis Australien. Ihr Verbreitungsgebiet ist zirkumpolar, innerhalb Europas brüten sie auch in Großbritannien und Holland.

LÄNGE	SPANNWEITE	GEWICHT
48–53 cm	105–117 cm	300 g

Falkenraubmöwe

Stercorarius longicaudus

Vogel der Arktis, der vor allem im Frühjahr und Herbst in Island auftritt. Falkenraubmöwen können von Anfang Mai bis Mitte Oktober gesichtet werden, und zwar in allen Landesteilen und rings um die Insel auf dem Meer. Seit 2003 sind Brutversuche in einem bestimmten Gebiet in Nordisland nachgewiesen, doch möglicherweise brüten sie auch andernorts. Falkenraubmöwen haben Ähnlichkeit mit der helleren Morphe von Schmarotzerraubmöwen, sind aber kleiner und schlanker und haben sehr lange Mittelsteuerfedern. Rücken und Flügeldecken sind graubraun, die Flügelspitzen sind dunkel. Schwarze Kappe, die scharf mit hellem Kopf, Hals und Brustbereich kontrastiert ist. Imm. ähnlich wie Schmarotzerraubmöwe. Falkenraubmöwen brüten zirkumpolar im Permafrostgürtel und sind verbreiteter als Spatelraubmöwen. Island liegt zwischen den grönländischen und den europäischen Brutgebieten. Überwintert u.a im Südatlantik.

LÄNGE	SPANNWEITE	GEWICHT
46–51 cm	125–138 cm	750 g

Spatelraubmöwe

Stercorarius pomarinus

Ein weiterer Vogel der Arktis, der Island im Frühjahr und Herbst auf dem Zug zu den Brutstätten in arktischen Tundren rund um das nördliche Eismeer bzw. zu den Winterquartieren in südlichen Meeren besucht. Spatelraubmöwen erscheinen hauptsächlich im Frühling (Mai und Juni) und im Herbst (August–November). Die größten Trupps wurden bei bestimmten Wetterverhältnissen am Mündungsdelta der Ölfusá (S-Island) gesichtet. Spatelraubmöwen sind etwas größer und kompakter als Schmarotzerraubmöwen; die langen, stumpfen und gedrehten mittleren Steuerfedern sind spatelförmig verbreitert. Es bestehen gewisse Ähnlichkeiten mit der Schmarotzerraubmöwe, aber die helle Morphe weist meist ein dunkles Brustband auf. Die helle Morphe ist wesentlich häufiger als die dunkle. Fast ausnahmslos in Küstennähe oder auf dem Meer anzutreffen. Brütet in den Eismeerregionen Nordamerikas, aber auch in W-Grönland und Sibirien.

Altvogel im Prachtkleid

Jungvogel

LÄNGE	SPANNWEITE	GEWICHT
25–27 cm	75–80 cm	120 g

Zwergmöwe

Hydrocoloeus minutus

Ähnlich Lachmöwe, aber wesentlich kleiner. Jährlich und zu allen Jahreszeiten in Island anzutreffen, meist im Frühsommer (Mai–Juni) in Lachmöwen-Kolonien, und zwar in allen Landesteilen, doch am häufigsten an der Faxaflói-Bucht, in NO-Island und in Hornafjörður. Hat in letzter Zeit am Mývatn-See gebrütet, womöglich auch andernorts. Imm. haben wie Dreizehenmöwen dunkle Bänder auf dem Rücken. Ad. haben hellgraue Oberflügel und schwärzliche Unterflügel mit weißen Hinterrändern, die Flügel sind kürzer und schnittiger als bei der Lachmöwe. Im PK hat die Zwergmöwe eine schwarze Kapuze.

Altvogel

Jungvogel

LÄNGE	SPANNWEITE	GEWICHT
27–32 cm	90–100 cm	200 g

Schwalbenmöwe

Xema sabini

Seltener Durchzügler, der aber in letzter Zeit etwas häufiger aufgetreten ist. In der Zeit von Juni bis Oktober in allen Landesteilen und auf dem Meer rings um Island anzutreffen; die meisten Nachweise sind in SW-Island und in Hornafjörður. Etwas kleiner als Lachmöwe, hat aber eine gewisse Ähnlichkeit mit ihr. Das Oberflügelmuster ist bei allen Altersstufen kennzeichnend, ein weißes Dreieck, das von schwarzen äußeren Flugferdern und grauen (Ad.) bzw. graubraunen (Imm.) Oberflügeldecken eingerahmt wird. Ad. im PK haben eine schwarze Kapuze und einen schwarzen Schnabel mit gelber Spitze; die Kapuze wird im SK größtenteils abgelegt. Der Schwanz ist gegabelt. Brutvögel der Tundren in Eismeerregionen, u.a. in Grönland und Spitzbergen. Die Winterquartiere liegen entlang südafrikanischer Küsten.

Altvogel

1. Winter

LÄNGE	SPANNWEITE	GEWICHT
43–47 cm	120–155 cm	500 g

Ringschnabelmöwe

Larus delawarensis

Seit 1984 Gast in Island, der praktisch jedes Jahr anzutreffen ist, und zwar zu allen Jahreszeiten, aber am häufigsten im Frühjahr. Hält sich manchmal über längere Zeit am gleichen Standort auf. Viel Ähnlichkeit mit der Sturmmöwe, aber etwas größer; die Kopfform erinnert an Großmöwen. Stirn niedriger und Schnabel größer als bei Sturmmöwen, Ad. mit schwarzen, klar abgesetzten Schnabelbinde am Vorderschnabel. Ringschnabelmöwen haben mehr Schwarz an den Flügelspitzen, die weißen Flecken sind kleiner, und bei stehenden Vögeln sind die Deckfederspitzen zwischen den schwarzen Flügelspitzen und den grauen Flügeln schmaler weiß. Imm. ähnlich, im 1. Winter mit schwarzer Schnabelspitze, im 2. Winter erscheint der Schnabelring. Die verbreitetste amerikanische Möwe hierzulande wie auch andernorts in Europa.

Altvogel

Jungvogel

LÄNGE	SPANNWEITE	GEWICHT
29–31 cm	90–100 cm	200 g

Rosenmöwe

Rhodostethia rosea

Recht häufiger Frühjahrs- und Sommergast, der von Mitte April bis Juli anzutreffen ist, aber sehr selten zu anderen Jahreszeiten. Nachweise in allen Landesteilen, aber am häufigsten an der Skjálfandi-Bucht und am Mývatn-See. Bei dieser kleinen Möwe (kleiner als Lachmöwe) ist das Weiß an Kopf, Hals, Brust und Bauch im PK rosa überhaucht. Schmaler schwarzer Halsring. Flügel oben grau, unten dunkler grau, Schwanz keilförmig. Schnabel schwarz, Beine rot. Imm. können an Junge von Dreizehenmöwen erinnern. Die Brutgebiete liegen in NO-Sibirien, in kleinerem Maße auch in W- und O-Grönland und in Kanada.

Jungvogel

LÄNGE	SPANNWEITE	GEWICHT
40–43 cm	109–120 cm	570 g

Elfenbeinmöwe

Pagophila eburnea

Jährlicher Wintergast aus nördlicheren Meeren, meist in der Zeit von November bis März anzutreffen, und zwar in allen Landesteilen, doch am häufigsten in N-Island und auf dem Meer nördlich und nordwestlich der Insel. In den letzten Jahren aber weniger Nachweise. Elfenbeinmöwen sind etwa so groß wie Dreizehenmöwen. Ad. sind völlig weiß, Imm. auch weiß, aber mit schmutziggrau wirkendem Gesicht; Beine immer schwarz. Folgt dem Packeisrand und ist, wenn Treibeis an Island heranrückt, manchmal in kleinen Trupps zu sehen, sonst normalerweise einzeln. Brutvogel der nördlichsten Landgebiete der Welt, auf den Eismeerinseln von Nordamerika, Asien, aber auch auf Spitzbergen. Südlichstes Vorkommen in O-Grönland ist Kangerlussuaq.

LÄNGE	SPANNWEITE	GEWICHT
22–24 cm	64–68 cm	70 g

Trauerseeschwalbe

Chlidonias niger

Dieser unregelmäßige Gast ist meist in der Zeit von Mai bis Juli anzutreffen, aber auch im Herbst (Ende August – Oktober) und zwar in allen Landesteilen; die meisten Nachweise stammen aus SW-Island. Der Lebensraum von Trauerseeschwalben ist im Unterschied zu Küstenseeschwalben nicht so sehr ans Meer, sondern an Sumpf- und Feuchtgebiete gebunden. 1983 und 1984 haben Trauerseeschwalben bei Stokkseyri (SW-Island) gebrütet. Trauerseeschwalben sind kleiner als Küstenseeschwalben; Rumpf und Kopf sind schwarz, die Flügel sind oben grau und unten heller, der Steiß ist hell. JK und SK: Unterseite weiß, dunkle Kappe und Flügel von gleicher Färbung wie im PK. Brütet beidseitig des Atlantiks. In Island wurden Individuen der westlichen und östlichen Unterarten festgestellt.

Lachmöwe, Altvögel

Lachmöwe, Jungvogel

Sturmmöwe, Altvogel

Sturmmöwe, 1. Winter

Silbermöwe, Altvogel

Silbermöwe, 1. Winter

Dreizehenmöwe, Altvogel

Dreizehenmöwe, Jungvogel

GEFIEDERWECHSEL BEI MÖWEN

Die unterschiedlichen Federkleider von Möwen, insbesondere bei Jungvögeln, gehören zu den größten Schwierigkeiten bei der ornithologischen Bestimmung. Auf dieser Doppelseite werden Imm. und Ad. von den in Island brütenden Möwenarten und einer im Winter verbreitet auftretenden Art, aber auch von der Küstenseeschwalbe einander auf Fotos gegenübergestellt.

Im ersten Herbst wechseln Möwen bei einer Teilmauser das Kopf- und Rumpfgefieder. Danach mausern sie zweimal jährlich, in der Zeit von Aug.–Okt. das gesamte Gefieder, von Febr.–Apr. das Kopf- und Rumpfgefieder. Großmöwen erhalten ihr Alterskleid im 4. Winter.

Mantelmöwe, Altvogel

Mantelmöwe, 2. Winter

Heringsmöwe, Altvogel

Heringsmöwe, 2. Sommer

Polarmöwe, 1. Winter und Altvogel

Polarmöwe, im 3. Sommer

Eismöwe, Altvogel

Polarmöwe und Eismöwe im 1. Winter

Sturmmöwen und Dreizehenmöwen wechseln im 3. Winter zum Alterskleid über, weisen aber bereits im 2. Winter deutliche Ähnlichkeit mit Ad. auf. Lachmöwen legen das Alterskleid bereits im 2. Winter an. Die Sache verkompliziert sich auch noch dadurch, dass das SK von Ad. dem PK ähnelt, doch Großmöwen und Sturmmöwen sind dann an Kopf und Hals braungestrichelt, während Lachmöwen ihre Kapuze verlieren. Küstenseeschwalben legen im 3. Jahr das Alterskleid an, sind aber bereits im 2. Jahr Ad. sehr ähnlich. Der Gefiederwechsel bei Schmarotzerraubmöwe und Großer Raubmöwe sind komplizierter; nicht geschlechtsreife Vögel halten sich auf dem Meer auf und sind deswegen kaum an Land zu beobachten.

WASSERVÖGEL

Enten, Seetaucher und Lappentaucher

1. Ringelgänse | *2. Sterntaucher mit Sandaal* | *3. Gründelnde Stockenten*

EINFÜHRUNG

ZUR ORDNUNG DER ENTENVÖGEL (Anseriformes) gehören Schwäne, Gänse und Enten, die alle zur Familie der eigentlichen Entenvögel *(Anatidae)* zählen. Der einzige Schwan, der in Island brütet, ist der Singschwan. Zwei der fünf Gänsearten sind ausschließlich Durchzügler, ein dritter Durchzügler ist inzwischen auch als Brutvogel in Island nachgewiesen. Die 15 in Island brütenden Entenarten werden aus praktischen Gründen in Gründelenten, Tauchenten und Säger unterteilt. Die Brandgans hat erst seit einigen Jahren in Island Fuß gefasst und gehört zur Unterfamilie der Halbgänse *(Tadornini)*.

Entenvögel sind an das aquatische Leben angepasst. Sie haben Schwimmhäute, und der bei vielen Entenartigen flache und gezähnte Schnabel ermöglicht es ihnen, Nahrung aus dem Wasser herauszuseihen. Schwäne, Gänse und einige Gründelenten leben vegetarisch, während sich Tauchenten und Säger, aber teilweise auch Gründelenten von tierischer Kost ernähren (Fisch u.a.).

Bei den Entenvögeln ist das ♂ stets größer als das ♀, und bei den Enten generell auch sehr viel bunter gefärbt. Schwäne, Gänse und Halbgänse paaren sich auf lange Sicht. Das ♀ besorgt das Brutgeschäft, während das ♂ Wache hält. Bei ihnen beteiligen sich beide Eltern an der Aufzucht des Nachwuchses, während sich bei den Enten allein das Weibchen um Brut und Aufzucht der Jungen kümmert; unterdessen mausern die Erpel und sammeln

4. Erpel der Eiderente | 5. Eisentenerpel in Kampfstimmung | 6. Ohrentaucher streiten sich

sich dabei zu Trupps. Entenküken sind Nestflüchter. Ein Charakteristikum von Entenvögeln ist die Mauser im Spätsommer, durch die sie zeitweise flugunfähig werden. Nachwachsende Flugfedern sind sehr blutreich, und falls die Vögel sich verletzen, bluten sie. Altvögel erlangen die Flugfähigkeit meist zu dem Zeitpunkt wieder, wenn der Nachwuchs flügge wird. Erpel wechseln die Rumpffedern vor den Flugfedern; sie legen sich im Sommer ein Tarnkleid zu, das häufig dem Gefieder des Weibchens ähnelt. Dieses Tarnkleid ist sozusagen ihr Schlichtkleid. Nach beendeter Mauser der Flugfedern legen sie wieder ihr Prachtkleid an.

Die Bestandgrößen von Gänsen und Schwänen werden jeweils sowohl hierzulande als auch in ihren Überwinterungsgebieten auf den Britischen Inseln genau verfolgt. Deshalb sind Bestandgrößen und Bestandschwankungen bei diesen Vögeln besser bekannt als bei allen anderen Arten, die im folgenden Abschnitt behandelt werden. In ihm werden außer den Entenvögeln noch vier andere Arten von Wasservögeln vorgestellt, deren Lebensweise zumindest im Sommer derjenigen von Enten gleicht: Sterntaucher und Eistaucher aus der Ordnung der Seetaucher (Gaviiformes), die nur fünf Arten umfaßt, und Ohrentaucher und Rothalstaucher aus der Ordnung der Lappentaucher (Podicipediformes). Sie ernähren sich hauptsächlich von Fisch, der Ohrentaucher aber auch von Kleingetier im Wasser. Bei ihnen sind beide Geschlechter gleich.

Singschwan

Cygnus cygnus

DER SINGSCHWAN ist Islands größter Brutvogel. Als einziger Schwan hierzulande unterscheidet er sich hinsichtlich Größe, Färbung und Halslänge deutlich von allen anderen Vogelarten. Beide Geschlechter sehen gleich aus. Ad. sind völlig weiß, weisen aber häufig an Kopf und Hals, manchmal auch an Brust und Bauch rostrote Verfärbungen auf, die auf Raseneisenerz zurückzuführen sind. Imm. sind im 1. Winter grau, werden im Laufe des Winters heller und sind im nächsten Frühjahr größtenteils weiß.

Die Beine sind schwarz, die Augen dunkel. Der Schnabel ist bei Ad. gelb und vorne schwarz, er reicht bis ans Auge und zu den Nasenlöchern. Bei Imm. Schnabel rosa-gelblich mit schwarzer Spitze.

Kraftvoller Flug mit starken, langsamen Schlägen, hält dabei Hals und Kopf waagerecht und gerade, schwimmend aber senkrecht. Zum Auffliegen nehmen Singschwäne Anlauf auf der Wasseroberfläche. Während der Brutzeit verteidigen Paare ihr Revier gegen Eindringlinge, ansonsten gesellig und in großen Trupps anzutreffen.

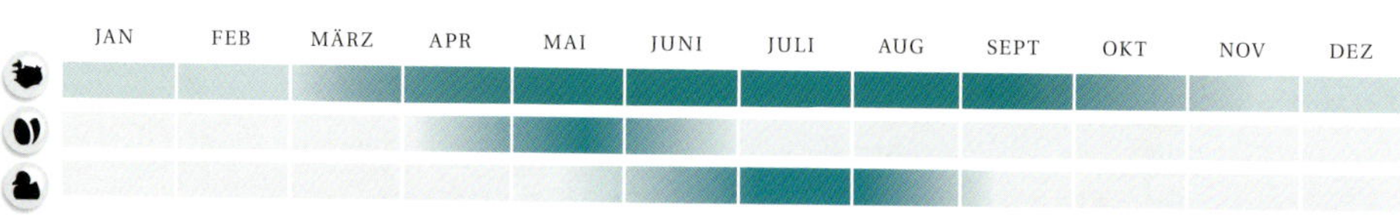

Verbreiteter Brutvogel / größtenteils Zugvogel

LÄNGE	SPANNWEITE	GEWICHT	GELEGE	BRUT	AUFZUCHT	BRUTPAARE/BESTANDGRÖSSE
145–160 cm	218–243 cm	10 kg	2–6 Eier	34–35 Tage	77–91 Tage	3.000/26.500 im Herbst

1. Altvögel | 2. Altvogel mit Jungen | 3. Altvogel

Kraftvoller Ruf; der „Schwanengesang" besteht aus trompetenden Lauten.

Singschwäne „grasen" zu Lande und zu Wasser, in letzterem besteht ihre Nahrung vor allem aus Seggen, Teich-Schachtelhalm, Wechselblütigem Tausendblatt und Laichkräutern. Im flachen Küstengewässer und in Strandseen besteht die Nahrung zumeist aus Gemeinem Seegras, Meeres-Salde und Grünalgen. In etwas tieferen Gewässern gründeln sie mit eingetauchtem Hals und hochgestrecktem Heck, um zum Grund zu gelangen.

Im Sommer sind Singschwäne auf Seen, Teichen, und Tümpeln anzutreffen. Sie brüten an Seeufern, auf kleinen Inseln oder in Mooren. Das Nest besteht aus einer großen Anhäufung von Pflanzenmaterial, und die Paare benutzen es häufig Jahr für Jahr wieder. Imm. und Vögel in der Mauser bzw. auf dem Zug halten sich an nährstoffreichen Gewässern auf.

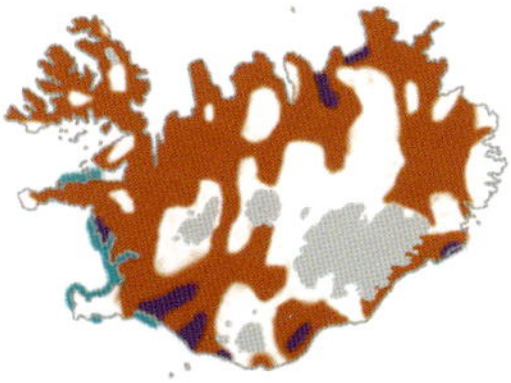

Singschwäne brüten überall in Island, überwinternde Vögel sind jedoch vorwiegend in S- und SW-Island sowie am Mývatn-See anzutreffen. Die meisten isländischen Singschwäne ziehen zu den Britischen Inseln, vor allem nach Irland. Sie brüten in Nordeuropa, Russland und Sibirien bis zum Beringmeer.

Graugans

Anser anser

DIE GRAUGANS ist die größte von allen Gänsen, die in Island brüten oder hier auf dem Zug rasten. Sie ist heller und massiger als andere Gänse und hat einen größeren Kopf. Die Geschlechter sind gleich gefärbt, doch der Ganter ist deutlich größer. Gefieder graubraun, Oberseite und Hals dunkel, Unterseite heller, aber dunklere Flanken und gelegentlich mit dunklen Flecken an Bauch und Brust. Steiß und Unterschwanz- und Oberschwanzdecken sind wie bei anderen grauen Gänsen weiß. Im Flug fällt das Hellgrau an Vorderflügeln und Bürzel auf. Ad. und Imm. ähnlich gefärbt, doch bei genauerem Hinsehen haben Ad. helle Federränder an den stumpf abgeschnittenen Oberflügeldecken, die bei Imm. heller sind und spitzer zulaufen.

Schnabel groß und rotgelb, bei Imm. ist der Nagel dunkel; Beine graurosa. Dunkle Augen mit gelbrotem Lidring.

Außerhalb der Brutzeit leben Graugänse gesellig. Sie fliegen in V-Formation, wobei sich die Vögel an der Spitze des Keils abwechseln. Gerader und kraftvoller

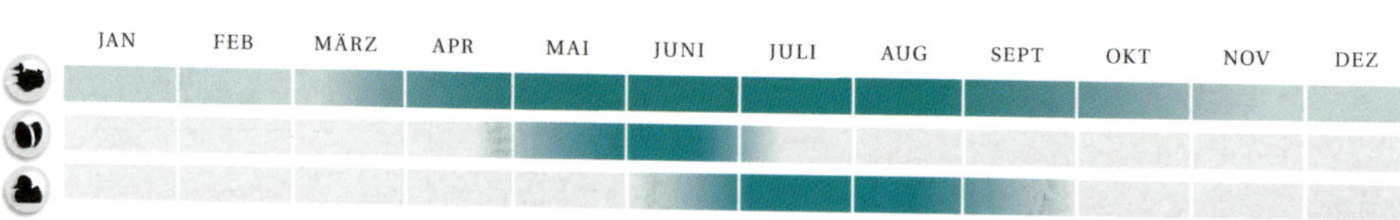

Sehr verbreiteter Brutvogel / größtenteils Zugvogel

LÄNGE	SPANNWEITE	GEWICHT	GELEGE	BRUT	AUFZUCHT	BRUTPAARE/BESTANDGRÖSSE
75–90 cm	147–180 cm	3,5 kg	4–7 Eier	27–28 Tage	50–60 Tage	20.000–30.000/110.000 im Herbst

1. Altvögel | 2. ♀ auf dem Nest | 3. Altvögel

Flug, vor allem morgens und abends in der Dämmerung unterwegs. Paare betreuen den Nachwuchs gemeinsam; das ♀ brütet, das ♂ steht Wache. Imm. Vögel sammeln sich in der Nähe des Brutgebiets.

Unterschiedliche Laute, häufig ein lautes, nasales Schnattern.

Nimmt pflanzliche Nahrung unterschiedlicher Art, im Sommer u.a. Seggen und Gräser, Herbst auch Beeren; im Frühjahr auch die Speicherwurzeln von Knöllchen-Knöterich auf Getreideäckern Korn des Körner vom Vorjahr.

Die Brutgebiete von Graugänsen liegen unter 300 m ü.M.; sie brüten in Sümpfen, auf kleinen oder größeren bewachsenen Inseln, an Fluß- oder Seeufern und in bewachsenem Gelände, oft in verstreuten Kolonien, aber immer in Wassernähe. Das Nest wird in einer bewachsenen Bodenvertiefung angelegt. Außerhalb der Brutzeit sind Graugänse häufig in kultiviertem Land auf Wiesen, Äckern oder Kartoffelfeldern anzutreffen, aber auch in Feuchtgebieten.

Graugänse verbringen den Winter auf den Britischen Inseln, hauptsächlich in Schottland. Seit einigen Jahren mehrt sich die Zahl der hier überwinternden Vögel, was vermutlich auf zunehmenden Getreideanbau und Klimaerwärmung zurückzuführen ist. Die Zahl der Standvögel beläuft sich inzwischen auf Tausende, früher schlugen sich nur ein paar hundert Individuen wintersüber in Reykjavík durch . Brütet verbreitet in Nord- und Mitteleuropa bis nach Asien.

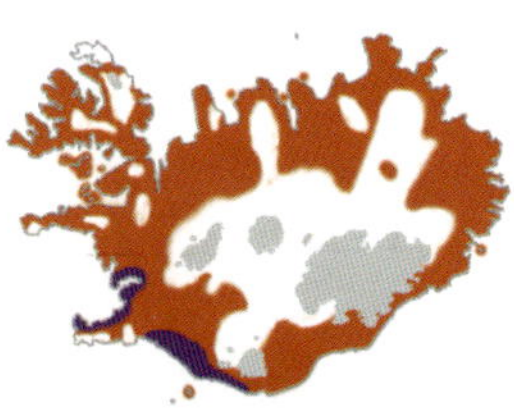

Kurzschnabelgans

Anser brachyrhynchus

DIE KURZSCHNABELGANS ist einer der charakteristischen Vögel des zentralen isländischen Hochlands. Sie ist kleiner als die Graugans, und der Hals ist proportional kürzer. Kaffeebrauner Kopf und Hals kontrastieren zum blaugrauen Rumpf. Unterer Hals und Brust bis zum Bauch sind schwach rosa überhaucht, Unterschwanz und Steiß weiß, die Seiten dunkel gefleckt. Der Vorderflügel ist blaugrau, dunkler als bei der Graugans. Ad. und Imm. ähnlich, doch Imm. dunkler. ♂ ist deutlich größer als ♀.

Kurzer Schnabel mit variabler schwarzer oder rosa Zeichnung. Beine rosa, Augen braun.

Kurzschnabelgänse sind zu allen Jahreszeiten gesellig. Sie fliegen mit raschen Flügelschlägen in dichten Trupps und wirken im Flug wendiger und leichter als Graugänse. Im Flug vor allem auch am kleinen Kopf und kurzen Hals zu erkennen.

♫ Hohe bellende oder gackernde Laute, ♂ lauter als ♀.

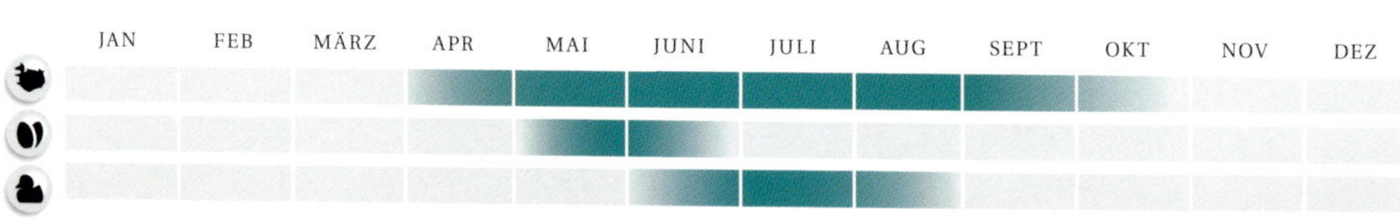

Sehr verbreiteter Brutvogel / Zugvogel / Durchzügler

LÄNGE	SPANNWEITE	GEWICHT	GELEGE	BRUT	AUFZUCHT	BRUTPAARE/BESTANDGRÖSSE
60–75 cm	135–170 cm	2,5 kg	4–5 Eier	26–27 Tage	ca. 56 Tage	40.000-50.000/ 364.000 im Herbst

1. Altvögel | 2. Altvogel mit Küken | 3. ♀ ♂

Kurzschnabelgänse leben wie andere Gänse von vegetarischer Kost. Sie sind im Frühjahr häufig in kultiviertem Land anzutreffen, ansonsten in Feuchtgebieten mit der einschlägigen Vegetation: Seggen, Moor-Reitgras und Wollgras ebenso wie Schachtelhalme und Knöllchen-Knöterich.

Die Brutgebiete liegen in Hochlandoasen an den Ufern von Flüssen und Bächen, nicht selten in Schluchten. Kurzschnabelgänse legen das Nest auf grasigen Bülten und anderen Bodenerhebungen an, aber auch auf Felsvorsprüngen, und polstern es mit Altgras und Daunen aus; oft wird der Nistplatz mehrmals benutzt. Zur Zugzeit, im Frühjahr halten sich größere Trupps zeitweilig im kultivierten Flachland auf.

Die Hauptbrutgebiete von Kurzschnabelgänsen liegen im Hochland, aber zunehmend auch entlang der wichtigsten großen Flüsse bis hinunter ins Tiefland auf Meeresniveau. Im Tundragebiet Þjórsárver war bislang das weltweit größte Brutvorkommen, doch hier ist die Bestandzahl rückläufig. Die Vögel überwintern in Schottland und Nordengland. Die Mehrzahl der Imm. zieht Ende Juni nach Grönland, um zu mausern, und grönländische Vögel machen im Frühjahr und Herbst Zwischenstation in Island. In den letzten Jahren war ein bedeutender Zuwachs im isländisch-grönländischen Bestand zu verzeichnen (1952: 23.000 Exemplare, Herbst 2008: 350.000) . In Spitzbergen lebt eine weitere Population.

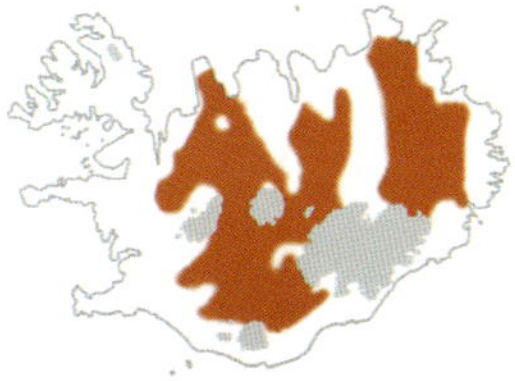

Blässgans

Anser albifrons

BLÄSSGÄNSE, die dunkelsten von allen grauen Gänsen, sind in Island nur Durchzügler. Das Gefieder ist graubraun, mit hellen Streifen an der Oberseite und dunkler Bänderung an den Flanken. Im Flug auffällig dunkle Vorderflügel. Bei Ad. mehr oder weniger dichte schwarze Querbänderung oder Querfleckung am Bauch, der manchmal sehr schwarz wirken kann. Weißes Stirnfeld oberhalb der Schnabelbasis. Imm. ohne dunkle Bauchbänderung und Blässe.

Schnabel gelblich-rosa, bei Imm. heller. Beine rotgelb, Augen dunkel.

Blässgänse verhalten sich zwar im Flug ähnlich wie andere graue Gänse, fliegen aber schneller auf, wirken schlanker und formieren sich nicht so schnell. Wie andere Gänse sind Blässgänse gute Schwimmer und sehr gesellig.

JAN	FEB	MÄRZ	APR	MAI	JUNI	JULI	AUG	SEPT	OKT	NOV	DEZ

Durchzügler

LÄNGE	SPANNWEITE	GEWICHT	GELEGE	BRUT	AUFZUCHT	BESTANDGRÖSSE
65–78 cm	130–165 cm	2,5 kg				23.000 im Herbst

1. Altvögel | 2. Altvogel und Jungvogel | 3. Altvogel

Die Rufe von Blässgänsen sind höher, melodischer und schwätzender als bei anderen Gänsen, sie sind auch stimmfreudiger im Flug.

Pflanzliche Kost, im Frühjahr vor allem in landwirtschaftlich genutzten Gebieten anzutreffen, im Herbst eher in Feuchtgebieten mit Knöllchen-Knöterich, Schachtelhalm und Seggen, aber auch in Beerengebieten und auf kultivierten Wiesen.

In Island bevorzugen Blässgänse unterschiedliche Feuchtgebiete und Ödland, doch bei länger anhaltenden Frostperioden sind sie auch auf kultivierten Wiesen und Äckern anzutreffen.

Die Unterart der Blässgans, die in Grönland brütet und im Frühjahr und Herbst in Island rastet, wird als *A. a. flavirostris* bezeichnet. Die Vögel überwintern in Irland und Schottland. Sie sind im Flachland von Südisland bis nach Snæfellsnes anzutreffen, manchmal auch an anderen Orten. Nach einem Tiefstand um 1980 stieg der Bestand bis 1999 auf ca. 35.000 Vögel, ist aber seitdem wieder rückläufig (23.000 Vögel im Frühjahr 2008). Blässgänse sind inzwischen in Island ganzjährig geschützt.

Weißwangengans

Branta leucopsis

DIE WEISSWANGENGANS ist eine der beiden „schwarzen“ Gänse Islands, die auf dem Zug in Island rasten. Sie ist von vergleichbarer Größe wie Kurzschnabel- und Blässgans und am scharfen Kontrast zwischen dunkler Ober- und heller Unterseite gut zu unterscheiden. Gesicht und Kehle sind auffällig weiß. Augenzügel schwarz, Kopf, Nacken Hals und Brust schwarz. Rücken und Flügeldecken blaugrau, letztere mit schwarz-weißer Querbänderung. Im Flug wirken die Flügel oben grau, unten dunkel. Unterseite hell, Oberschwanzdecken weiß und Schwanz schwarz. Ad. und Imm. sind sehr ähnlich.

Kurzer, schwarzer Schnabel, schwarze Beine und braune Augen.

Weißwangengänse fliegen seltener als andere Gänse in V-Formation; sie sind in der Luft oft in nicht formierten, dichten Trupps oder langen Reihen zu beobachten. Von der Ringelgans durch Größe und langsamere Flügelschläge zu unterscheiden.

♫ Laute, an Bellen erinnernde Rufe.

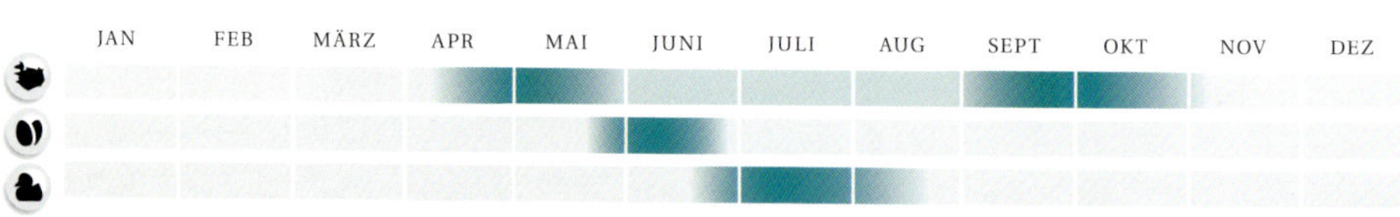

Seltener Brutvogel / Durchzügler

1.

2.

LÄNGE	SPANNWEITE	GEWICHT	GELEGE	BRUT	AUFZUCHT	BRUTPAARE/BESTANDGRÖSSE
58–70 cm	132–145 cm	2 kg	4–5 Eier	24–25 Tage	ca. 42 Tage	120/50.000 im Herbst

1. Altvögel | 2. Altvogel mit Immaturen | 3. Altvogel

Pflanzenfresser, der im Frühjahr häufig auf kultivierten Wiesen anzutreffen ist, aber auch in Weideland und Feuchtgebieten. Brutvögel ziehen ihre Jungen an Flüssen und Gletscherlagunen auf und ernähren sich wahrscheinlich von Knöllchen-Knöterich, Seggen und Binsen.

Moore und Wiesen in Meeresnähe im Frühjahr, sowie Hochlandgebiete mit Vegetation und Zwergstrauchheiden im Herbst.

Die in NO-Grönland brütenden Vögel rasten im Frühjahr und Herbst auf ihrem Zug von und zu den Winterquartieren in Großbritannien in Island. Hauptvorkommen in Húnavatnsýsla und Skagafjörður (N-Island) im Frühjahr; im Herbst im südlichen Bereich des zentralen Hochlands und in den beiden Skaftafell-Bezirken.

Außerhalb Grönlands brüten Weißwangengänse auf Spitzbergen und Novaja Zemlja, meist an Felsen. Die ersten Brutpaare in Island hat man 1964 auf Inseln im Breiðafjörður nachgewiesen, wo sie sich etwa 20 Jahre hielten. 1988 hat man einige Nester von Weißwangengänsen auf kleinen Inseln in einer Gletscherlagune in SO-Island gefunden. Seitdem erweiterte sich das Brutgebiet, und Weißwangengänse sind nun auch an einigen anderen Stellen in S- und SO-Island anzutreffen. Im Sommer 2009 wurde der Bestand auf 70 Brutpaare geschätzt, hinzu kommen ein paar hundert nicht geschlechtsreife Vögel.

Ringelgans

Branta bernicla

EINE „SCHWARZE" GANS wie die Weißwangengans, aber wesentlich kleiner, die kleinste in Island anzutreffende Gänseart. Die Ringelgans ist tiefschwarz an Kopf, Hals und Brust, mit weißem „Ring" am Hals. Rücken und Flügel dunkel braungrau, Bauch und Flanken hellgrau, letztere hinten gebändert. Imm. haben kein Halsabzeichen, die Flanken wirken grau.

Kurz und schwarz, ebenso die Beine. Dunkelbraune Augen.

Ringelgänse fliegen schnell mit raschen Flügelschlägen, meist in ungeordneten Trupps, aber auch im Keilflug. Unterscheidungsmerkmale sind ihr kurzer Hals und ihre Kleinheit; die Vögel sind nur wenig größer als Stockenten. Sie schwimmen hoch auf dem Wasser und gründeln gern.

Durchzügler

LÄNGE	SPANNWEITE	GEWICHT	GELEGE	BRUT	AUFZUCHT	BESTANDGRÖSSE
56–61 cm	110–120 cm	1,5 kg				38.000 im Herbst

1. Altvögel | 2. Jungvogel | 3. Altvogel

Gewöhnlich stumm, aber gutturaler Ruf im Flug, daher auch der Beiname „Rottgans“.

Hauptnahrung ist Gemeines Seegras (wächst in seichtem Meereswasser), aber Ringelgänse ernähren sich auch von Meersalat und anderen Grünalgen sowie Strand-Salzschwaden. Sie sind vor allem im Frühjahr auch auf kultivierten Wiesen anzutreffen.

Ringelgänse halten sich mehr als andere Gänse an und auf dem Meer auf, vor allem in Watt- und Schlickgebieten, in geschützten Buchten und Brackwasserlagunen mit viel Vegetation.

Ringelgänse, die auf den kanadischen Eismeerinseln brüten, stellen eine eigene hellbäuchige Unterart *(B. b. hrota)* dar. Ihre Winterquartiere sind in Irland, und sie rasten als Durchzügler im Frühjahr und Herbst in Island. Die Ringelgans ist ein verbreiteter Brutvogel der Arktis und an allen Küsten des nördlichen Eismeers. Andere Unterarten haben einen dunkleren Bauch und sind manchmal in Ringelganstrupps in Island anzutreffen.

Stockente

Anas platyrhynchos

GROSSE, SEHR BEKANNTE und verbreitete Gründelente. PK ♂: Kopf und Hals grün schillernd, weißer Ring unten am Hals; Brust rotbraun. Rumpf und Flügel überwiegend grau, aber Oberseite dunkler und bräunlicher als Unterseite. Das Heck ist schwarz, der Schwanz weiß mit zwei ringelförmig aufgebogenen Federn in der Mitte. Im SK ist der Erpel dunkler als ♀, insbesondere am Kopf, der Schnabel ist gelblicher. Imm. erhalten bereits im 1. Herbst das Alterskleid. ♀ ist überwiegend braun gefleckt, Kopf und Brust etwas heller. Kopf und Hals sind fein gestrichelt, Scheitel und Augenstreif dunkel. Beide Geschlechter haben dunkelblaue, weiß und schwarz gerandete Flügelspiegel.

Schnabel beim ♂ gelbgrün mit dunklem Nagel, beim ♀ hellgelb oder olivbraun, oft mit Flecken. Beine bei beiden Geschlechtern orangefarben, Augen dunkel.

Die Stockente ist die größte und kräftigste Gründelente und meist leicht zu erkennen. Sie fliegt steil mit raschen, flachen Flügelschlägen vom Wasser auf. Leichter Gang in waagerechter Haltung.

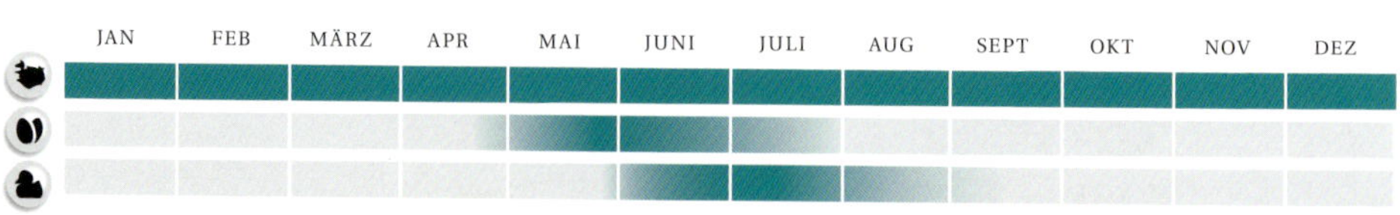

Sehr verbreiteter /größtenteils Zugvogel

LÄNGE	SPANNWEITE	GEWICHT	GELEGE	BRUT	AUFZUCHT	BRUTPAARE/BESTANDGRÖSSE
50–65 cm	81–98 cm	1,1 kg	6–12 Eier	27–28 Tage	50–60 Tage	10.000–15.000/42.000 im Winter

1. Erpel | 2. ♀ mit Küken | 3. Erpel im Tarnkleid

♂ verlassen ♀ noch während des Brut und sammeln sich zu Trupps, um zu mausern. Paarungszeit den ganzen Winter über bis zum Frühjahr.

♫ Stimmfreudig, quakendes Schnattern beim ♀. Der Erpel ist ruhiger, pfeift zur Balzzeit.

Ernährt sich sowohl von pflanzlicher als auch tierischer Nahrung. Gründelt nach Wirbellosen, Wurzeln und Pflanzensprossen, nimmt aber auch Nahrung an der Wasseroberfläche und an Land auf. Taucht sogar manchmal. ♀ zur Brutzeit und Küken in den ersten Wochen leben hauptsächlich von tierischer Nahrung (u.a. Zuckmücken und deren Larven).

Brütet in diversen Habitats, aber sehr häufig in oder in der Nähe von Feuchtgebieten im Tiefland. Gut getarntes, mit Gras und Daunen gespolstertes Nest zwischen Steinen, Bodenerhebungen oder vom Menschen hinterlassenen Gerümpel. Stockenten mausern an Teichen und Seen mit Seggenbewuchs und halten sich im Winter an der Küste und auf eisfreien Binnenseen auf.

Die Stockente ist wohl der verbreitetste Entenvogel im isländischen Tiefland, der sich aber nur selten in höheren Lagen aufhält. Sie ist ein sehr anpassungsfähiger Kulturfolger, der im Winter fast überall in Island anzutreffen ist, doch die Mehrzahl der isländischen Stockenten überwintert in Großbritannien. Verbreitete Art in der gesamten nördlichen Hemisphäre, die aber auch an vielen anderen Ort der Welt ausgesetzt wurde.

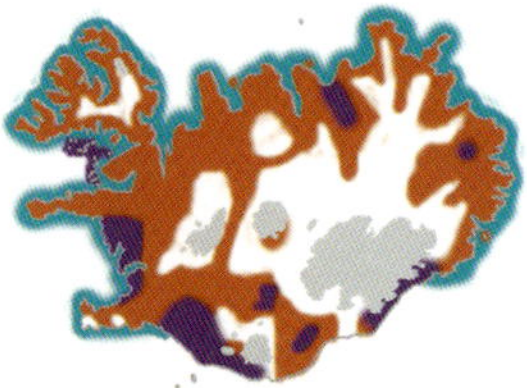

Schnatterente

Anas strepera

SELTENE GRÜNDELENTE, etwas kleiner und schlanker als die Stockente; die weibchen beider Arten ähneln sich sehr. ♂ und ♀ sind nicht so stark unterschiedlich gefärbt wie bei anderen Gründelenten. PK ♂: graumeliert, aber an Kopf und Hals bräunlicher; Brust fein schwarz gefleckt, Schulterfedern braun, Heck schwarz und Schwanz grau. Bauch weißlich. Im SK unterscheiden sich die Geschlechter kaum. ♀ hat eine gewisse Ähnlichkeit mit Stockentenweibchen, ist aber grauer, kleiner und schlanker und hat einen rundlicheren Kopf. Beide Geschlechter haben weiße Spiegel mit schwarzen Rändern und rostbraune Flügelabzeichen.

Schnabel beim ♂ dunkelgrau, doch in der Mauser wie beim ♀. Der Schnabel des ♀ hat an den Seiten ein orangefarbenes Band. Orangefarbene Beine mit grauen Schwimmhäuten, dunkle Augen.

Verhalten ähnlich wie Stockente. Schnatterenten sind schnelle Flieger und gute Schwimmer. Eher scheu und

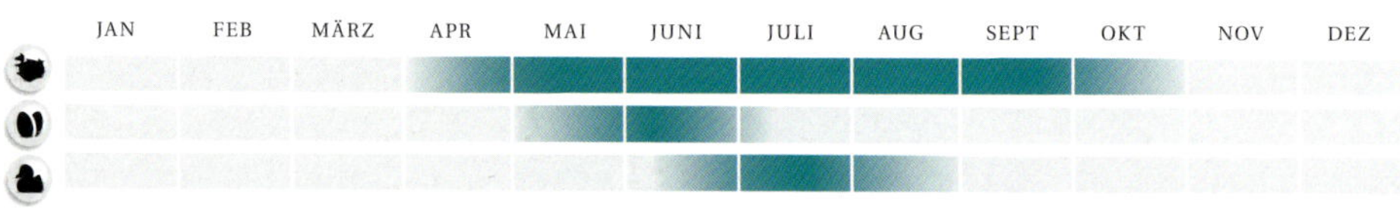

Seltener Brutvogel / Zugvogel

LÄNGE	SPANNWEITE	GEWICHT	GELEGE	BRUT	AUFZUCHT	BRUTPAARE
46–56 cm	85–95 cm	750 g	8–12 Eier	24–26 Tage	45–50 Tage	400–500

1. Erpel | 2. ♀ mit Küken | 3. Erpel

unauffällig, tritt in Paaren oder kleinen Trupps auf, meist zusammen mit anderen Gründelenten.

Stimmfreudig, ♀ schnattert laut, ♂ ist leiser.

Nimmt zwar auch tierische Nahrung auf, ernährt sich aber hauptsächlich pflanzlich von Laichkräuern, Grünalgen, auch von Samen. Die Hauptnahrung von ♀ und Küken ist tierisch.

Bevorzugtes Habitat sind flache, eutrophe Seen und Teiche im Tiefland. Brütet in Wassernähe in dichter Vegetation, an Bodenerhebungen, unter Sträuchern und in hohem Gras. Das Nest wird in einer Mulde angelegt und mit Altgras und Daunen gepolstert.

Das Hauptverbreitungsgebiet von Schnatterenten in Island ist am Mývatn und seinem Abfluss Laxá. Brütet aber auch vereinzelt andernorts, vor allem in SW-Island. Einige wenige Vögel überwintern im Großraum Reykjavík, ansonsten sind die Winterquartiere auf den Britischen Inseln, vor allem in Irland. Die Brutgebiete liegen in der nördlichen Hemisphäre, das nördlichste Vorkommen ist in Island.

Spießente

Anas acuta

EINE SCHLANKE ENTE der Feuchtgebiete mit auffällig langem Hals. Aus der Entfernung wirkt der Erpel grau mit weißer Brust und dunklem Kopf. PK ♂: Kopf, Hals und Kehle sind kaffeebraun, Vorderhals, Brust und Bauch weiß; ein weißer Streif zieht sich von der Brust an den Kopfseiten hoch. Graumeliert an Flanken und Rücken, Flügeldecken und Bürzel. Steiß schwarz, Schwanz weiß und schwarz mit verlängerten schwarzen Steuerfedern; Schulterfedern lang und schwarz mit weißen Rändern. Flügelspiegel grün mit braunem Vorder- und weißem Hinterrand. Im SK ähneln sich die Geschlechter, doch ist ♀ oben grauer. ♀ ähnelt anderen Gründelenten, ist aber heller, grauer und schlanker und hat einen längeren Hals und einen spitzeren Schwanz. Der Bauch ist weiß, und die Flügelspiegel sind wie beim ♂, aber brauner und verwaschener.

Blaugrauer Schnabel, beim ♂ mit schwarzem First und Nagel; Beine blaugrau, Augen braun.

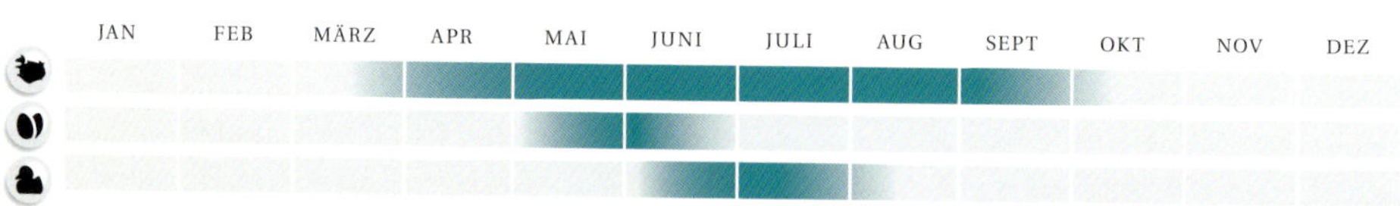

Seltener Brutvogel / Zugvogel

1.

2.

LÄNGE	SPANNWEITE	GEWICHT	GELEGE	BRUT	AUFZUCHT	BRUTPAARE
51–66 cm	80–95 cm	800 g	7–9 Eier	22–24 Tage	40–45 Tage	<500

1. ♂ | *2.* ♂ | *3.* ♀

Spießenten fliegen kraftvoll mit raschen Flügelschlägen, die Flügel sind schmal und laufen spitz zu. Sie liegen hoch auf dem Wasser und bewegen sich auch an Land leicht. Spießenten sind normalerweise in Paaren oder kleinen Gruppen anzutreffen, oft zusammen mit anderen Gründelenten. Eher scheu, Verhalten ansonsten ähnlich wie Pfeifenten und Stockenten.

Knarrendes Quaken beim ♀, beim ♂ leises Pfeifen, meist jedoch stumm.

Pflanzliche Kost verschiedener Art, Samen, unterirdische Pflanzenteile und Wurzelknollen. Auch tierische Kost, vor allem bei Küken. Gründelt.

Feuchtes Schwemmland und Sümpfe, nährstoffreiche Seen und Teiche mit angrenzenden Moorgebieten. Brütet im Brachland oder Sümpfen; das Nest ähnelt dem Nest anderer Gründelenten, ist aber weniger getarnt.

Brütet in ganz Island, doch die größte Verbreitung ist in N- und NO- Island. Winterquartiere sind vielerorts in Westeuropa. Vereinzelt sind Vögel wintersüber in SW-Island gesichtet worden. Als Brutvogel in der nördlichen Hemisphäre verbreitet.

3.

Pfeifente

Anas penelope

DIE PFEIFENTE ist mittelgroß, doch etwas kleiner als die Stockente mit rundlichem Kopf, kurzem Hals und kleinem Schnabel, spitz zulaufendem Schwanz und langen, schmalen Flügeln. PK ♂: Kopf rostbraun, Stirn und Scheitel cremegelb vom Schnabelansatz bis zum Hinterkopf, grün glänzende Binde hinter dem Auge. Brust graurosa, Rücken und Flanken grau, Schwanz schwarz mit grauen Streifen; auffallend weißer Fleck zwischen Schwanz und Flanken. Die schwarzen Schulterfedern sind weißlich gerahmt. ♂ mit auffälligem weißen Armflügelfeld, das bei angelegten Flügeln seitlich ein weißes Band bildet. Dieses Kennzeichen fehlt bei Imm. ♂ im ersten Winter. Im SK ist ♂ dunkler als ♀, meist rotbrauner, und das Flügelfeld ist sichtbarer. ♀ ist grau oder matt rotbraun, Oberseite diffus gefleckt, Flanken und Brust sind gleichfarbiger. Vorderflügel grau. Beide Geschlechter haben einen weißen Bauch und dunkelgrüne Flügelspiegel, die beim ♂ schwarz gerändert, beim ♀ matter und weißlich gerändert sind.

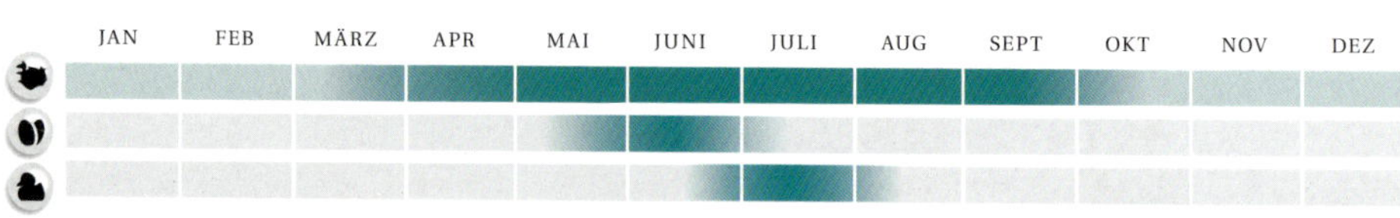

Verbreiteter Brutvogel / größtenteils Zugvogel

1.

2.

LÄNGE	SPANNWEITE	GEWICHT	GELEGE	BRUT	AUFZUCHT	BRUTPAARE
45–51 cm	75–86 cm	700 g	8–10 Eier	24–25 Tage	40–45 Tage	4.000–6.000

1. ♂ | 2. ♂♂ | 3. ♀

Schmal und blaugrau mit schwarzer Spitze, Beine blaugrau oder braun mit dunkleren Schwimmhäuten, Augen braun.

Pfeifenten fliegen schnell mit raschen Flügelschlägen und wirken etwas vorderlastig; sie schwimmen gern mit eingezogenem Hals. Gesellig außerhalb der Brutzeit.

♂ pfeift, ♀ schnurrt leise.

ernährt sich mehr als alle anderen Enten von pflanzlicher Kost, im Wasser und an Land. Durchwachsenes Laichkraut, Sumpf-Schachtelhalm und Gras sind wichtige Nahrungsbestandteile. Nimmt auch die von Singschwänen oder Tauchenten aufgewühlte pflanzliche Nahrung auf.

Im Sommer und zur Zugzeit vor allem an flachen, eutrophen Seen und Teichen anzutreffen, an Flussmündungen oder Feuchtgebieten. Brütet in Feuchtgebieten und im Ödland. Das gut getarnte Nest wird in dichter Vegetation angelegt und mit Daunen gepolstert.

Pfeifenten brüten im gesamten isländischen Tiefland, aber am häufigsten in N- und NO-Island. Der größte Teil des Bestands überwintert auf den Britischen Inseln, vor allem in Schottland. Isländische Pfeifenten streifen aber auch weiter umher, Individuen sind in Nordamerika, Sibirien und am Mittelmeer gefunden worden. 2.000–4.000 Vögel überwintern hier, vor allem in SW-Island. Die Brutgebiete liegen von Nordeuropa quer durch Asien bis zum Pazifik.

3.

Krickente

Anas crecca

DIE KRICKENTE ist nicht nur Islands, sondern auch Europas kleinste Ente, ein sehr agiler und scheuer Vogel. Aus einiger Entfernung wirkt ♂ dunkelgrau mit dunklem Kopf. PK: Kopf und Hals kastanienbraun mit breitem, hell eingefassten grünen Band von den Augen bis zum Nacken. Gelbliche Brust mit dunkleren Tupfen, Rumpf ansonsten grau, aber schwarzer Bürzel mit leuchtendem buttergelben Steißfleck. Die schwarzen und weißen Schulterfedern bilden bei angelegten Flügeln eine deutliche weiße Linie an den Seiten. SK: ♂ wie das ♀, nur dunkler und gleichmäßiger gefärbt. ♀ ist gelbbraun gefleckt, wie eine Mini-Ausgabe der Stockente; Scheitel und Augenstreif dunkel. Beide Geschlechter haben einen hellen Bauch sowie dunkelgrüne Flügelspiegel mit auffallend weißem Vorderrand.

Schnabel blaugrau, beim ♀ oft mit gelben Seitenrändern. Beine grau mit dunkleren Schwimmhäuten, Augen braun.

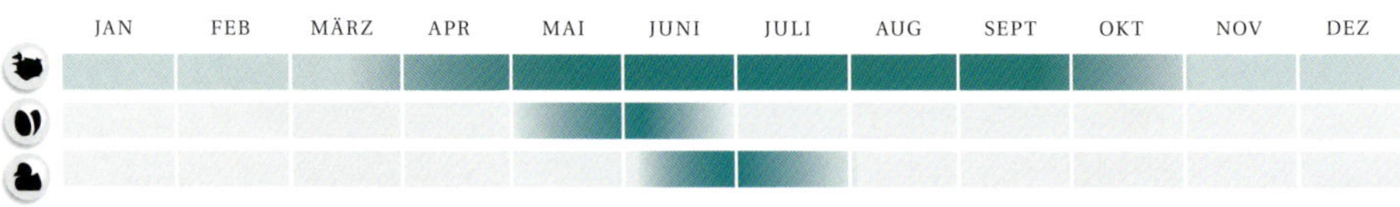

Verbreiteter Brutvogel / größtenteils Zugvogel

1.

2.

LÄNGE	SPANNWEITE	GEWICHT	GELEGE	BRUT	AUFZUCHT	BRUTPAARE
34–38 cm	58–64 cm	70 g	8–11 Eier	21–23 Tage	25–30 Tage	3.000–5.000

1. ♀ ♂ | 2. ♀ mit Küken | 3. ♂

Flinker und schneller Flieger, häufig nachts und in der Dämmerung unterwegs. Im Flug häufig in dichter, niedrig fliegender Formation zu beobachten, an Flugweise von Watvögeln erinnernd. Die Krickente fliegt steil auf. Gesellig außerhalb der Brutzeit, lebt aber scheu und heimlich.

♂ leises Pfeifen, das ♀ quakt durchdringend.

Ernährt sich ähnlich wie andere Gründelenten von Samen und grünen Pflanzenteilen, aber auch Beeren. Vor allem während der Brutzeit auch tierische Nahrung.

Im Sommer vor allem im Süß- und Brackwasser im Tiefland, z.B. auf flachen Teichen, Drainagegräben, träge fließenden Gewässern, in Sumpfgebieten und Mooren anzutreffen. Das Nest wird wie bei anderen Gründelenten gut getarnt in dichter Vegetation angelegt. Im Winter hält sich die Krickente an flache Buchten und landeinwärts an eisfreie Seen.

Krickenten kommen vor allem im Tiefland vor, aber auch in Vegetationsoasen des Hochlands. Die Hauptwinterquartiere liegen auf den Britischen Inseln, vor allem in Irland, aber auch andernorts in Westeuropa. Über 1.000 Krickenten sind Standvögel und überwintern in S- und SW-Island. In Europa und Asien weithin verbreitet.

3.

Löffelente

Anas clypeata

DIESE UNVERWECHSELBARE ENTE mit dem auffälligen Schnabel ist eine der seltensten in Island brütenden Entenarten; kleiner als die Stockente, mit kurzem Hals und recht kompaktem Körper. PK ♂: Dunkle Farben wechseln mit weiß ab; Kopf und Hals grün schillernd, Brust weiß; das Weiß zieht sich über die Schulterfedern bis zum Steiß. Rücken schwarz, Bürzel und Schwanz ebenso, aber letzterer hell gerandet; Schulterfedern weiß und schwarz, und Flanken und Bauch kastanienbraun. SK: ♂ und ♀ ähnlich, doch Erpel an der Oberseite dunkler mit helleren Feldern auf den Vorderflügeln. Bei beiden Geschlechtern befindet sich zwischen dunkelgrünem Spiegel und graublauen Vorderflügelfeldern ein weißer Streif. ♀ ähnelt anderen weibl. Gründelenten, doch relativ leicht am großen Schnabel zu unterscheiden und an den kräftig hellen Federrändern am Rücken und der Flügelzeichnung, die aber matter ist als beim ♂.

Lang, breit und löffelförmig, dunkelgrau beim ♂, grau mit orangefarbenen Längsrändern beim ♀. Beine rotgelb, Iris gelb beim ♂, dunkel beim ♀.

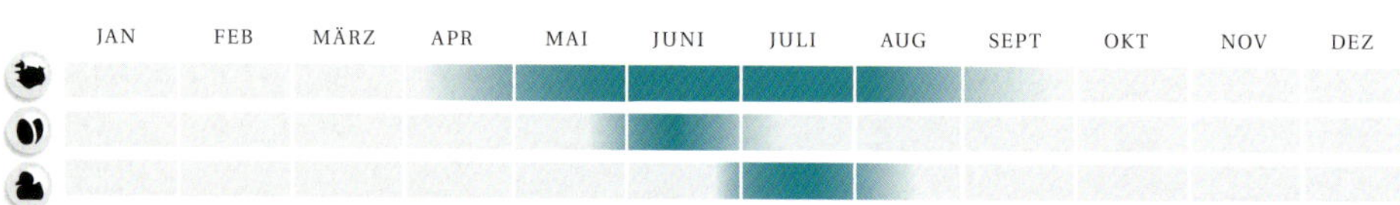

Sehr seltener Brutvogel / Zugvogel

1.

2.

LÄNGE	SPANNWEITE	GEWICHT	GELEGE	BRUT	AUFZUCHT	BRUTPAARE
44–52 cm	70–84 cm	700 g	9–11 Eier	22–23 Tage	40–45 Tage	20-50

1. ♀ | *2.* ♂ | *3.* ♂ ♀

Löffelenten wirken im Flug vorderlastig. Sie liegen tief im Wasser, und der Schnabel weist dabei nach unten. Eher scheu und normalerweise einzeln, in Paaren oder kleinen Gruppen anzutreffen.

Gedämpftes Quaken, meist stumm.

Löffelenten durchseihen auf seichten Gewässern die Wasseroberfläche nach pflanzlicher Nahrung, manchmal auch gründelnd. Die Nahrung setzt sich aus Zooplankton, kleinen Mollusken, Insekten und deren Larven sowie Samen und Pflanzenresten zusammen.

Vornehmlich in nährstoffreichen Feuchtgebieten, und auf Teichen in Küstennähe anzutreffen. Das Nest in Wassernähe und dichter Vegetation wird mit Gras und Daunen gepolstert.

Löffelenten sind erst seit relativ kurzer Zeit in Island eingebürgert; der erste Brutversuch wurde 1934 nachgewiesen. Sie brüten in nährstoffreichen Feuchtgebieten in fast allen Landesteilen, vor allem aber in N- und NO-Island. Zur Zugzeit häufig auf kleinen Strandseen in SW-Island anzutreffen. Die Vögel überwintern vermutlich in Großbritannien. In der nördlichen Hemisphäre recht verbreitet, in Island ist das nördlichste Vorkommen innerhalb Europas.

3.

Reiherente

Aythya fuligula

DIE KLEINE, ZIERLICHE REIHERENTE ist die häufigste Tauchente isländischer Tieflandgebiete. PK ♂: schwarzer, bläulich glänzender, gerundeter Kopf mit lang herabhängendem Federschopf. Flanken und Bauch weiß, Unterflügel hell und Flügelbinde weiß, sonst Gefieder schwarz oder braunschwarz. SK: grau an den Flanken mit kurzem Schopf, sonst wie PK. Im 1. Winter sind die Flanken braun gefleckt. ♀: Oberseite dunkelbraun, Flanken gefleckt, Bauch und Flügelbinde weiß. Die meisten haben einen weißen Fleck an der Schnabelbasis und einen hellen Steiß, der im Sommer nachdunkelt. Andeutung eines Schopfes. Imm. sind dunkler als ♀. Die Reiherente ähnelt der Bergente, ist aber schlanker und hat eine andere Kopfform, einen kürzeren Hals und wirkt insgesamt dunkler.

Der Schnabel ist bei beiden Geschlechtern blau- oder dunkelgrau mit schwarzem Nagel, Beine blaugrau mit dunkleren Schwimmhäuten. Iris bei Ad. gelb, bei Imm. braun.

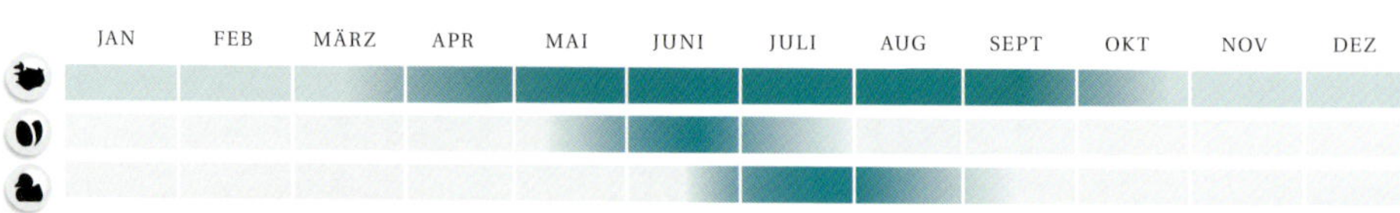

Sehr verbreiteter Brutvogel / größtenteils Zugvogel

LÄNGE	SPANNWEITE	GEWICHT	GELEGE	BRUT	AUFZUCHT	BRUTPAARE
40–47 cm	67–73 cm	700 g	8–11 Eier	um 25 Tage	45–50 Tage	8.000–12.000

1. ♂♂ | 2. ♀ mit Küken | 3. ♂

Die Reiherente ist das ganze Jahr über gesellig. Sie fliegt schnell mit raschen Flügelschlägen, liegt tief Wasser und taucht geschickt; schwerer Aufflug mit Anlauf wie bei anderen Tauchenten. Selten an Land anzutreffen.

Eher schweigsam; ♂ pfeift sanft, ♀ schnattert grollend.

Reiherenten ernähren sich von tierischer Kost und tauchen bis zum Grund nach Kleintieren, u.a. kleinen Krebsen, Schlammschnecken und Erbsenmuscheln, in geringem Umfang auch nach Algen und Stichlingen.

Nährstoffreiche, flache Seen und Teiche. Brütet häufig in lockeren Kolonien, gern im Schutz von Lachmöwen- und Küstenseeschwalbenkolonien. Gut getarntes Nest in dichter Vegetation in Wassernähe, mit Altgras und Daunen gepolstert. Im Winter auf dem Meer und auf eisfreien Seen.

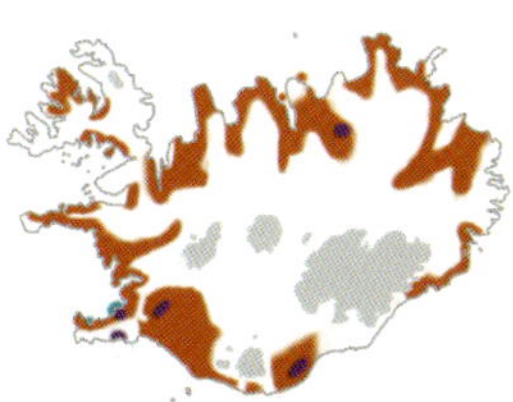

Vogel des Tieflands, selten im Hochland. Siedelte sich Ende des 19. Jhs. in Island an und ist heute abgesehen von der Eiderente die häufigste Tauchente am Mývatn-See, inzwischen zahlreicher als die Bergente. Reiherenten überwintern vor allem in Irland, aber auch auch in England; Imm. ziehen nach Frankreich und bis nach Marokko. Etwa 500–1.000 Vögel sind wintersüber in S- und SW-Island und am Mývatn anzutreffen. Die Verbreitungsgebiete liegen in Europa und quer durch Asien bis zum Pazifik.

Bergente

Aythya marila

DIE BERGENTE ist eine mittelgroße Tauchente, die der Reiherente ähnelt. Aus der Ferne wirkt der Erpel vorne und hinten dunkel und dazwischen hell. PK ♂: Kopf schwarz und grünlich schimmernd, Brust schwarz, Bauch und Flanken weiß. Rücken, Schulterfedern und Vorderflügel silbergrau meliert, Flügelbinden weiß, Bürzel und Unterschwanzdecken schwarz, Schwanz graubraun. SK ♂: graue, matte Flanken. ♀: Kopf, Hals, Brust, Rücken und Schulterfedern dunkelbraun, oft fein grau meliert. Heck dunkelgrau, Flanken gelbbraun gemasert, Bauch weiß. Weiße Flügelbinde, dunkelbraune Flügeldecken, Schnabelbasis von weißem Ring umgeben. Imm. ähneln ♀, sind aber insgesamt dunkler und haben hellere Kopfseiten. Der Unterflügel ist bei beiden Geschlechter hell.

Schnabel bei beiden Geschlechtern blaugrau mit schwarzem Nagel, Beine blaugrau mit dunkleren Schwimmhäuten. Iris bei Ad. gelb, braun bei Imm.

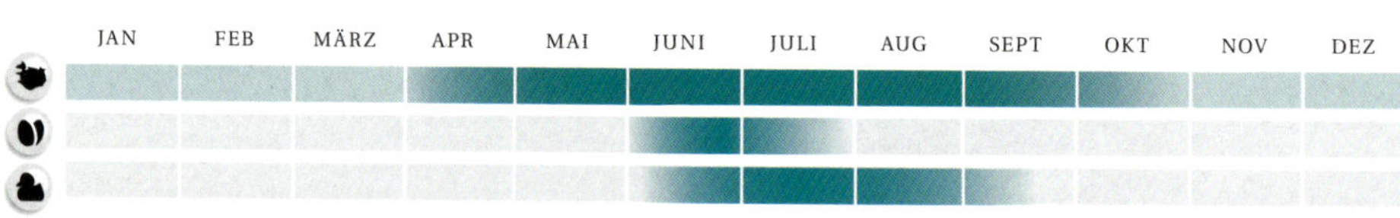

Verbreiteter Brutvogel / größtenteils Zugvogel

LÄNGE	SPANNWEITE	GEWICHT	GELEGE	BRUT	AUFZUCHT	BRUTPAARE
42–51 cm	72–84 cm	1 kg	7–11 Eier	26–28 Tage	40–45 Tage	3.000–5.000

1. ♂♂ | 2. ♀ mit Küken | 3. ♂

Verhälten ähnlich wie Reiherenten; von ihnen zu unterscheiden durch Größe und rundlicheren Kopf, ♂ am helleren Rücken, ♀ an hellerer Färbung und größeren hellen Flecken am Kopf. Immer gesellig.

Leises Knurren zur Brutzeit, ansonsten stumm.

Ernährt sich von tierischer Kost, taucht bis zum Grund nach ähnlicher Nahrung wie Reiherente, aber mit größerem Anteil an Wasserflöhen. Außerdem gehören Grünalgen, Laichkräuter und Stichlinge zum Nahrungsspektrum.

Seen und Teiche sowohl in höheren Lagen als auch im Tiefland. Nistplatz in Wassernähe, manchmal in verstreuten Kolonien, nicht selten in der Nähe von Lachmöwen und Küstenseeschwalben.

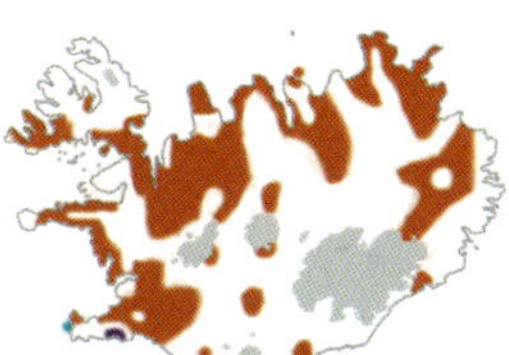

Gut getarntes Nest in Binsen, Gebüsch oder anderer Vegetation. Im Winter vorzugsweise in windgeschützten Meeresbuchten anzutreffen.

Größte Verbreitung in N-, NO- und O-Island, aber auch an einigen Stellen im zentralen Hochland recht häufig anzutreffen, in den Westfjorden am seltensten. Die Winterquartiere liegen vor allem an den Küsten Irlands, Englands und Hollands, aber auch an anderen europäischen Küsten. Einige Vögel überwintern in Gruppen in SW-Island. Im Tundragürtel der nördlichen Hemisphäre verbreitet.

Eisente

Clangula hyemalis

EIN CHARAKTERISTISCHER VOGEL auf größeren und kleineren Seen und Teichen im Hochland. Eher kleine Tauchente, die als einzige im Winter einen hellen Rumpf und dunkle Flügel und das Gefieder öfter als andere Enten wechselt. PK: Beim ♂ bilden die mittleren Steuerfedern außer während der Mauser im Spätsommer auffallend lange Schwanzspieße. Im Sommer ist er an Kopf, Hals, Brust und Rücken dunkelbraun, mit weißen Flecken an den Kopfseiten und weißen Flanken. Im Winter sind Kopf, Rücken und obere Brust hell, die Kopfseitenflecken dunkel. Diverse Zwischenstufen werden hier nicht beschrieben. ♀ hat im Winter ein dunkles und helles Kopfmuster, einen breiten dunklen Halsring; ansonsten oben graubraun und unten weiß. Im Sommer ist ♀ an Kopf und Brust dunkler, und die Oberseite ist dunkelbraun. Beide Geschlechter haben völlig dunkle Flügel ohne Spiegel.

Schnabel an Basis und Spitze beim ♂ dunkel, cremefarben in der Mitte; blaugrau beim ♀. Die Beine beider Geschlechter sind blaugrau mit dunkleren Schwimmhäuten, Augen braun.

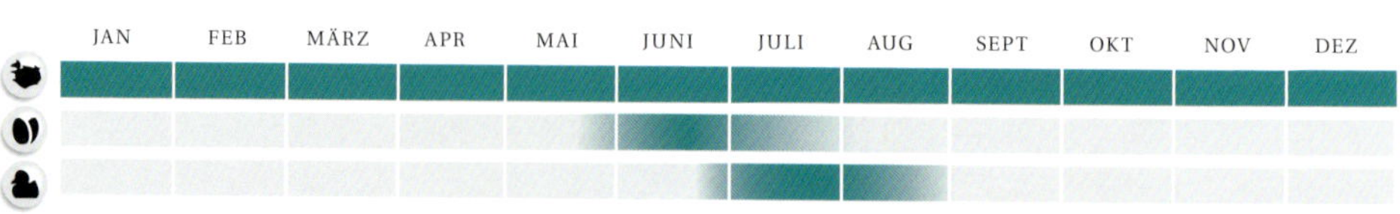

Verbreiteter Brutvogel / Teilzieher / Wintergast

1.

2.

LÄNGE	SPANNWEITE	GEWICHT	GELEGE	BRUT	AUFZUCHT	BRUTPAARE/BESTANDGRÖSSE
40–47 cm	73–79 cm	750 g	6–9 Eier	um 26 Tage	35–40 Tage	2.000–3000/110.000 im Winter

1. ♂ ♀ im Winterkleid | 2. ♂ im Sommerkleid | 3. ♂ im Winterkleid

Eisenten fliegen rasch und niedrig in ungeordneten Trupps und wechseln dabei ständig die Richtung, so dass sie abwechselnd hell und dunkel wirken. Äußerst geschickte Schwimmer und Taucher, die auch nicht vor Brandung zurückschrecken. Gesellig und wenig scheu, jedoch unruhig, ständig tauchend oder auffliegend.

Laute, jodelnde Rufe beim ♂, wesentlich leisere Laute beim ♀.

Eisenten ernähren sich von tierischer Nahrung, im Süßwasser von Krebstierchen, Wasserflöhen und Schildkrebsen. Auf dem Meer tauchen sie zum Grund nach Muscheln, Flohkrebsen und Würmern.

Eisenten brüten hauptsächlich im Hochland, aber auch an Strandlagunen und Seen im Tiefland. Nest meist in Wassernähe, gut getarnt in reichlich Vegetation und dick mit Daunen gepolstert. ♂♂ mausern vorwiegend auf See. Eisenten überwintern auf dem Meer.

Im Flachland Nordislands verbreiteter als in Südisland. Im Winter sind hierzulande isländische Vögel und Wintergäste aus nördlicheren Regionen anzutreffen. Zur Zugzeit und im Winter schließen sie sich zu großen Trupps auf dem Meer zusammen. Die Eisente weiß ein kaltes Klima zu schätzen und brütet in den Polarregionen der nördlichen Hemisphäre.

3.

Kragenente

Histrionicus histrionicus

DIE KRAGENENTE ist eine kleine dunkle Tauchente mit kurzem Hals, hoher stirn und zugespitztem Schwanz, die an reißenden Flüssen und Brandungsküsten lebt. PK: ♂ ist äußerst attraktiv mit dunkelblauer Grundfarbe und zahlreichen weißen, schwarz gesäumten Markierungen. Flanken und Oberkopfseiten rostbraun, Flügel dunkel mit unauffälligen, schmal weißen Flügelfeldern, Schulterfedern mit weißen Längsbinden. SK: ♂ matter, Imm. ähnlich, aber Muster des PK andeutungsweise vorhanden. ♀ ist schwarzbraun, het aber weiße Flecken an den Ohrdecken und zwischen Schnabel und Auge; Bauch heller.

Schnabel kurz und blaugrau; Beine blaugrau bei ♂ oder grünlich bei ♀; Augen braun.

Schneller Flug flach über dem Wasser. Kragenenten fliegen selten über Land, sie folgen den Flussläufen und unterqueren sogar Brücken. Sie sind sehr geschickte Schwimmer und Taucher und schrecken weder vor reißenden Strudeln noch schäumender Brandung zurück. Sie schwimmen

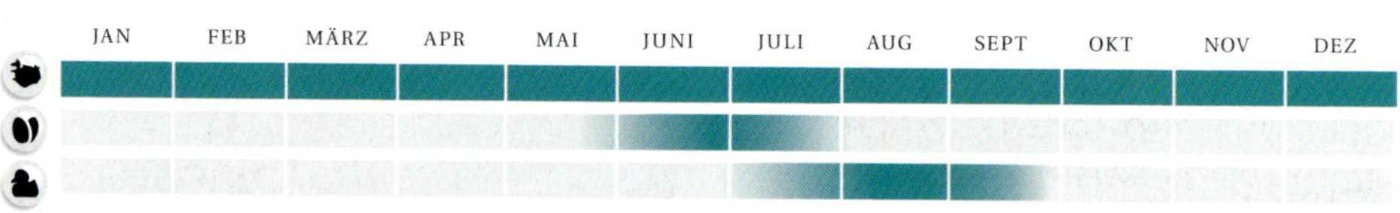

Verbreiteter Brutvogel / Standvogel

1.

2.

LÄNGE	SPANNWEITE	GEWICHT	GELEGE	BRUT	AUFZUCHT	BRUTPAARE/BESTANDGRÖSSE
38–45 cm	63–69 cm	600 g	4–8 Eier	27–29 Tage	63–70 Tage	3.000–5.000/14.000 im Winter

1. ♂ | 2. ♂ ♀ | 3. ♂

häufig mit gespreiztem Schwanz und nicken mit dem Kopf. Kragenenten sind nicht scheu und gesellig, außerhalb der Brutzeit meist in kleinen, dichten Trupps anzutreffen. ♀♀ kümmern sich um Brut und Aufzucht der Jungen, ♂♂ ziehen zur Küste, um zu mausern.

♫ Eher stumm, bei balzendem ♂ leises Pfeifen, rauhes Krächzen beim ♀.

Tierische Kost, im Sommer leben Kragenenten vor allem von Puppen und Larven der Kriebelmücken, nach denen sie in Stromschnellen tauchen, aber auch von Zuckmücken- und Köcherfliegenlarven. Im Meer besteht die Nahrung aus unterschiedlichen Kleintieren wie Tangläusen, Flohkrebsen und kleinen Mollusken.

Habitat im Sommer an reißenden, klaren Flüssen und Abflüssen von Seen, wo es genug Kriebelmücken gibt. Nistplatz an Flußufern oder auf kleinen Inseln, gut getarnt zwischen Steinen oder in der Vegetation. Lebt außerhalb der Brutzeit an felsigen Küsten mit viel Brandung.

Innerhalb Europas brüten Kragenenten nur in Island. Vorkommen ansonsten im östlichen Sibirien, in Grönland und in den nördlichen Regionen von Nordamerikas O- und W-Küste.

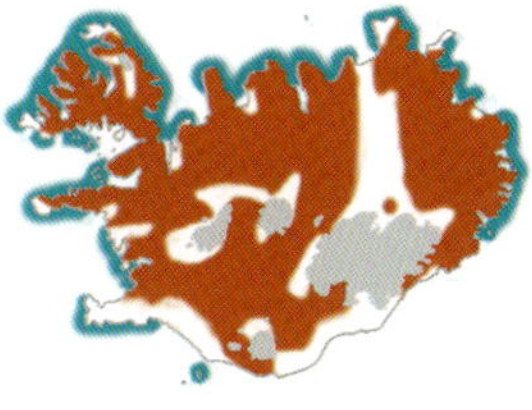

3.

Spatelente

Bucephala islandica

DIE SPATELENTE ist die charakteristische Ente für den See Mývatn; sie ist mittelgroß und hat ein auffälliges Kopfprofil. Aus der Ferne wirkt das ♂ oben dunkel und unten hell. PK ♂: Kopf schwarz und blau schillernd, buschige Nackenfedern und steile Stirn; zwischen Schnabel und Auge weißer, halbmondförmiger Fleck. Weiß an Hals, Brust, Bauch und Flanken; Rücken und Heck schwarz mit einer Reihe ovaler weißer Flecken auf den Schulterfedern. Flügel schwarz mit weißen Spiegeln und weißen Mitteldecken. Im SK ähnelt ♂ dem ♀, aber Kopf und Schnabel sind dunkler. Imm. sind braun, der Fleck am Schnabel ist undeutlich. ♀: Kopf schokoladenbraun mit weißem Halsring, Rumpf dunkelgrau und Brust weiß. Kopfform und Flügelzeichnung ähnlich wie beim ♂. Die Geschlechter unterscheiden sich von der Größe her mehr als bei anderen Enten.

Kurz, steil und blauschwarz beim ♂; schwarz mit mehr oder weniger gelber Spitze beim ♀. ♂ und ♀ haben gelbrote Beine mit dunklen Schwimmhäuten und gelbe Augen. Augen bei Imm. gelbbraun.

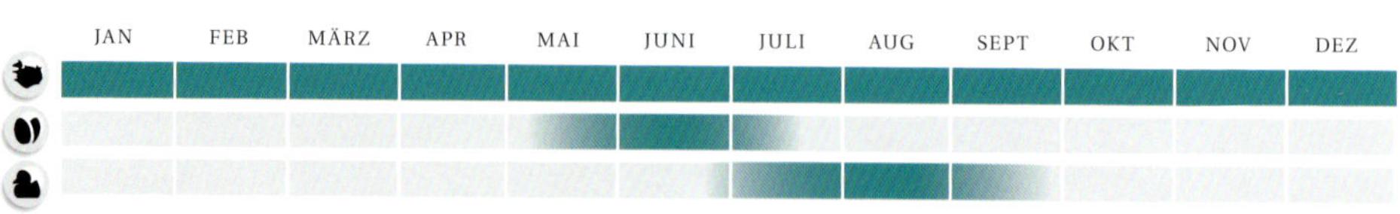

Seltener, lokaler Brutvogel / Standvogel

LÄNGE	SPANNWEITE	GEWICHT	GELEGE	BRUT	AUFZUCHT	BRUTPAARE
42–50 cm	67–84 cm	1 kg	8–12 Eier	28–30 Tage	ca. 70 Tage	800–900

1. ♂♂ | 2. junge Erpel | 3. ♀ mit Küken

Im Flug erzeugen die Flügel ein spezielles Geräusch. Lebhaftes Balzverhalten des ♂ in der gesamten ersten Jahreshälfte. Erpel eignen sich ein Revier auf dem Wasser an und verteidigen es vehement gegen Konkurrenten. Wendige Schwimmer, auch in starker Strömung. Außerhalb der Brutzeit gesellig.

Raue, nasale Laute, aber meist stumm.

Taucht nach tierischer Nahrung, Ad. leben von diversen Krebstieren und Mückenlarven, die Jungen gedeihen am besten mit reichlich Kriebelmückenlarven.

Nährstoffreiche Binnenseen und Quellflüsse. Spatelenten brüten in Höhlen und Spalten von Felsen und Lavafeldern, in Öffnungen von Stallungen, in Brutkästen und manchmal auch in dichter Vegetation. Das Nest wird mit Daunen gepolstert.

Spatelenten brüten innerhalb Europas nur in NO-Island, vor allem am Mývatn-See und seinem Abfluss Laxá; andernorts nur sehr wenige Paare nachgewiesen. Die Vögel bleiben auch wintersüber in ihrem Habitat, doch einige ziehen zu eisfreien Seen und Flüssen in S-Island. Das Hauptverbreitungsgebiet der Spatelente liegt in den Rocky Mountains, sie kommt aber auch in NO-Kanada vor und hat bis vor kurzem in SW-Grönland gebrütet.

Trauerente

Melanitta nigra

MITTELGROSSE TAUCHENTE, leicht an ihrer Färbung zu erkennen. Das ♂ ist glänzend schwarz; Flugfedern sind grau, die Handschwingen am hellsten. Einjährige Erpel sind an Brust, Flanken und Oberseite schwarz gestrichelt. ♀ ist dunkelerdbraun, Wangen und Kehle deutlich hellgrau oder gelblich, Kopf, Nacken, Hinterhals schwarzbraun, Bauch hell. Die Flügel sind ähnlich wie beim ♂. Imm. ähnlich wie ♀, aber insgesamt heller.

Schwarz; beim ♂ orangeroter Fleck auf dem Oberschnabel, der gelegentlich auch beim ♀ ansatzweise vorhanden ist. Schnabelfirst beim ♂ vor dem Fleck mit Höcker. Dunkle Beine und Augen.

Kräftig gebaute Ente, mit spitzem Schwanz und rundem Kopf. Kraftvoller, flattriger Flug mit schnellen Flügelschlägen, die ein pfeifendes Geräusch erzeugen. Schwimmt hoch auf dem Wasser, oft mit gespreiztem Schwanz und hochgerecktem Hals. Eleganter Taucher, aber an Land schwerfällig. Gesellig und eher scheu.

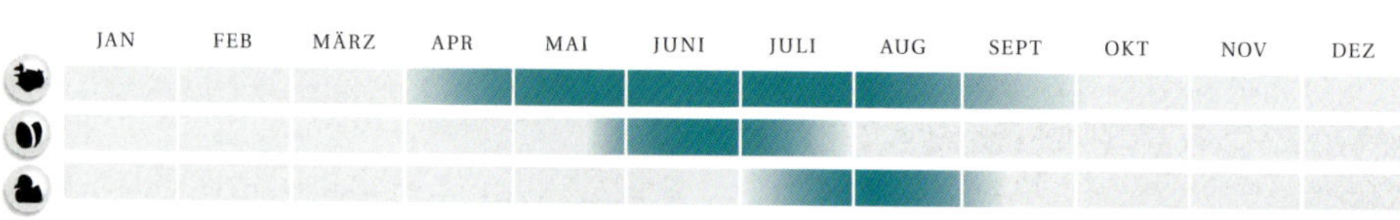

Seltener, lokaler Brutvogel / Zugvogel

1.

2.

LÄNGE	SPANNWEITE	GEWICHT	GELEGE	BRUT	AUFZUCHT	BRUTPAARE
44–54 cm	70–90 cm	1 kg	7–10 Eier	30–31 Tage	45–50 Tage	400–500

1. ♂ ♀ | 2. ♀ mit Küken | 3. ♂

♂ sanft pfeifender oder grollender Ruf, knarrende Laute beim ♀.

Ernährt sich wie andere Tauchenten von tierischer Kost, ist im Süßwasser vor allem auf kleine Krebstiere und Mückenlarven, aber auch Algen spezialisiert; im Meer besteht die Nahrung aus kleinen Krebstieren, Miesmuscheln, aber auch Jungfischen.

Brütet an eutrophen Seen und Teichen. Das Nest wird normalerweise gut getarnt unter Sträuchern oder in anderer Vegetation von Sumpfgebieten angelegt und besteht aus Moos, Laub und anderen Pflanzenteilen, gepolstert mit Daunen. Außerhalb der Brutzeit lebt die Trauerente auf dem Meer. Bald nachdem das ♀ die Eier abgelegt hat, zieht das ♂ zum Meer um zu mausern.

Nirgends verbreitet außer am Mývatn-See und einigen anderen Seen in N-Island. Während der Zugzeit auch andernorts anzutreffen, größere Trupps von Erpeln mausern unterhalb der steilen Schutthänge östlich von Hvalnes in SO-Island. Winterquartiere in Westeuopa bis zu den Azoren doch manchmal wurden Individuen in der Bucht Skjálfandi in N-Island gesichtet. Brutvögel in Europa und Asien.

3.

Eiderente

Somateria mollissima

GROSSE UND FAST AUSSCHLIESSLICH auf See lebende Tauchente; häufigste Ente Islands. Breit gebaut, der Kopf ist groß und länglich, der Schwanz kurz. PK ♂: Rücken weiß, Bauch schwarz, schwarze Kopfhaube, hellgrüne Nackenflecken und rosa angehauchte Brust. Flügel schwarz mit weißen Vorderrändern und langen, weißen Schulterfedern. Weißer Fleck seitlich am Steiß. ♂ ist im 1. Winter dunkelbraun mit hellerer Brust und Schulterfedern, hellt nach und nach an Kopf und Oberseite auf und ist im 2. Winter wie ein scheckiger ad. Erpel. SK ♂: ähnelt Imm., insgesamt aber dunkler, fast schwarz, auch an der Brust. ♀ ist dunkelrotbraun, unten quergebändert, oben dunkel gefleckt, fein gestrichelt an Kopf und Hals; keine andere Ente hat diese Zeichnung. Flügelspiegel undeutlich, lilablau mit hellen Rändern. Junge Erpel sind dunkler und einheitlicher gefärbt.

Schnabel eher kurz und hoch; wirkt im Profil dreieckig und geht in die flache Stirn über; gelbgrün beim ♂ und grau beim ♀. Beide Geschlechter haben graugrüne Beine und braune Augen.

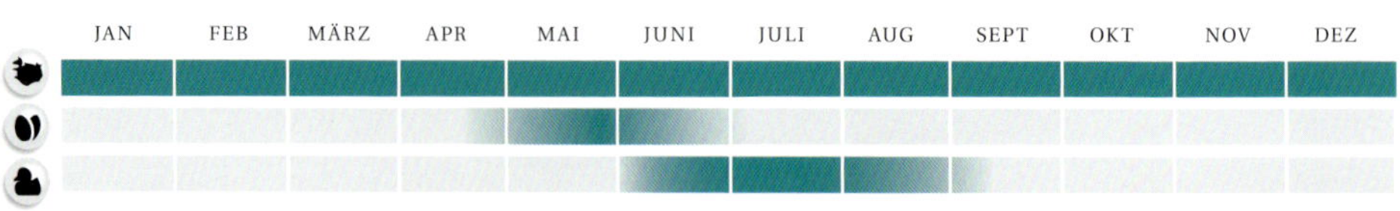

Sehr verbreiteter Brutvogel / Standvogel / Wintergast

1.

2.

LÄNGE	SPANNWEITE	GEWICHT	GELEGE	BRUT	AUFZUCHT	BRUTPAARE/BESTANDGRÖSSE
50–71 cm	80–108 cm	2 kg	3–6 Eier	25–28 Tage	65–75 Tage	~300.000/850.000 im Winter

1. ♀ ♂ ♂ ♀ | 2. ♂ 1. Winter | 3. ♂ im Tarnkleid

Schwerfälliger, direkter und schneller Flug knapp über den Wellenkämmen. Tut sich schwer beim Aufflug, taucht exzellent. Aufrechter, watschelnder Gang. Immer gesellig und meist nicht scheu.

Weiches tiefes „u-u-u" beim ♂, tuckernde Laute beim ♀.

Diverse tierische Nahrung, nach der die Vögel in flachen Küstengewässern tauchen. Miesmuscheln sind ein wichtiger Bestandteil der Nahrung, aber auch andere Klappmuscheln, Meeresschnecken, Borstenwürmer, Seesterne und Krebse. Wenn in den Häfen Lodde angelandet wird, tauchen Eiderenten dort nach Laich und anderen Fischabfällen.

Ganzjährig und auch zur Brutzeit Meeresvogel, doch einige wenige Vögel brüten bis zu 20 km landeinwärts. Koloniebrüter, gern auf kleineren oder größeren Inseln, aber auch auf dem Festland, wenn Menschen die Kolonien schützen. Das offene, mit den wertvollen Eiderdaunen gepolsterte Nest wird meist zwischen Bodenerhebungen oder in von Menschen eingerichteten Brutplätzen angelegt.

Häufig in sehr großen Trupps anzutreffen: 100.000–200.000 Erpel mausern in der Bucht Faxaflói. Die Brutgebiete von Eiderenten liegen zirkumpolar an den Küsten der nördlichen Hemisphäre.

3.

Brandgans

Tadorna tadorna

GROSSER UND BUNT GEFÄRBTER Entenvogel, der aber viel Ähnlichkeit mit Gänsen aufweist. Aus der Ferne überwiegt die weiße Farbe. Kopf und Hals sind schwarz mit grünem Schimmer; das breite braune Brustband reicht bis auf den Rücken. Ein dunkles Bauchband zieht sich von der Brust bis zum gelblichen Steiß; Schwanzspitze dunkel. Schulterfedern schwarz, Hand- und Armschwingen schwärzlich mit grünem Spiegel. Ansonsten sind die Flügel weiß. Beide Geschlechter sehr ähnlich; ♂ ist jedoch kräftiger gefärbt und hat einen leuchtend roten Höcker an der Schnabelbasis. Während der Mauser sind Ad. heller und matter gefärbt, ähnlich wie Imm., die an der Oberseite graubraun, an Flügeln und Vorderhals weißlich, und an der Unterseite ungemustert sind.

Der Schnabel beider Geschlechter ist rot; ♂ hat vor allem zur Brutzeit einen leuchtend roten Schnabelhöcker. Rosarote Beine. Bei Imm. sind Schnabel und Beine graurosa.

Brandgänse liegen hoch auf dem Wasser, sind auch an Land gut beweglich

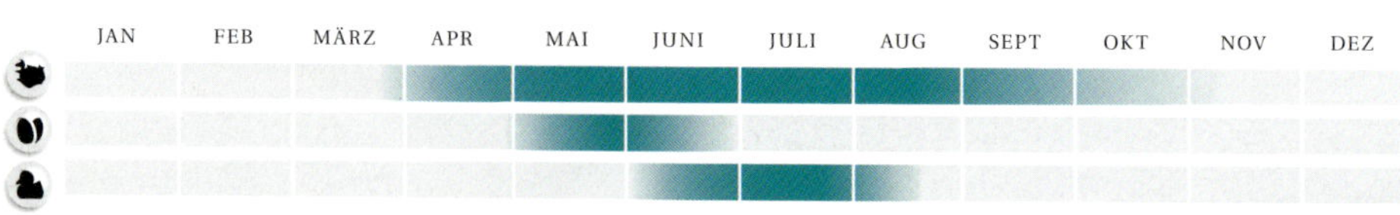

Seltener Brutvogel / Zugvogel

LÄNGE	SPANNWEITE	GEWICHT	GELEGE	BRUT	AUFZUCHT	BRUTPAARE/BESTANDGRÖSSE
58–67 cm	110–133 cm	1,1 kg	8–11 Eier	29–31 Tage	45–50 Tage	50–100/~1.000 im Herbst

1. ♂ | 2. Jungvogel | 3. ♂

und fliegen rasch und ohne Anlauf auf. Im Flug auffallend langer Hals wie bei Gänsen, und wie sie kümmern sich beide Eltern um Brut und Aufzucht, doch durch ihre Färbung unterscheiden sie sich von den eigentlichen Gänsen.

Nur zur Brutzeit stimmfreudig, ♂ ruft laut pfeifend und zwitschernd, ♀ nasal und hart quakend.

Futtersuche in Watt- und Schlickgebieten, bei seitlicher Kopfhaltung seihen die Vögel mit dem Schnabel Algen, Mollusken, Insekten und Würmer aus dem Schlamm. In flachen Gewässern gründeln sie.

Watt- und seichte Ufergebiete. Andernorts brütet Brandgänse häufig in Kaninchenlöchern in Meeresnähe. Die in Island bekannten Nistplätze befinden sich bei menschlichen Bauwerken und Müllplätzen.

1990 wurde der erste Brutversuch von Brandgänsen im Eyjafjörður nachgewiesen. Seitdem haben sie sich ständig vermehrt und ausgebreitet und brüten nun in fast allen Landesteilen. Das Hauptvorkommen ist im Borgarfjörður, wo sich im Spätsommer Hunderte von Vögeln aufhalten. Isländische Brandgänse sind zum größten Teil Zugvögel, deren Winterquartiere nicht bekannt sind. Vereinzelt wurden Individuen mitten im Winter gesichtet. Brütet an vielen europäischen Küsten und quer durch die Mitte von Eurasien bis nach China.

Gänsesäger

Mergus merganser

DER GÄNSESÄGER ist die größte Ente der isländischen Binnengewässer. Ad. Erpel wirken aus der Entfernung oben schwarz und unten weiß. PK ♂: überwiegend sahneweißes Gefieder, lachsrosa überhaucht; Kopf dunkelgrün schillernd mit etwas buschigen Nackenfedern statt Haube. Schwarzer Rücken, graues Heck. Im SK ähnelt ♂ dem ♀, ist aber an Oberseite und Flanken heller. ♀ hat einen blaugrauen Rumpf, der Kopf ist rotbraun mit deutlich abstehender Haube; durch weiße Kehle und scharfe Absetzung des braunen Halses von der Brust vom Mittelsäger ♀ zu unterscheiden. Beide Geschlechter haben große, weiße Flügelfelder, aber größer beim ♂, und nicht unterteilt wie beim Mittelsäger.

Bei beiden Geschlechtern lang, schmal und rot mit schwarzer Hakenspitze. Beine rötlich, Augen braun.

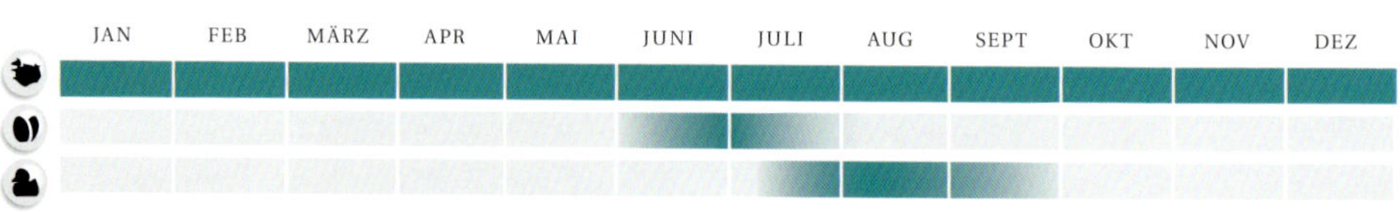

Seltener Brutvogel / Standvogel

1.

2.

LÄNGE	SPANNWEITE	GEWICHT	GELEGE	BRUT	AUFZUCHT	BRUTPAARE
58–66 cm	82–97 cm	1,5 kg	8–11 Eier	30–32 Tage	60–70 Tage	~300

1. ♂ ♀ | 2. ♀ | 3. ♀

Gänsesäger wirken im Flug lang und flach, da sie Hals, Kopf und Körper waagerecht halten; Verhalten ähnlich wie Mittelsäger. Meist in kleinen Gruppen anzutreffen.

Rauer Ruf zur Balzzeit, sonst stumm.

Fischfresser, der nach jungen Forellen, Lachsbrut und Stichlingen taucht; auf dem Meer nach Seeskorpionen, Groppen und Jungfischen anderer Arten.

Vorkommen an fischreichen Binnenseen und strömenden Gewässern. Das Nest wird in Löchern und Höhlungen an Felsen oder Uferböschungen angelegt, aber auch unter Sträuchern oder sogar in verlassenen Gemäuern und Rabennestern. Hält sich im Winter solange es geht auf eisfreien Seen auf, weicht aber bei anhaltendem Frost aufs Meer aus. Die meisten überwinternden Vögel sind am Mývatn-See zu finden.

Möglicherweise verlassen die Erpel zur Mauser Island. Das Verbreitungsgebiet des Gänsesägers liegt auf einem breiten zirkumpolaren Gürtel der nördlichen Hemisphäre.

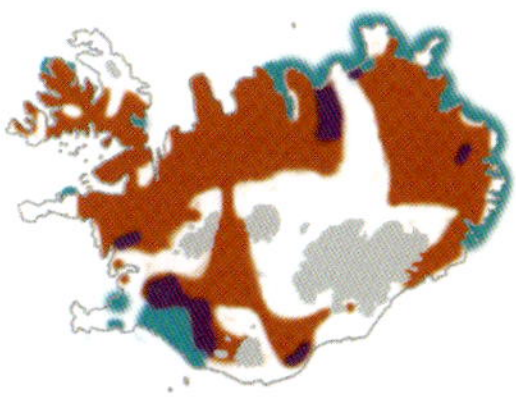

3.

Mittelsäger

Mergus serrator

DER MITTELSÄGER IST Islands häufigster Säger; schlank, stromlinienförmig und mit langem Hals, hat er eine gewisse Ähnlichkeit mit Kormoranen und Seetauchern. Er hat einen langen, schmalen Schnabel und eine zweigeteilte strähnige Kopfhaube. PK ♂: grün schillernder Kopf, dunkler Rücken, graue Flanken mit weißer Binde darüber; Hals weiß, Vorderbrust braun gefleckt, aber Brustseiten schwarz mit weißen Flecken. Imm. Erpel sind matter gefärbt, besonders am Kopf. Im SK ähnelt ♂ dem ♀, ist aber an der Oberseite dunkler. Der Wechsel vom PK zum SK setzt bereits im Mai ein. ♀ ist überwiegend graubraun, Hals und Kopf mit strähnigem Schopf sind hellrotbraun; der farbliche Übergang von hellem Vorderhals zur Brust ist unscharf; dadurch und durch die Größe von ♀ Gänsesäger zu unterscheiden. Beide Geschlechter haben graue Flügeldecken mit weißen Spiegeln; ♂ hat zwei weiße Binden auf den Flügeldecken sowie weiße und schwarze Schulterfedern; dadurch wirken die Flügel innen sehr hell. ♀ hat nur eine weiße Binde auf den Flügeldecken.

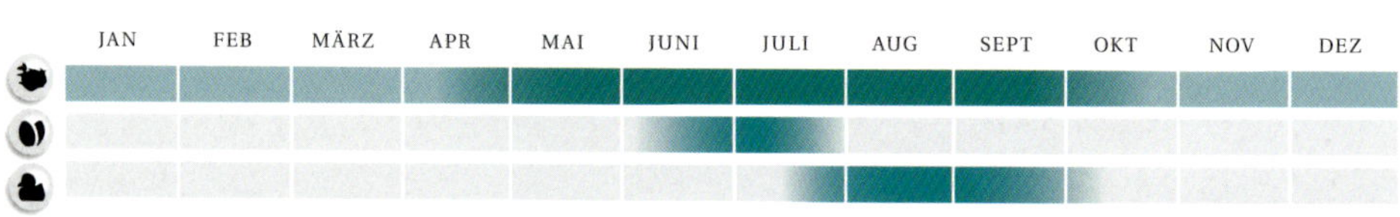

Sehr verbreiteter Brutvogel / Teilzieher

1.

2.

LÄNGE	SPANNWEITE	GEWICHT	GELEGE	BRUT	AUFZUCHT	BRUTPAARE/BESTANDGRÖSSE
52–58 cm	70–86 cm	1,1 kg	8–11 Eier	31–32 Tage	60–65 Tage	2.000–4.000/10.000 im Winter

1. ♂ ♀ | *2.* ♀ | *3.* ♂

Rot, schmal, lang und gezähnt, was festen Zugriff auf schlüpfrige Fische ermöglicht. Rote Beine mit dunklen Schwimmhäuten, rote Augen. Farben beim ♀ insgesamt schwächer.

Fliegt meist niedrig und schnell mit kräftigen Flügelschlägen. Gesellig, oft in kleinen Trupps. Balzverhalten des ♂ gegen Ende des Winters und im Frühjahr sehr lebhaft und eindrucksvoll. Ausgezeichneter Taucher, aber auch an Land nicht unbeholfen. Taucht mit einem Sprung ab.

Meist stumm; heisere Rufe zur Balzzeit.

Als Fischfresser ernähren sich Mittelsäger meist von Stichlingen, aber auch jungen Lachsen und Forellen. Gelegentlich in kleineren Trupps zu beobachten, die ihre Beute in seichtes Wasser treiben.

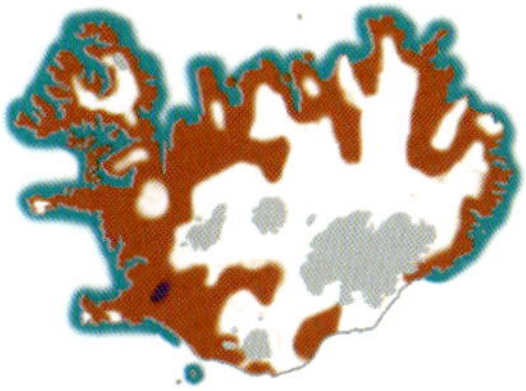

Mittelsäger brüten an Seen, Flüssen und Küstengebieten, hauptsächlich im Flachland, selten im Hochland. Das Nest wird gut getarnt in Erdspalten oder Löchern angelegt und mit dürrem Gras und Daunen gepolstert. Im Winter ziehen Mittelsäger zum Meer; ♂ mausern vorwiegend auf See. Im Winter sehr viel seltener auf Binnenseen anzutreffen als Gänsesäger.

Ein Teil der Population überwintert auf den Britischen Inseln. Die Verbreitungsgebiete liegen in einem breiten Gürtel zirkumpolar.

3.

Sterntaucher

Gavia stellata

DER STERNTAUCHER ist ein stromlinienförmiger Vogel; er gleicht dem Eistaucher, ist aber kleiner und grauer; die Oberseite ist dunkel, die Unterseite heller, die Flügel sind lang und schmal. PK: Kopf und Halsseiten grau, im Nacken vertikale schwarzweiße Streifen, rotbrauner Kehlfleck. Oberseite graubraun; Brust, Bauch und Unterflügel weiß, Flanken gebändert. SK: Oberkopf und Hinterhals grau, Kopf und Hals weiß; Rücken grau und fein weiß gemustert, Bauch weiß. Imm. sind ähnlich, aber insgesamt an Rücken, Kopf und Hals brauner und dunkler.

Schmal, spitz , grauschwarz und leicht aufgeworfen, im Winter heller. Beine aschgrau, Augen rot, bei Imm. braun.

Ähnelt in vieler Hinsicht dem Eistaucher, an Land außerordentlich unbeholfen; durch den schmaleren, schräg aufwärts gerichteten Schnabel vom Eistaucher zu unterscheiden. Benötigt zum Auffliegen Anlauf auf dem Wasser. Die Beine überragen beim Fliegen den Schwanz, Bauchlandung auf dem Wasser. Einzeln oder in kleinen Gruppen anzutreffen.

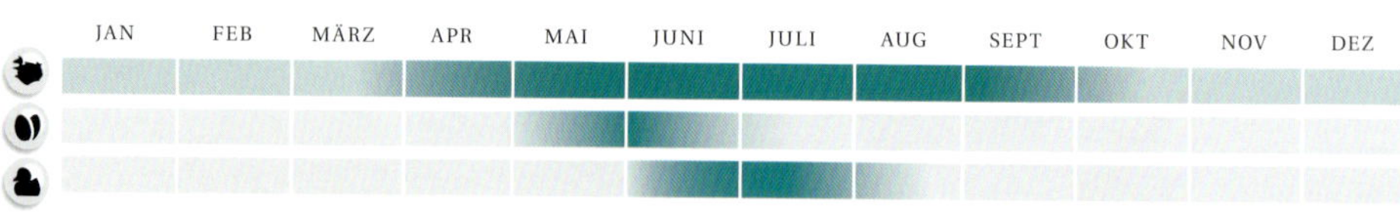

Verbreiteter Brutvogel / größtenteils Zugvogel

1.

2.

LÄNGE	SPANNWEITE	GEWICHT	GELEGE	BRUT	AUFZUCHT	BRUTPAARE
53–69 cm	106–116 cm	1,7 kg	2 Eier	26–28 Tage	ca. 42 Tage	1.000–2.000

1. Altvogel | 2. Jungvogel/Schlichtkleid | 3. Altvogel

Schwimmend klagende Laute; im Flug laute Rufe, die an eine heisere Gans erinnern.

Fischfresser, der in Binnenseen nach Stichlingen oder jungen Forellen taucht. Wenn Sterntaucher an kleinen Teichen und Tümpeln brüten, fliegen sie zur Nahrungssuche aufs Meer, um Sandaale zu erbeuten, oder zu größeren Seen, wo sie junge Forellen fangen, und in Flussmündungen sogar Flundern. Wintersüber auf dem Meer besteht die Nahrung hauptsächlich aus Sandaalen, Jungfischen von Seelachsen und auch Lodde, und in geringem Umfang auch aus Krebstieren und Mollusken.

Sterntaucher brüten an Teichen, Seen, Flüssen und Bächen, meist in der Nähe von fischreichen Gewässern, in Meeresnähe sogar manchmal in verstreuten Kolonien. Nistet wie Eistaucher direkt am Ufer. Hält sich im Winter auf dem Meer auf.

In ganz Island verbreitet, aber am häufigsten in Küstennähe anzutreffen. Der größte Teil der Population zieht im Winter nach Westeuropa; in Island überwinternde Vögel halten sich an der S- und SW- Küste auf. Die Verbreitungsgebiete sind zirkumpolar.

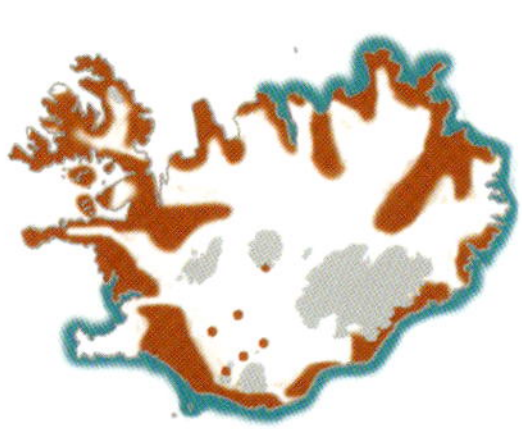

3.

Eistaucher

Gavia immer

GROSSER UND KRÄFTIGER Wasservogel, einer der charakteristischen Bewohner einsamer Seen des isländischen Hochlands. PK: schwarz und glänzend an Kopf und Hals; vertikal gestreiftes schwarz-weißes Halsband; Brustseiten ähnlich gestreift. Rücken mit schwarz-weißem Schachbrettmuster und weißen Punkten, besonders ausgeprägt auf den Schulterfedern. Brust und Bauch sind weiß, die Flügel oben dunkel, unten hell. SK: Oberseite graubraun, Kopf und Nacken dunkler, Wangen und Brust weiß. Imm. sind ähnlich wie Ad. im SK; helle Federränder bilden ein Schuppenmuster auf dem Rücken. Beide Geschlechter sehen gleich aus. Im Winter ähneln sich Eis- und Sterntaucher; doch Eistaucher sind größer, dunkler und kräftiger und haben einen größeren Schnabel, den sie waagerecht halten.

Schwarz und dolchförmig, im Winter heller. Beine dunkelbraun, Iris dunkelrot.

Der Eistaucher fliegt mit kraftvollem Flügelschlag. Der Hals weist im Flug nach unten, die Beine ragen über den Schwanz hinaus. Geschickter Schwimmer, der tief

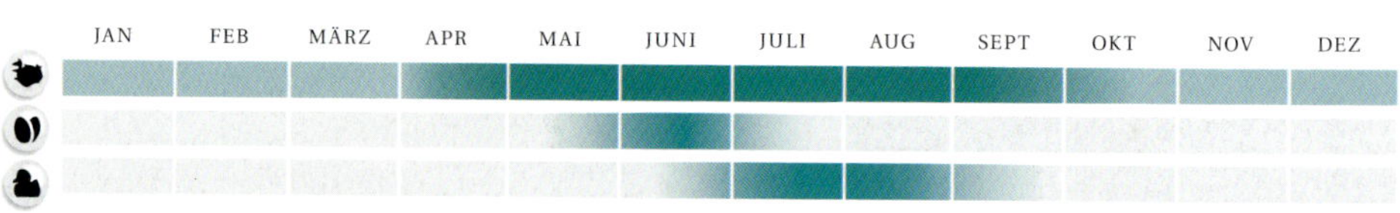

Seltener Brutvogel / Teilzieher

LÄNGE	SPANNWEITE	GEWICHT	GELEGE	BRUT	AUFZUCHT	BRUTPAARE
69–91 cm	127–147 cm	3,5 kg	2 Eier	25–30 Tage	56–77 Tage	~300

1. Altvogel | 2. Jungvogel/Schlichtkleid | 3. Altvogel

im Wasser liegt, exzellenter Taucher; zum Auffliegen benötigen Eistaucher einen Anlauf, und sie landen auf dem Bauch, da sie im Gegensatz zu den meisten anderen Wasservögel die Beine nicht vorstrecken. Seetaucher sind nicht imstande zu gehen. Sie kommen nur zur Brut an Land und rutschen dann auf dem Bauch zum Nest und zurück ins Wasser. Einzeln, in Paaren oder kleinen Trupps anzutreffen.

Laute, langgezogene, klagende Rufe. Stimmfreudig während der Brutzeit, vor allem nachts; sonst stumm.

Fischfresser. An Binnenseen stellen Forellen die Hauptnahrung dar, bei den Jungen Stichlinge. Auf dem Meer fischen Eistaucher nach Jungfischen von Seeskorpionen, Seelachsen, Kabeljaus und Seespinnen.

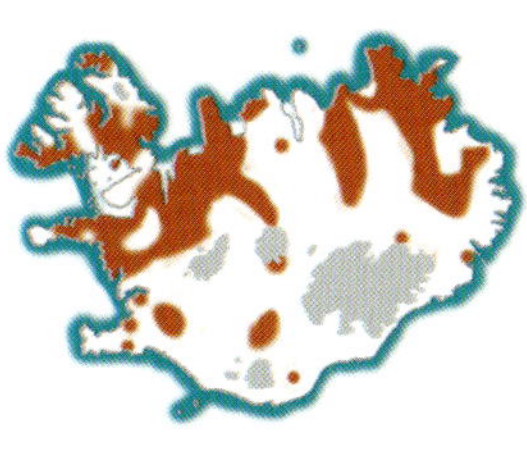

Brütet an Seen und Teichen mit Forellenbestand, vom Tiefland bis in 600 m Höhe. Das Nest besteht aus einer großen, flachen Vertiefung am Ufer oder auf einer kleinen Insel; häufig bildet sich eine deutliche Schleifspur vom Ufer zum Nest. Hält sich im Winter auf dem Meer in Küstennähe auf; Imm. verbringen den Sommer meist auf See.

Die isländischen Standvögel halten sich im Winter an der Küste auf, Zugvögel ziehen zu den Küsten der Britischen Inseln und Westeuropas. Innerhalb Europas brüten Eistaucher nur in Island; verbreiteter Brutvogel in Nordamerika und Grönland.

Ohrentaucher

Podiceps auritus

DER OHRENTAUCHER ist der einzige Lappentaucher, der in Island brütet. Er erinnert entfernt an eine kleine Ente, weist aber in Verhalten und Aussehen mehr Verwandtschaft mit Seetauchern auf.
PK: Aus der Entfernung wirken die Vögel dunkel; der Kopf ist verhältnismäßig groß und schwarz glänzend, mit auffallenden, goldgelben Federbüscheln hinter den Augen, die sich gegen Ende des Sommers zurückbilden. Hals und Flanken rotbraun, Rücken und Nacken schwärzlich, Bauch weiß. Die Flügeldecken sind dunkel mit weißen Spiegeln. Beide Geschlechter sehen gleich aus. SK: Oberseite dunkel, Unterseite hell; schwarze, dreieckige Scheitelhaube, dunkler Rücken, Nacken und Flanken dunkelfleckig. Imm. ähneln Ad. im SK.

Schwarz und kurz, graue Beine mit Schwimmlappen an den Zehen. Die grellroten Augen befinden sich relativ weit vorn am Kopf.

Ohrentaucher haben Probleme mit dem Auffliegen und fliegen deshalb selten. Trotzem sind sie geschickte Flieger; im Flug überragen die Beine den Schwanz, der

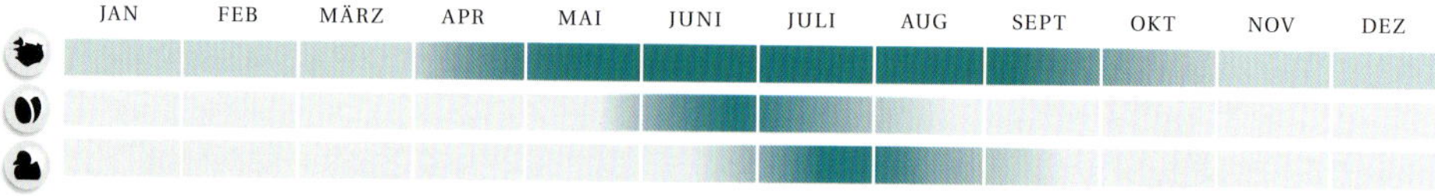

Seltener Brutvogel / größtenteils Zugvogel

LÄNGE	SPANNWEITE	GEWICHT	GELEGE	BRUT	AUFZUCHT	BRUTPAARE
31–38 cm	59–65 cm	450 g	3–6 Eier	22–25 Tage	55–60 Tage	~700

1. Altvogel | 2. Jungvogel/Schlichtkleid | 3. „Binsentanz" während der Balz

Kopf wird tief gehalten. Ausgezeichnete Schwimmer, gute Taucher, aber an Land unbeholfen. Sehr eindrucksvolle Balztänze im Frühjahr. Junge werden während der ersten Wochen von den Eltern gefüttert und häufig auf dem Rücken getragen. Gesellige Vögel, die sich aber zur Brutzeit Reviere sichern.

Zur Brutzeit diverse weit tragende, quäkende und trillernde Rufe.

Im Sommer besteht die Hauptnahrung aus Stichlingen, aber auch aus Schwimmkäfern, Ruderwanzen, Flohkrebse, Mückenlarven und Fliegen. Auf dem Meer setzt sich die Nahrung wohl hauptsächlich aus Kleinfischen und Kleinkrebsen zusammen. Ohrentaucher schlucken zur Verbesserung des Verdauungsprozesses gerne die eigenen abgestoßenen Federn.

Ohrentaucher brüten an vegetationsreichen Seen und Teichen, nicht selten in lockeren Kolonien. Das schwimmende Nest besteht aus abgestorbenen Pflanzenteilen und wird an Stengeln befestigt. Im Winter am ehesten in geschützten, kleineren und größeren Buchten anzutreffen.

Ohrentaucher waren früher mit Ausnahme der Westfjorde überall im isländischen Tiefland verbreitet. Nach 1950 ging der Bestand erheblich zurück, erholt sich aber anscheinend derzeit wieder. Die meisten isländischen Vögel ziehen, doch einige Dutzend Vögel halten sich wintersüber in SW-Island auf. Ohrentaucher brüten in Schottland, Skandinavien, Asien und im Osten von Nordamerika.

LÄNGE	SPANNWEITE	GEWICHT
65–80 cm	132–165 cm	2,6 kg

Schneegans

Anser caerulescens

Praktisch jedes Jahr nachgewiesener Irrgast, der meist in Trupps von Blässgänsen im Frühjahr oder Herbst eintrifft, am häufigsten in SO- und S-Island und an der Faxaflói-Bucht. Die meisten Beobachtungen stammen aus den Monaten April und Mai bzw. September und Oktober, aber kaum je außerhalb dieser Zeiten. Schneegänse sind schneeweiß und haben schwarze Flügelspitzen. Hin und wieder erscheint die dunkle Morphe mit dunklem Rumpf und weißem Kopf. Bei beiden Morphen sind Kopf und Beine rosafarbig. Die Schneegans ist etwa so groß wie die Blässgans, doch die Ganter sind meist etwas größer. Die Verbreitungsgebiete von Schneegänsen liegen in Nordamerika, sie brüten in Alaska und in den Polarregionen Kanadas und NW-Grönlands.

LÄNGE	SPANNWEITE	GEWICHT
56–110 cm	122–183 cm	3,3 kg

Kanadagans

Branta canadensis

Im Frühjahr und Herbst jährlich auftretender Irrgast in Island. Die Kanadagans hat gewisse Ähnlichkeit mit der Weißwangengans, und es gibt etliche Farbvarianten und Unterarten. Kennzeichen: schwarzer Kopf und Hals mit großem, weißem Feld an Kehle und Kopfseiten. Der Rumpf ist bräunlich, die Brust meist heller. Schnabel und Beine sind schwarz. Die größte Variante ist größer als die Graugans, die kleinwüchsigste etwa so groß wie die Ringelgans. Die Kanadagans stammt aus dem nördlichen Nordamerika, brütet aber heutzutage vielerorts in Europa, seit neuestem auch in W-Grönland, und zwar in Brutgebieten von Blässgänsen. In Island werden sowohl amerikanische als auch europäische Kanadagänse gesichtet. Wissenschaftlich wird inzwischen bei Kanadagänsen zwischen zwei Unterarten unterschieden, Kanadagans und Alaskagans *(Branta hutchinsii)*. Zur letzteren werden alle kleinwüchsigeren Formen gezählt, die größeren bleiben weiterhin Kanadagänse.

Zusammen mit Pfeifenten

LÄNGE	SPANNWEITE	GEWICHT
45–46 cm	76–89 cm	740 g

Kanadapfeifente

Anas americana

In Island sind Jahr für Jahr einige Erpel in Trupps mit Pfeifenten anzutreffen, vor allem in der Zeit von Frühjahr bis Sommer, Mitte April bis Anfang Juli. Sie wurden aber auch zu allen anderen Jahreszeiten, und zwar immer wieder an denselben Orten gesichtet, am häufigsten in SW- und NO-Island. Kanadapfeifenten haben sehr viel Ähnlichkeit mit ihren europäischen Verwandten, das ♂ unterscheidet sich aber durch helleren Kopf, weiße Stirn und grünlich schimmernde Kopfseiten. ♀ ist äußerst schwer von europäischen Pfeifenten zu unterscheiden. Man geht davon aus, dass sich ♂ ♂ mit in Amerika überwinternden isländischen Pfeifenten ♀ ♀ paaren und mit ihnen nach Island ziehen.

LÄNGE	SPANNWEITE	GEWICHT
34–38 cm	58–64 cm	350 g

Carolinakrickente

Anas carolinensis

Bisher wurde diese Art als Unterart der europäischen Krickente *(A.c. carolinensis)* geführt, aber sie gilt inzwischen als eigene Allospezies. In Island sind jedes Jahr Irrgäste aus Amerika anzutreffen, vor allem in den Monaten von April bis Juni, doch sie wurden auch in fast allen anderen Monaten nachgewiesen, vergesellschaftet mit ihren europäischen Verwandten. Die Nachweise beziehen sich ausschließlich auf Erpel, da die Enten kaum von europäischen Krickenten zu unterscheiden sind. ♂ hat große Ähnlichkeit mit dem europäischen Vetter, aber statt der waagerechten weißen Linie an den Seiten hat er eine senkrecht oder halbmondförmige Binde an der Vorderflanke. Die Carolinakrickente ist in ganz Nordamerika verbreitet.

LÄNGE	SPANNWEITE	GEWICHT
53–61 cm	85–96 cm	1,2 kg

Dunkelente

Anas rubripes

Tritt seit 1976 als Irrgast hierzulande praktisch jedes Jahr auf; zumeist handelt es sich um mit Stockenten gepaarte Erpel; am häufigsten in S-Island, aber auch in N- oder W-Island nachgewiesen. Die Dunkelente ist in der Färbung einer dunklen ♀ Stockente ähnlich, beide Geschlechter sind ähnlich, doch der Erpel ist etwas dunkler. Von Stockenten an weißen Unterflügeln, leuchtend blauem Spiegel und ganz dunklem Schwanz zu unterscheiden. Der Kopf ist hell und unten am Hals deutlich vom Rumpf abgesetzt. Der Schnabel beim Erpel ist hell, bei der Ente dunkler. Brütet im Osten des nordamerikanischen Kontinents.

LÄNGE	SPANNWEITE	GEWICHT
37–41 cm	60–63 cm	370 g

Knäkente

Anas querquedula

Als Irrgast fast jedes Jahr anzutreffen; Vorkommen vor allem im Mai und Juni, aber manchmal auch bis über Mitte Juli hinaus, vor allem an Orten in SW-, SO- und mittlerem N-Island, die von anderen Entenarten bevölkert werden. Am ehesten mit der Krickente zu verwechseln, doch der Erpel ist an einem breiten weißen Überaugenstreif zu erkennen, der bis in den Nacken reicht, ebenso wie an den überhängenden schwarzen und weißen Schulterfedern. Kopf, Brust, Rücken und Heck sind braun, die Flanken grau gemasert. ♀ hat einige Ähnlichkeit mit ♀ Krickenten, ist aber an den Kopfseiten markanter gestreift. Vorderflügel bei ♂ hell blaugrau, auffallend im Flug, und schwarzer, weiß eingerahmter Spiegel. Verbreiteter Brutvogel in Europa und Asien.

LÄNGE	SPANNWEITE	GEWICHT
42–49 cm	72–82 cm	930 g

Tafelente

Aythya ferina

Tafelenten sind in jedem Jahr am Mývatn-See anzutreffen; ein erster Brutversuch fand 1954 statt, dem seitdem weitere gefolgt sind. Ansonsten häufigste Nachweise in SW-Island, vor allem in der Zeit von April–Juli, aber auch zu anderen Jahreszeiten. Ähnlich der Bergente, aber mit deutlich anderem Kopfprofil; PK ♂: Kopf rotbraun, Brust und Schwanz schwarz, am Rumpf grau. ♀ ist an Kopf und Brust hellbraun, mit hellem Augenstreif und Kehle und grauem Rumpf. Die Tafelente ist ein verbreiteter Brutvogel in Europa und Asien.

LÄNGE	SPANNWEITE	GEWICHT
37–46 cm	61–75 cm	690 g

Ringschnabelente

Aythya collaris

Jährlich auftretende Ausnahmeerscheinung zu allen Jahreszeiten, doch am häufigsten im Frühjahr. Häufig handelt es sich um Erpel, die Jahr für Jahr an denselben Stellen in SW- und SO-Island und am Mývatn-See gesichtet werden. Ringschnabelenten haben eine gewisse Ähnlichkeit mit Reiherenten; der Rücken ist beim ♂ schwarz, die Flanken sind hellgrau mit weißem, senkrechten Keil vorne. Scheitel hoch, aber ohne Schopf; hohe Stirn. ♀ hat einen weißen Augenring und einen weißen Hinteraugenstreif, erinnert ansonsten an Reiherente oder sogar Tafelente. Beide Geschlechter mit grauer Flügelbinde, und bei beiden ist der Schnabel mit dem weißen Ring ein gutes Bestimmungsmerkmal; beim ♂ ist zusätzlich die Schnabelbasis weiß umrandet. Aus der Paarung mit Reiherenten gibt es Hybride. Verbreiteter Brutvogel in nördlichen Teilen Nordamerikas.

LÄNGE	SPANNWEITE	GEWICHT
42–50 cm	65–80 cm	930 g

Schellente

Bucephala clangula

Jährlicher Wintergast, der sich auf Binnenseen meist mit Spatelenten vergesellschaftet, manchmal aber auch auf dem Meer anzutreffen ist; auch im Sommer nachgewiesen, u.a. am Mývatn-See. ♂ ist weißer an den Flanken als Spatelente, wirkt aus der Entfernung überwiegend weiß mit dunklem Kopf. Beim ♂ ist der Fleck vor der Schnabelbasis, kreis- und nicht halbmondförmig wie bei der Spatelente. ♀ ähnelt der Spatelente, hat aber eine weniger steile Stirn und deswegen ein dreieckigeres Kopfprofil. Die weißen Flügelfelder sind auffallender als bei der Spatelente. Schellenten sind in der gesamten nördlichen Hemisphäre verbreitet, die hier nachgewiesenen Vögel stammen vermutlich aus Skandinavien.

LÄNGE	SPANNWEITE	GEWICHT
43–47 cm	70–76 cm	800 g

Scheckente

Polysticta stelleri

Praktisch jährlicher Irrgast, der 1981 zuerst nachgewiesen wurde. Einige Vögel halten sich lange an denselben Orten auf, das bekannteste Beispiel dafür ist ein Erpel, der im Januar 1998 im Borgarfjörður eystri gesichtet wurde, aber sich zum Zeitpunkt der Abfassung dieses Buchs (Mai 2011) immer noch dort befindet. Scheckenten sind mit Ausnahme von S-Island in den meisten anderen Landesteilen nachgewiesen, häufig in Gesellschaft mit Eiderenten oder Kragenenten. Erpel sind öfter nachgewiesen. PK ♂: Unterseite gelb-rostbraun, Kopf, Flanken und Halsseiten hell-weiß, Auge schwarz umrahmt; schwarzer Punkt an den Brustseiten; grüner Fleck vor dem Auge und auffallendes grünes Federbüschel am Hinterkopf. ♀ dunkelbraun mit helleren Flecken und Streifen und hellem Augenring. Das Federbüschel am Hinterkopf ist braun. Bläulicher, weißgeränderter Flügelspiegel. Beide Geschlechter haben einen blaugrauen Schnabel. Arktischer Brutvogel in NO-Sibirien und Alaska.

♂

LÄNGE	SPANNWEITE	GEWICHT
47–63 cm	86–102 cm	1,8 kg

Prachteiderente

Somateria spectabilis

Wie der Name besagt, die „prächtige“ Verwandte der Eiderente, die aus Grönland und Spitzbergen nach Island kommt. Ad. ♂♂ haben einen auffallenden orangefarbenen Höcker vor dem Schnabel; sie sind am Körper überwiegend schwarz. Das ♀ ist nicht unähnlich der weiblichen Eiderente, hat aber ein anderes Kopfprofil und ist tiefer rotbraun, mit schuppigem Muster an Flanken und Brust. Prachteiderenten sind ganzjährig in Island anzutreffen, vor allem aber im Winter. Erpel paaren sich mit isländischen Eiderenten, und jährlich werden hybride ♂♂ gesichtet. Weibliche Prachteiderenten konnten im Sommer kaum je nachgewiesen werden, aber vereinzelt wurden im Frühjahr Prachteiderentenpaare gesichtet.

♀

♂ 1. Winter

LÄNGE	SPANNWEITE	GEWICHT
51–58 cm	90–99 cm	1,6 kg

Samtente

Melanitta fusca

Irrgast, der praktisch jährlich in Island erscheint, vor allem in der Zeit von April bis August; in allen Landesteilen nachgewiesen, aber am häufigsten im südlichen Bereich der Faxaflói-Bucht, und, vergesellschaftet mit anderen schwarzen Enten, vor den Steilhängen Hvalnes- und Þvóttárskríður in SO-Island. Samtenten sind große Enten und ähneln Trauerenten; der Erpel ist ganz schwarz, hat aber einen weißen Fleck unter dem Auge, einen schwarzen Höcker an der Schnabelbasis und auffallend weiße Flügelspiegel. Das ♀ ist dunkelbraun mit weißlichem Fleck am Kopf und grauem Schnabel. Seit neuestem wird die Amerikanische Samtente als eigene Art geführt *(Melanitta deglandi)*; bei ihr sind die Flanken braun, der Schnabel rötlich. Sie wurde hierzulande nachgewiesen, ebenso wie die asiatische Unterart *M. d. stjenegeri*. Die Verbreitungsgebiete beider Arten sind subarktisch, Samtenten brüten in Skandinavien und Russland, Amerikanische Samtenten in N-Kanada, Alaska und O-Sibirien.

LÄNGE	SPANNWEITE	GEWICHT
40–50 cm	77–85 cm	820 g

Rothalstaucher

Podiceps grisegena

Relativ zahlreiche Nachweise hierzulande, aber nicht jedes Jahr. Rothalstaucher werden vor allem im Winter (November–Februar) gesichtet, aber mit Ausnahme von Mai und August auch in allen anderen Monaten, und zwar an vielen Orten, doch am häufigsten in SW-Island und auf den Westmännerinseln. Rothalstaucher im SK ähneln Ohrentauchern, sie sind aber größer und haben einen längeren Hals. SK: grau am Hals, Schnabel gelb. PK: Hals und Brust rot, Flanken rötlich, Wangen weiß und schwarze Kopfhaube. Verbreitungsgebiet von Dänemark bis Osteuropa, im Osten Sibiriens und im nordwestlichen Nordamerika. Hier erscheinen hauptsächlich europäische Vögel, aber amerikanische wurden ebenfalls nachgewiesen.

Stockente

Schnatterente

Spießente

Pfeifente

Krickente

Löffelente

FEDERKLEID VON WEIBLICHEN ENTEN

WEIBLICHE ENTEN WEISEN große Ähnlichkeiten auf und sind daher schwer zu bestimmen. Im Folgenden werden die Weibchen ausführlich behandelter Entenarten im Bild vorgestellt, um dem Benutzer die Unterscheidung zu erleichtern.

Bei den Enten unterscheiden sich die Geschlechter meist deutlich. Die Erpel haben in der Regel ein markantes Gefieder und sind leicht zu bestimmen, wohingegen die Enten schlicht und unauffällig gefärbt sind. Die Natur hat das so eingerichtet, um die Erpel attraktiv für die Weibchen zu machen, denn sie wählen den Partner aus; da kann es nicht schaden, dass sich die Herren der Schöpfung herausputzen. Das Tarnkleid kommt wiederum den weiblichen Enten bei der Brut und der Führung der Küken zustatten. Aus ähnlichem Grund wechseln ♂♂ im Spätsommer zum SK, sie sind während der Mauser flugunfähig und können es sich nicht leisten aufzufallen. Die Paarungszeit beginnt im Herbst, wenn die Erpel wieder ihr PK angelegt haben.

Bergente

Reiherente

Eisente

Kragenente

Spatelente

Trauerente

Eiderente

Brandgans, 1. Winter

LANDVÖGEL
(AUSGENOMMEN SPERLINGSVÖGEL)

Greifvögel, Raufußhühner, Tauben und Eulen

1. Merlin mit Beute | 2. Sumpfohreulenpaar | 3. Gerfalke

ÜBERSICHT

IN DIESEM ABSCHNITT werden relativ heterogene Vogelarten behandelt, deren Lebensraum das Land ist. Ähnlich wie bei den Singvögeln ist die Artenzahl gering. Fehlende Waldgebiete und Islands isolierte Lage setzen hier natürliche Grenzen.

Die erste behandelte Ordnung ist die der Falken (Falconiformes), in Island mit zwei brütenden Arten vertreten. Auf sie folgt die Ordnung der Greifvögel (Acipitriformes) mit einer hier brütenden Art. Der einzige isländische Hühnervogel (Galliformes) ist das Alpenschneehuhn. Von den vier hier behandelten Taubenarten (Columbiformes) ist nur eine in Island eingebürgert, die anderen sind Ausnahmeerscheinungen. Auch die Ordnung der Eulen (Strigiformes) ist hierzulande nur spärlich vertreten. Zwei Arten sind eingebürgert, die dritte hat als häufiger Irrgast auch hier gebrütet. Grund dafür ist die bescheidene Nagetierfauna, der Hauptnahrung von Eulen. Schließlich

4. Gerfalke | 5. Seeadler| 6. Alpenschneehuhn ♀ auf dem Nest

wird noch auf zwei Vögel verschiedener Ordnungen eingegangen, und zwar den Kuckuck aus der Ordnung Kuckucke (Cuculiformes) und den Mauersegler aus der Ordnung Segler (Apodiformes).

Falken, Adler und Eulen haben einen starken, hakenförmigen Schnabel und scharfe Krallen. Gerfalke und Merlin jagen in erster Linie andere Vögel, aber auch Waldmäuse. Die Sumpfohreule lebt zu gleichen Teilen von kleinen Vögeln und Mäusen. Der Seeadler ernährt sich von Vögeln und Fischen, verschmäht aber auch Aas nicht; das Alpenschneehuhn ist ebenso wie Tauben Vegetarier. Die Jungen von Raubvögeln, Tauben und Eulen sind Nesthocker, die von Alpenschneehühnern verlassen sofort das Nest.

Bei all diesen Arten sehen die Geschlechter weitgehend gleich aus, bei Raubvögeln und Eulen sind die Weibchen aber meist größer. Alpenschneehühner sind vom Geschlecht her gut zu unterscheiden.

Gerfalke

Falco rusticolus

DER GERFALKE IST EIN IMPONIERENDER Raubvogel mit langen, breiten, spitz zulaufenden Flügeln und langem Schwanz. Dieser größte Falke war lange Zeit einer der begehrtesten Jagdvögel von Königen und Hochadel und zeitweilig auch Islands Wappentier. Seine Färbung ist variabel; *Ad.* sind normalerweise an der Oberseite grau oder graubraun mit weißlichen Punkten und Bändern; Unterseite heller, meist weiß oder gelblich mit dunklen Bändern und Flecken. Der Kopf ist mehr oder weniger gestrichelt, manchmal auch mit deutlichem Bartstreif. Schwanz quergebändert. ♂ ist normalerweise heller als ♀. Imm. sind dunkler, hin und wieder an der Oberseite sehr dunkel und nur wenig gebändert, Unterseite kräftig gestreift. Die weiße Morphe ist ganz weiß mit dunklen Flügelspitzen und Flecken, hauptsächlich an der Oberseite; sie erscheint jährlich als Gast aus Grönland. Auch isländische Falken können sehr hell sein, die hellsten ♂ sind fast völlig weiß an Kopf und Unterseite.

Ad.: Hakenschnabel grau, mit gelber Wachshaut um die Nasenöffnungen; Beine

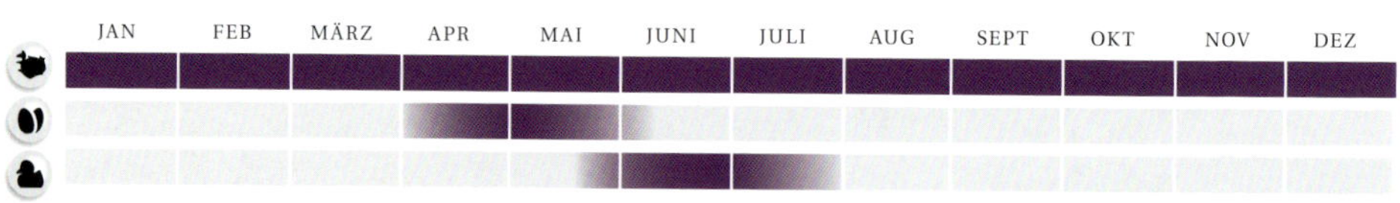

Seltener Brutvogel / Standvogel

1.

2.

LÄNGE	SPANNWEITE	GEWICHT	GELEGE	BRUT	AUFZUCHT	BRUTPAARE
50–60 cm	130–160 cm	1,6 kg	3–4 (1–5) Eier	35 Tage	ca. 49 Tage	300–400

1. Altvogel ♂ | 2. Jungvogel | 3. Altvogel ♀

gelb, Augen groß und dunkelbraun mit gelbem Lidring. Bei Imm.: Schnabel, Wachshaut um die Nasenöffnungen und Beine grau.

Der Gerfalke fliegt schnell und agil mit raschem, kraftvollen Flügelschlag, dazwischen häufige Gleitflugphasen. Einzeln oder paarweise anzutreffen.

Schriller Ruf am Brutplatz, wütendes Gezeter in Kampfstimmung, sonst meist stumm.

Gerfalken ernähren sich in erster Linie von Alpenschneehühnern, die sie im Flug oder am Boden schlagen. Sie erbeuten auch diverse andere Vogelarten, von ausgewachsenen Kurzschnabelgänsen bis hin zu Wiesenpiepern und Birkenzeisigen und sogar Waldmäusen.

Falken sind keine Nestbauer und brüten in Felswänden von Schluchten und Klüften, an Einzelfelsen und sowie in verlassenen Rabennestern. Die Paare leben ganzjährig in ihrem Revier. Imm. stromern umher und sind im Winter in Küstennähe anzutreffen.

Der Gerfalke brütet verstreut in ganz Island, häufigstes Vorkommen ist NO-Island. Da Schneehühner die Hauptnahrung darstellen, ist der Bestand von der Größe der Schneehuhnpopulation abhängig. Das Verbreitungsgebiet liegt in zirkumpolaren Regionen der nördlichen Hemisphäre.

3.

Merlin

Falco columbarius

DER MERLIN IST ISLANDS häufigster Raubvogel; die Verwandschaft mit dem Gerfalken ist nicht zu verkennen, doch er ist wesentlich kleiner. ♂ ist an der Oberseite blaugrau, an der Unterseite und im Nacken rostrot; Flügelspitzen und Schwanzendbinde sind dunkel, Brust und Bauch schwarz gebändert, Kehle und Beinbefiederung hellbraun. ♂ ist kleiner als ♀. ♀ und Imm. im 1. Winter an der Oberseite dunkelbraun, Grundfarbe an der Unterseite weiß oder beige und stark gestreift. Schwanz dunkelbraun und beige gebändert. Bei beiden Geschlechtern ist der Bartstreif undeutlich.

Grauer Hakenschnabel mit gelblicher Wachshaut. Beine gelb, bei Imm. blasser als bei Ad. Augen dunkelbraun.

Der Merlin ist ein schneller und aggressiver Jäger, der seine Beute in rasantem Verfolgungsflug nah über dem Boden ermüdet. Rascher Flügelschlag, leichter Flug, selten segelnd oder rüttelnd zu beobachten. Einzeln oder paarweise anzutreffen.

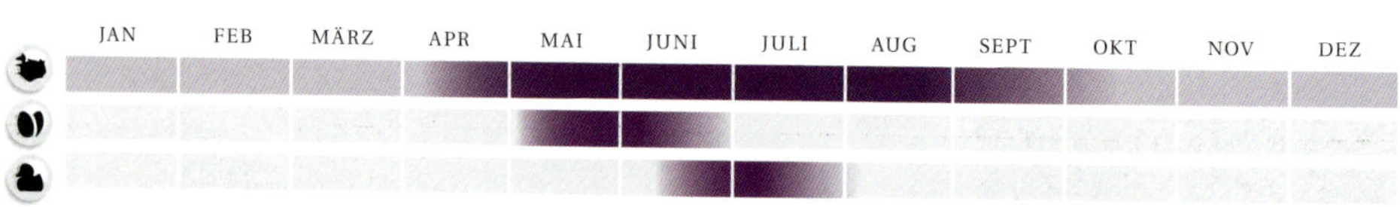

Verbreiteter Brutvogel / größtenteils Zugvogel

1.

2.

LÄNGE	SPANNWEITE	GEWICHT	GELEGE	BRUT	AUFZUCHT	BRUTPAARE
25–30 cm	50–62 cm	210 g	3–5 Eier	28–32 Tage	25–32 Tage	1.000–1.200

1. ♂ | *2.* ♀ | *3. Jungvogel*

Scharfe alarmierende Rufe, beim ♂ kurz und laut, beim ♀ tiefer.

Jagt vor allem Vögel, von Wiesenpiepern bis zur Größe von Tauben; bevorzugt aber kleine adulte und immature Vögel; verschmäht auch Waldmäuse nicht.

Merline brüten im Tiefland an Felswänden in Schluchten, Klüften und Kratern, gelegentlich auch in steilen Geröllhängen. Kein Nest; der Merlin scharrt eine flache Mulde auf bewachsenen Felsvorsprüngen und am Rand von Schluchten zurecht, nutzt manchmal aber auch verlassene Rabennester. Im Winter auch in der Nähe von Ortschaften anzutreffen.

Die meisten isländischen Merline überwintern auf den Britischen Inseln und in Westeuropa, doch einige Vögel überwintern in Island, über das ganze Land verteilt. Die Verbreitungsgebiete liegen in nördlichen Regionen Europas und Nordamerikas.

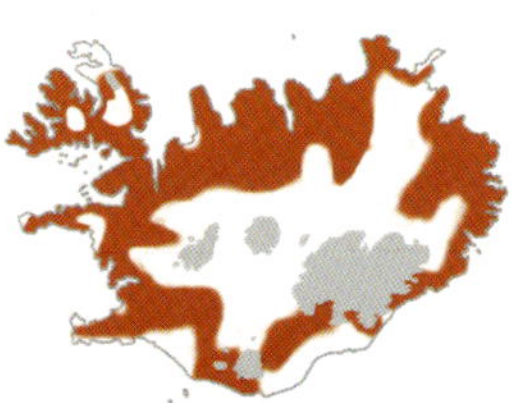

3.

Seeadler

Haliaeetus albicilla

DER SEEADLER IST DER GRÖSSTE und seltenste Raubvogel Islands; seine Flügelspannweite beträgt über 2 m, und er gilt hierzulande als der „König der Vögel". Die Hauptfarbe ist braun; Ad. sind an Kopf, Rücken und Brust gelb oder hellbraun, die Federränder auf dem Rücken und den Flügeldecken sind heller (geschuppt). Der keilförmige Schwanz ist weiß. Imm. sind insgesamt dunkler, oben ockergelb und rotbraun gefleckt, an der Unterseite, insbesondere an der Brust heller. Jungvögel hellen mit zunehmendem Alter auf, zuerst am Schwanz, und dann am Kopf; mit 6 Jahren sind sie ausgewachsen. ♀ ist um einiges größer als ♂.

Der große Hakenschnabel ist gelb, bei Imm. dunkel. Beine gelb, Krallen dunkel. Augen bei Ad. gelb, bei Imm. dunkelgrau.

Im Flug an der Größe und den kantig wirkenden Flügeln mit stark gefingerten Spitzen leicht zu bestimmen. Aufflug schwerfällig. Adler, die über Land oder Meer kreisen, um Ausschau nach Beute zu halten, sind schon von weitem zu erkennen, ebenso wenn sie längere Zeit auf einer

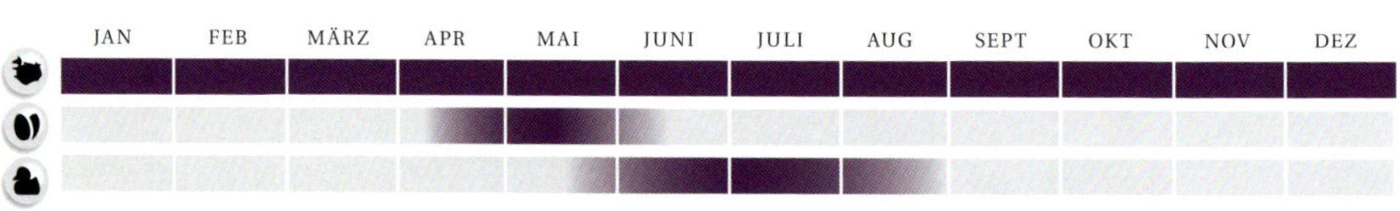

Sehr seltener Brutvogel / Standvogel

1.

2.

LÄNGE	SPANNWEITE	GEWICHT	GELEGE	BRUT	AUFZUCHT	BRUTPAARE/BESTANDGRÖSSE
70–90 cm	200–240 cm	5 kg	2 (1–3) Eier	35–40 Tage	70–77 Tage	70/200+

1. Altvogel | 2. Jungvogel | 3. Nestlinge

Warte sitzen. Normalerweise scheu und friedfertig, doch am Brutplatz aggressiv. Meist einzeln oder paarweise anzutreffen, Imm. manchmal zu mehreren.

♫ Rauhes Bellen oder Knarren, ♀ hat eine tiefere Stimme.

Der Seeadler jagt, und seine wichtigste Beute sind Eissturmvögel, die er im Flug schlägt; Eiderenten werden auf dem Wasser erbeutet, und Fische wie Seehasen und Lachse direkt unter der Wasseroberfläche. Außerdem stehen Papageitaucher und Möwen auf Speisezettel, aber er verschmäht auch Aas nicht, und manchmal raubt er anderen Vögeln die Beute.

Küsten mit flachen Uferregionen und großem Tidenhub, aber auch fischreiche Flüsse und Seen bilden den Lebensraum des Seeadlers. Sie brüten auf kleinen Inseln, Felsen am Meer und in Steilhängen oder Lavafeldern. Der eindrucksvolle Horst besteht aus Birkenästen, Seetang, Engelwurzstengeln und Gras.

Der Seeadler war früher in ganz Island verbreitet, aber immer vor allem in W-Island. Dort konnte er sich trotz schonungsloser Verfolgung Ende des 19. Jh. halten. 1913 wurde er unter Schutz gestellt, doch ging man um 1960 davon aus, dass er aussterben würde, da es nur noch 20 Brutpaare gab. In den letzten Jahrzehnten wuchs der Bestand langsam, 2010 war die Zahl der Brutpaare auf 65–70 angestiegen, doch er ist immer noch bedroht. Seeadler brüten von W-Grönland und Europa bis hin nach Asien und zum Pazifik.

3.

Sumpfohreule

Asio flammeus

DIE SUMPFOHREULE ist die einzige Eulenart, die regelmäßig in Island brütet. Die Oberseite ist erdbraun und hell gefleckt, die Brust ist stark, der Bauch weniger dicht gestrichelt. Das Gesicht ist rund und hell, die Augen sind dunkel umrahmt. Die kleinen Federohren werden manchmal aufgestellt. Die Flügel sind lang, an der Unterseite hell und an der Oberseite und den Flügelspitzen dunkel gemustert. Der Schwanz ist quer gebändert. Im Flug wirkt der Vogel hell.

Schwarzer, kurzer Hakenschnabel. Beine hell und befiedert, mit schwarzen, scharfen Krallen. Augen grellgelb.

Sumpfohreulen fliegen schaukelnd mit langsamem Flügelschlag, trotzdem wendig und rasch; sie gleiten manchmal mit leicht aufwärts gespreizten Schwingen. Meist einzeln und in der Dämmerung unterwegs.

Normalerweise stumm, doch am Brutplatz sind manchmal schnell gereihte tiefe Rufe zu hören. Hörbares Flügelklatschen.

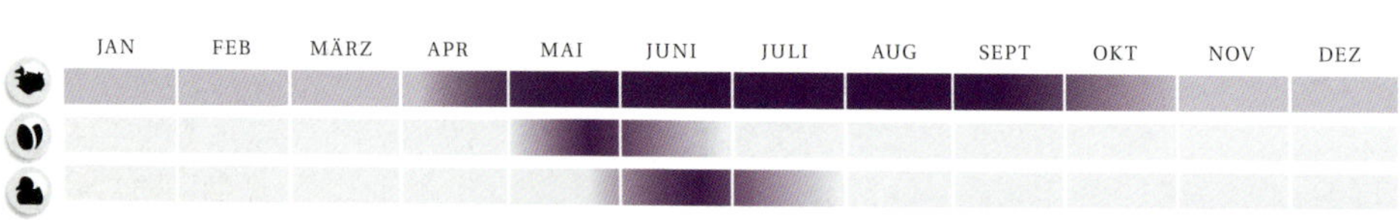

Seltener Brutvogel / größtenteils Zugvogel

LÄNGE	SPANNWEITE	GEWICHT	GELEGE	BRUT	AUFZUCHT	BRUTPAARE
37–39 cm	95–110 cm	320 g	4–8 Eier	24–29 Tage	28–35 Tage	300–500

1. Altvogel | 2. Altvogel auf dem Nest | 3. Altvogel

Sumpfohreulen ernähren sich hauptsächlich von Waldmäusen. Sie fliegen geräuschlos dicht über Heideflächen, Drainagegräben oder Strauchheiden, wo Mäuse anzutreffen sind. Sie jagen aber auch aus größerer Höhe, beispielsweise in Gebieten mit Strandhafer, und greifen auch kleinere ad. oder imm. Vögel.

Brütet in Gebieten mit Strauchheiden- oder Grasbewuchs, nicht selten in feuchtem Gelände. Das Nest wird meist in Heidekraut oder Sträuchern versteckt. Da die Jungen nicht gleichzeitig schlüpfen, können sie unterschiedlich groß sein. Lebt im Winter in Waldgebieten oder Parks, wo Waldmäuse zu finden sind.

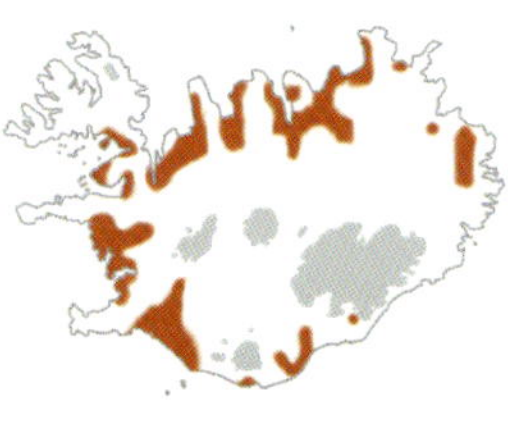

Erste Brutversuche in Island begannen im Anfang des 20. Jhs. Sumpfohreulen brüten inzwischen verstreut im Tiefland, aber vor allem in N-Island. Die Winterquartiere von ziehenden Vögeln liegen in Westeuropa. Verbreitung weltweit.

Schnee-Eule

Bubo scandiacus

SEHR GROSSE, WEISSE EULE mit einer Flügelspannweite von 1,5 m, die wie ein „halsloser Singschwan" wirken kann. Ad. ♂ sind schneeweiß mit wenigen dunklen Punkten, ♀ und Imm. sind weiß, mit dunkelbraunen Flecken oder Bändern. Vor allem Imm. können dunkel wirken. Die Flügel sind breit, gerundet und sehr viel größer als bei der Sumpfohreule.

Schnabel und Krallen sind dunkelgrau oder braunschwarz, die Füße bis zu den Zehen befiedert. Augen gelb.

Schnee-Eulen sind eher scheu und außerhalb der Brutzeit meist einzeln unterwegs. Jagt tagsüber. Fliegt mit langsamen Flügelschlägen auf, fliegt niedrig über dem Boden, manchmal auch gleitend.

Gewöhnlich stumm, aber zur Brutzeit diverse Rufe.

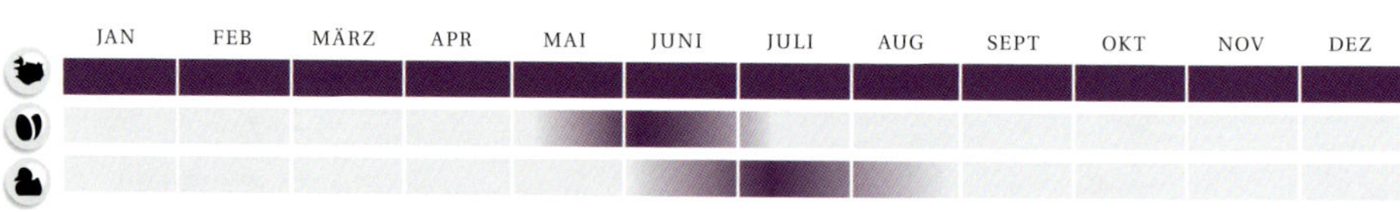

Sehr seltener Brutvogel / Nachweise im ganzen Jahr

1.

2.

LÄNGE	SPANNWEITE	GEWICHT	GELEGE	BRUT	AUFZUCHT	BRUTPAARE
53–66 cm	142–166 cm	2,1 kg	3–7 Eier	30–33 Tage	43–50 Tage	0–5

1. ♀ | 2. ♀ | 3. Jungvogel, ♀

In Island fehlen Lemminge als Hauptnahrung von Schnee-Eulen, deswegen müssen sie sich hierzulande mit Vögeln begnügen, hauptsächlich Alpenschneehühnern, jungen Gänsen und Watvögeln, aber auch Enten und manchmal sogar Waldmäusen.

Brütet auf Bodenerhebungen in offenem, gut überschaubarem Gelände, hierzulande nicht selten in unwegsamen Lavafeldern oder an Schluchtwänden. Das Nest besteht in einer großen Vertiefung, meist etwas mit Altgras, Moos und Federn gepolstert. Verwendet häufig denselben Nistplatz.

De Schnee-Eule ist ein Vogel der Tundra; ihre Brutplätze in Island liegen im zentralen Hochland und in anderen entlegenen Landesteilen. Neueste Beobachtungen deuten darauf hin, dass sie regelmäßig hierzulande brütet bzw. Brutversuche unternimmt; bislang wurde davon ausgegangen, dass sie nur ein gelegentlicher Brutvogel ist. Es ist nicht bekannt, ob die brütenden Individuen Standvögel sind; Schnee-Eulen sind zu allen Jahreszeiten und vielerorts anzutreffen, am ehesten aber im Hochland und dessen Randgebieten. Sie brütet in vielen Regionen, die ans nördliche Eismeer grenzen, u.a. in Grönland und N-Skandinavien. Sie streifen manchmal auch sehr viel weiter südlich umher.

Verbreitung wird aus Schutzgründen nicht gezeigt

3.

Alpenschneehuhn

Lagopus muta

DAS ALPENSCHNEEHUHN IST der einzige Vertreter der Ordnung Hühnervögel in Island, ein rundlicher Vogel mit kurzen, breiten Flügeln. Dreimal im Jahr wechselt er das Rumpfgefieder, die Flugfedern nur einmal. Im Brutkleid überwiegend braun; ♂ ist grau, ♀ goldgelb gemasert. Im Spätsommer wechselt ♂ zum graubraun marmorierten Herbstkleid. Winterkleid weiß, dann ♂ mit breitem, schwarzen Zügelstreif, der manchmal bis hinter das Auge reicht. Beide Geschlechter mit roten Lappen über den Augen, die zur Balzzeit beim ♂ besonders auffallend sind. Bauch, Flügel und die gefiederten Beine sind ganzjährig weiß, die Schwanzfedern sind schwarz. ♀ hat ein weißes Gesicht, manchmal einen schmalen, gesprenkelten Zügelstreif zwischen Schnabel und Auge. Imm. im 1. Winter unterscheiden sich durch die Farbe der Armflugfedern von Ad.

Schnabel schwarz, kurz und kräftig. Beine weiß befiedert, dunkle und lange Krallen. Augen dunkel.

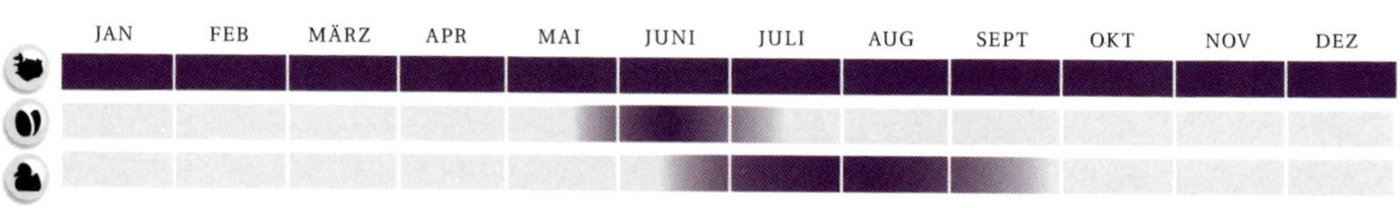

Sehr verbreiteter Brutvogel / Standvogel

1.

2.

LÄNGE	SPANNWEITE	GEWICHT	GELEGE	BRUT	AUFZUCHT	BRUTPAARE
34–36 cm	54–60 cm	400 g	8–14 Eier	21–23 Tage	70–84 Tage	60.000–230.000

1. ♀ im Schlichtkleid | 2. ♂ ♀ Gefiederwechsel im Frühjahr | 3. ♂ im Schlichtkleid

Alpenschneehühner fliegen niedrig und schnell mit raschen Flügelschlägen und gleiten mit aufgebogenen Flügeln. Gut und schnell zu Fuß, klettert auch in Bäumen. Da ♀ im Frühjahr noch das weiße Winterkleid tragen, sind sie in einer dunklen Umgebung leichte Beute für Gerfalken. Imm. sind nach 10 Tagen flügge, lange bevor sie ausgewachsen sind. Sehr gesellig.

Knarrende Rufe beim ♀, das ♂ gibt rülpsende Leute von sich

Alpenschneehühner ernähren sich vegetarisch, im Sommer von Blumen, Blättern und Früchten, im Winter von Knospen, Stengeln, Birkensamen und Blättern von immergrünen Pflanzen

Alpenschneehühner brüten in Graslandschaften, Strauchheiden, Waldgebieten und in bewachsener Lava von der Küste bis in höhere Lagen. Das Nest besteht in einer gepolsterten Vertiefung. Im Herbst ziehen die Vögel in höhere Lagen, doch bei viel Schnee kommen sie ins Tiefland und sind dann an Hängen, in niedrigem Gesträuch, sowie in Ortschaften anzutreffen. ♀♀ und Imm. streifen umher, ♂♂ halten sich meist ganzjährig im Brutrevier auf.

Schneehühner haben die größte Verbreitung in N und NO-Island. In einem 10-Jahres-Zyklus schwankt der Bestand, wobei sich die Anzahl vom Minimum zum Maximum verzehnfachen kann. Das Alpenschneehuhn ist zirkumpolar verbreitet, aber auch in den Alpen und den Pyrenäen.

3.

Felsentaube

Columba livia

DIE FELSENTAUBE IST blaugrau und hat schillernd grüne und violette Halsseiten, einen weißlichen Bürzel, eine dunkle Schwanzendbinde und zwei schwarze Flügelbinden. Imm. sind bräunlicher, bei ihnen fehlen die schillernden Halsseiten. Zuchttauben diverser Spielarten und Straßentauben *(C. l. domestica)* **stammen von der Felsentaube ab und weisen viele Farbvarianten auf, u.a. weiß, tiefschwarz oder braun.**

Der Schnabel ist dunkel hat eine weiße Wachshaut, die Augen sind rot mit hellen Lidringen. Schnabel, Wachshaut und Lidring sind bei Straßen- und Brieftauben größer als bei wilden Tauben.

Tauben schweben häufig mit hochgestreckten Flügeln. Sie leben das ganze Jahr über gesellig, und nisten vor allem in besiedelten Gebieten.

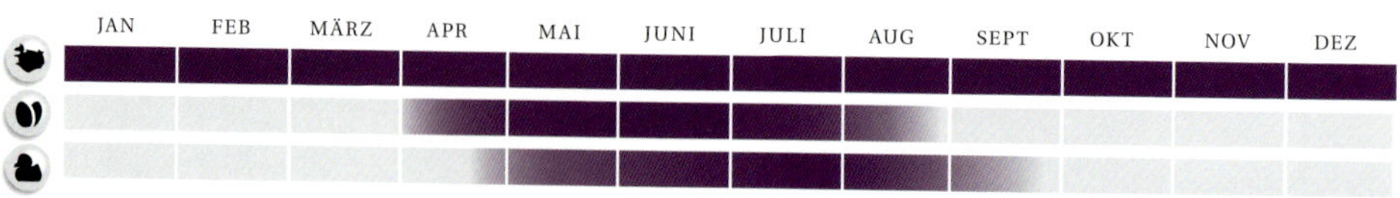

Lokaler Brutvogel / Standvogel

LÄNGE	SPANNWEITE	GEWICHT	GELEGE	BRUT	AUFZUCHT	BRUTPAARE
31–34 cm	63–70 cm	300 g	2 Eier	16–19 Tage	ca. 35 Tage	300–500

1. Altvögel | 2. Straßentaube | 3. Altvogel

Gurrende Laute.

Vor allem Körnerfresser, häufig auf Getreidefeldern anzutreffen, aber pickt auch Vogelmierenkörner, Beeren und kleine Insekten vom Boden auf. Im Winter nicht selten an Futterplätzen, wo für andere Vögel gestreut wird.

Felsentauben brüten in Spalten und Felssimsen. Straßentauben leben in kleineren und größeren Orten und brüten an Gebäuden; das einfache Nest besteht aus Zweigen und Gras.

Tauben, die alle Merkmale von Felsentauben aufweisen, wurden an einigen Stellen als Brutvögel in felsigen Küsten von O-Island. Sie haben sich in den vergangenen Jahren in Richtung Westen bis zur der Südküste verbreitet, was auf vermehrten Getreideanbau zurückgeführt wird. Die Abstammung dieser Tauben ist ungewiss, es könnte sich sowohl um Abkömmlinge von ausgewilderten Straßentauben als auch von Felsentauben handeln, die es als Irrgäste nach Island verschlagen hat; letztere brüten u.a. auf den Färöern und in Schottland. Straßentauben brüten in allen größeren Orten in Island, vereinzelt auch bei Höfen. In Reykjavík ist der Bestand wegen Verfolgung drastisch zurückgegangen. Tauben mit allen Merkmalen der Felsentaube brüten in Felsen O-Islands zwischen Berufjörður und Norðfjörður.

Nur Verbreitung der Felsentaube

LÄNGE	SPANNWEITE	GEWICHT
32–35 cm	71–80 cm	250 g

Turmfalke

Falco tinnunculus

Praktisch jährlich erscheinender Irrgast, vor allem im Herbst in der Zeit von Ende August bis in den Oktober hinein; ist aber auch mit Ausnahme von Januar und Februar in allen anderen Monaten nachgewiesen, und zwar in allen Landesteilen, am häufigsten aber in SO-, S- und SW-Island und auf den Westmännerinseln. Der Turmfalke ist ein kleiner Falke mit langem Schwanz, nur wenig größer als Merlin. Auf der Jagd nach Mäusen, Kleinvögeln oder Insekten rüttelt er häufig. Hier sind meist Jungvögel anzutreffen, sie sind rotbraun an der Oberseite, der Schwanz ist quer gebändert und die Unterseite dicht gefleckt. Sie ähneln ♀. Oberseite bei ♂ rotbraun, Kopf, Schwanz und Bürzel grau, Schwanz hinten mit dunkler Querbinde. Beide Geschlechter mit auffallend dunklen Flügelenden. Verbreiteter Brutvogel in ganz Europa und weithin in Asien und Afrika.

LÄNGE	SPANNWEITE	GEWICHT
40–42 cm	75–80 cm	450 g

Ringeltaube

Columba palumbus

Ähnlich Felsentaube, doch größer. Am Hals befinden sich seitlich weiße Flecken, und im Flug fallen weiße Halbmonde auf den Flügeln auf. Die Handschwingen sind weiß, und der Schwanz hat eine dunkle Endbinde. Körper ansonsten grau, Brust hell weinrot. Bei Imm. fehlt der Halsseitenfleck. Ringeltauben sind Waldvögel, die sich häufig nach Island verirren, vor allem im Frühsommer, aber auch im Herbst. Einige Brutversuche sind nachgewiesen. Ihre Heimat ist in ganz Europa, stellenweise sind sie aber auch in N-Afrika und Mittel- und W-Asien anzutreffen.

LÄNGE	SPANNWEITE	GEWICHT
31–33 cm	47–55 cm	210 g

LÄNGE	SPANNWEITE	GEWICHT
26–28 cm	47–53 cm	140 g

Türkentaube

Streptopelia decaocto

Kleine, helle, kompakte, graubraune Taube mit schmalem, schwarzem Nackenring. Die Flügel sind in der Mitte hellblau, an den Spitzen dunkel. Der lange, bogenförmige Schwanz ist oben hell und unten weiß, Schwanzansatz dunkel. Die Türkentaube ist ein Waldvogel; sie stammt ursprünglich aus Asien, hat sich aber während der letzten Jahrzehnte in ganz NW-Europa ausbreitet. Erster Nachweis in Island 1971 und seitdem immer wieder einige Brutversuche. Türkentauben halten sich oft lange am gleichen Ort auf. Zu allen Jahreszeiten vor allem im mittleren O-Island und im Großraum Reykjavík anzutreffen.

Turteltaube

Streptopelia turtur

Jährlich erscheinender Irrgast, den es vom Frühjahr bis zum Herbst nach Island verschlägt, am häufigsten in der Zeit von August–November, seltener von April–Juli. Waldvogel, der in einigen Landesteilen nachgewiesen wurde, aber nicht in NW-Island. Nicht unähnlich Türkentaube, aber kleiner und schlanker, wirkt etwas dunkler und hat einen kürzeren Schwanz und schmalere Flügel. Weiß-und schwarzgebänderte Strichel an den Halsseiten, Schwanz überwiegend schwarz mit weißem Endband. Turteltauben sind in ganz Mittel- und S-Europa, in N-Afrika und im westlichen Asien verbreitet.

LÄNGE	SPANNWEITE	GEWICHT
32–34 cm	55–60 cm	115 g

Kuckuck

Cuculus canorus

Relativ häufiger, aber nicht jedes Jahr auftretender Irrgast in Island, vor allem im Frühjahr von Mitte April–Mitte Juni. Die meisten Nachweise stammen aus der zweiten Maihälfte, aber auch in der Zeit von August–Oktober gesichtet. Mit Ausnahme von NW-Island gibt es Nachweise aus ganz Island, aber die meisten in Öræfi, SO-Island. Der Kuckuck hat eine gewisse Ähnlichkeit mit dem Falken, er hat schmale Flügel und einen langen Schwanz, aber der Schnabel ist kurz und vergleichsweise zierlich. Oberseite, Kopf und Brust grau, Unterseite dunkel gebändert. Die seltene braune Morphe des Weibchens ist hier kaum je nachgewiesen worden. Sitzt häufig mit leicht hängenden Flügeln und etwas angehobenem Schwanz. Sehr verbreiteter Brutvogel in ganz Europa und Asien. Die Weibchen leben in Vielmännerei und sind Brutschmarotzer. Sie legen ihr Ei im Nest anderer Vögel ab, die den Kuckucknachwuchs ausbrüten und aufziehen.

LÄNGE	SPANNWEITE	GEWICHT
16–17 cm	42–48 cm	44 g

Mauersegler

Apus apus

Jährlich auftretender Sommergast, der von Ende April–Mitte Oktober anzutreffen ist, am häufigsten in der Zeit von Mitte Mai–Ende Juli, und zwar in allen Landesteilen, doch am häufigsten in S- und O-Island. Der Mauersegler ist dunkelbraun, die Kehle ist hell, und der Schwanz gegabelt. Er ähnelt Schwalben, ist aber von der Färbung her und den langen, schmalen und sichelförmigen Flügeln leicht von ihnen zu unterscheiden. Er verbringt einen Großteil seines Lebens in der Luft, kraftvolle Flugweise mit schnellem Flügelschlag und langen Gleitphasen dazwischen. Fängt Insekten im Flug. Verbreiteter Brutvogel in ganz Europa, aber auch in Afrika und Asien. Die Winterquartiere liegen im südlichen Afrika.

Altvogel

Jungvogel

LÄNGE	SPANNWEITE	GEWICHT
35–37 cm	90–100 cm	300 g

Waldohreule

Asio otus

Waldohreulen werden praktisch jedes Jahr in Island nachgewiesen, hauptsächlich im Herbst und Winter und am häufigsten von Nov.–Dez., aber auch in allen anderen Monaten und im ganzen Land. In S-Island wurde 2003 ein Nest gefunden, dort hat sie vermutlich auch sowohl vorher als auch danach gebrütet. Insofern deutet einiges darauf hin, dass sie im Begriff ist, hier Fuß zu fassen. Die Waldohreule ähnelt der Sumpfohreule. Erstere ist leicht an den Federohren zu erkennen, die beim sitzenden Vogel aufgestellt sind. Gesicht runder als bei der Sumpfohreule. Augen und Federkranz sind orangegelb. Im Flug an dunkel gebänderten Unterflügelspitzen zu erkennen, die bei der Sumpfohreule schwarz sind, ebenso an der gestreiften Unterseite. Verbreiteter Brutvogel in der gesamten nördlichen Hemisphäre: im mittleren Nord-Amerika, Europa und Nordafrika, und in Richtung Osten nach Asien.

SPERLINGSVÖGEL

1. Schneeammern | 2. Rotdrossel füttert den Nachwuchs | 3. Star

ÜBERSICHT

SPERLINGSVÖGEL (Passeriformes) stellen mit 60% von ca. 9.700 bekannten Arten dieser Welt die weitaus größte Ordnung aller Vögel dar. In Island brüten nur neun Arten regelmäßig, hinzu kommen aber einige Arten, die selten oder unregelmäßig Brutversuche unternehmen. Die Gründe für den bescheidenen Anteil von Sperlingsvögeln an der isländischen Avifauna sind die Isolation des Landes und der mangelnde Wald.

Parallel zur Aufforstung des Landes haben immer mehr Sperlingsvögel Brutversuche in Island unternommen. Zudem gibt es mehr passionierte Vogelbeobachter, und die Aufforstungsgebiete, in denen seltene Arten brüten, werden gut kontrolliert. Augrund des ca. 800 km langen Zugwegs nach und von Island tun sich Vögel, die nur in geringer Anzahl hier eintreffen, schwer damit, in Island Fuß zu fassen. Auf dem Zug sind vermutlich die Verluste bei Sperlingsvögeln und kleineren Watvögeln groß, da sie nicht auf dem Wasser ausruhen können. Die Populationen von den in Island

4. Kolkraben | 5. Birkenzeisige | 6. Seidenschwåanze

eingebürgerten kleineren Arten sind groß und vertragen deshalb Verluste. Die Arten, die sich in den letzten hundert Jahren hier ansiedelten, waren meist schwimmfähig und imstande, auf dem Wasser zu rasten.

Sperlingsvögel sind von sehr unterschiedlicher Größe, doch die meisten sind klein. Das Wintergoldhähnchen ist der winzigste Vertreter, der Kolkrabe der größte. Sperlingsvögel haben Klammerfüße, und ihr Schnabel ist jeweils der Nahrung angepasst. Insektenfresser (z.B. Bachstelze, Wiesenpieper, Zaunkönig und Drosseln) haben schmale Schnäbel, bei Körnerfressern (wie Schneeammer und Birkenzeisig) ist der Schnabel kegelförmig, kurz und kräftig. Ein Allesfresser wie der Kolkrabe hat einen großen, starken Schnabel. Sperlingsvögel bauen kunstvolle Nester, die Jungen sind Nesthocker und verlassen das Nest erst, wenn sie annähernd oder vollständig flügge geworden sind. Bei den Sperlingsvögeln können die Geschlechter sowohl identisch als auch unterschiedlich gefärbt sein.

Wiesenpieper

Anthus pratensis

DER WIESENPIEPER ist der häufigste Vertreter der Ordnung Sperlingsvögel in Island. Er ist kleiner als die Schneeammer, hat einen kürzeren Hals und breite, kurze Flügel. Dieser etwas kompakte Vogel hat keine deutlichen Merkmale; die Oberseite ist graugrün, grau- oder gelbbraun mit dunklen Streifen; auch an Brust und Flanken gestreift, heller an Kehle und Unterseite. Augen, Bartstreif und Augenring hell; schwach helle Flügelbinden. Im Flug sind deutlich weiße Schwanzkanten sichtbar. Ad. und Imm. haben im Herbst kräftigere Streifen und gelbere Flanken.

Dunkler, schmaler und kurzer Schnabel. Beine rosabraun, Augen dunkelbraun.

Unsteter Flug. Steigt beim Singflug hoch auf und und gleitet dann nach unten. Flattert häufig umher und lässt sich auf Bodenerhebungen oder Zaunpfosten nieder; außerhalb der Brutzeit gesellig.

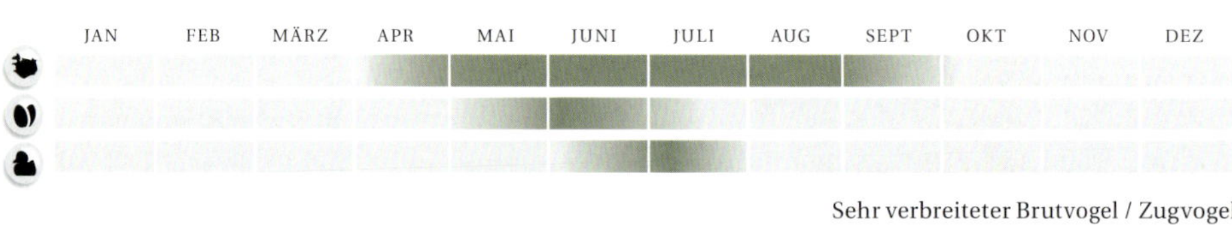

Sehr verbreiteter Brutvogel / Zugvogel

LÄNGE	SPANNWEITE	GEWICHT	GELEGE	BRUT	AUFZUCHT	BRUTPAARE
14–15 cm	22–25 cm	17 g	5–6 Eier	13 Tage	10–14 Tage	500.000–1.000.000

1. Singflug | 2. Jungvogel | 3. Altvogel

Singend wiederholt er einige lange, dünne und hohe Töne, die in einem Triller enden.

Vor allem tierische Kost, ernährt sich von allen möglichen Insekten, sowohl ausgewachsenen als auch Larven und Puppen; manchmal auch von Samen oder kleinen Mollusken.

Brütet in diversen Lebensräumen, in sumpfigem Gelände, Strauchheiden, Grasland und Waldgebieten ebenso wie in bewachsener Lava; meist im Flachland, manchmal auch in höheren Lagen. Das gut gebaute Nest wird bei einer Bodenerhebung oder in der Vegetation versteckt. Brütet oft zweimal pro Sommer. Außerhalb der Brutzeit an der Küste und in Feuchtgebieten.

Isländische Brutvögel überwintern von Westfrankreich bis Marokko. Verbreiteter, Brutvogel in Europa und Asien bis nach Sibirien.

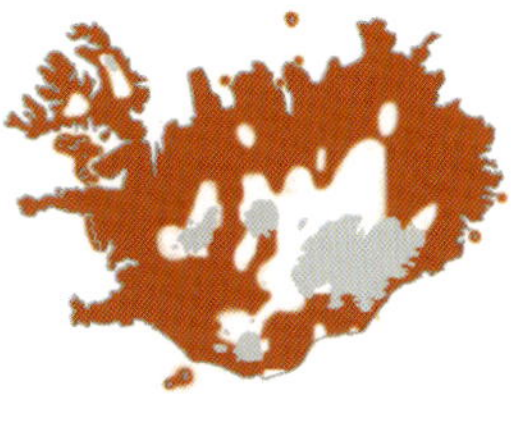

Bachstelze

Motacilla alba

KLEINER, LEBHAFTER SINGVOGEL mit langem, wippendem Schwanz. Bei Ad. sind Rücken und Bürzel grau, Oberkopf, Kehle und Vorderbrust schwarz, Stirn und Wangen weiß. Bauch und Schwanzkanten sind weiß, Flügel und mittlere Steuerfedern dunkel. ♂ ist dunkler als ♀. Imm. haben einen grauen Kopf und einen schwarzen Brustfleck.

Schmaler, kurzer und schwarzer Schnabel; Beine schwarz, Augen dunkel.

Bachstelzen fliegen wellenförmig; am Boden laufen sie flink, und sitzend wippen sie ständig mit dem Schwanz und nicken. Normalerweise allein oder in kleinen Trupps anzutreffen.

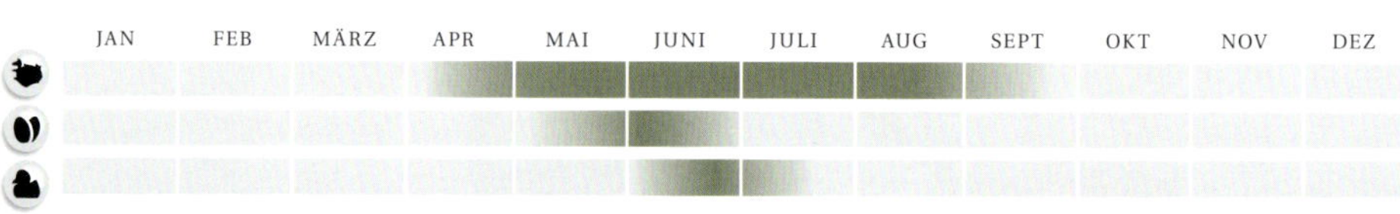

Sehr verbreiteter Brutvogel / Zugvogel

LÄNGE	SPANNWEITE	GEWICHT	GELEGE	BRUT	AUFZUCHT	BRUTPAARE
18 cm	25–30 cm	22 g	5–6 Eier	13 Tage	13–15 Tage	20.000–50.000

1. Jungvogel | *2.* ♂ | *3.* ♀

Stimmfreudig; häufig wiederhole, laute Zwitsertöne.

Tierische Nahrung, vor allem Schmetterlinge, Käfer und Taufliegen, die sowohl im Flug als auch am Boden mit flinken Bewegungen und schnellen Sprints erbeutet werden. Auch bekannt dafür, tote Insekten von Kühlergrills oder Stoßstangen abzupicken.

Bachstelzen brüten häufig bei Höfen oder in Ortschaften, aber auch in Felsen am Meer, an Seen und Flüssen und andernorts im Flachland. Das Nest wird in Löchern oder Spalten, Steinmauern oder unter Brücken angelegt, in Stallungen auf Balken und unter Dachtraufen. Außerhalb der Brutzeit häufig am Strand anzutreffen.

Isländische Brutvögel fliegen im Herbst nach Westafrika. Bachstelzen sind in ganz Europa verbreitet. Es gibt verschiedene Unterarten. Die britische *M.a. yarrellii* wurde hier nachgewiesen. Sie ist insgesamt dunkler als die isländische Bachstelze.

Zaunkönig

Troglodytes troglodytes

DER ZAUNKÖNIG ist ein charakteristischer Vogel isländischer Birkenwälder und leicht an seiner Kleinheit, der kugeligen Körperform, dem steil aufgerichteten Schwanz und dem schmetternden Gesang zu erkennen, der ganzjährig zu hören ist. Oberseite, Flügel, Flanken und Steiß rotbraun, Unterseite dunkel gebändert; bei angelegten Flügeln sind weiße Tupfer sichtbar. Heller Überaugenstreif.

Brauner, schmaler und kurzer Schnabel; Beine rosabraun, Augen braun.

Der Zaunkönig fliegt rasch und gerade mit vorgestrecktem Kopf und hörbarem Flügelschlag. Er fliegt selten und meist nur kurze Strecken. Im Sitzen bewegt sich der aufgerichtete Schwanz ständig. Zaunkönige sind sehr agil, aber scheu; Normalerweise einzeln oder in kleinen Gruppen. Imm. ähnlich wie Ad.

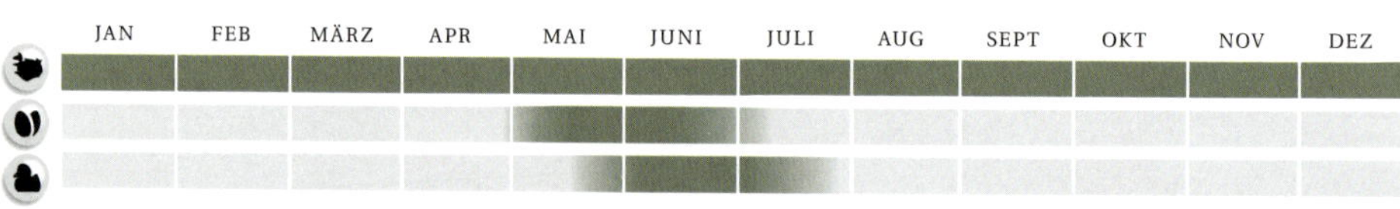

Verbreiteter Brutvogel / Standvogel

1.

2.

LÄNGE	SPANNWEITE	GEWICHT	GELEGE	BRUT	AUFZUCHT	BRUTPAARE
9–10 cm	9–10 cm	15 g	6–8 Eier	16 Tage	14–19 Tage	3.000–5.000

1. Altvogel | 2. Altvogel | 3. Altvogel

Raue, schnurrende Laute; der Gesang besteht in langgezogenen, schmetternden Trillern und Rollern.

Ernährt sich von Insekten (Käfern, Larven, Taufliegen und Spannern), die er in dichtem, niedriegen Strauchbewuchs und an Drainagegräben, Bachufern und anderen feuchten und dunklen Orten erbeutet. Im Winter oft am Strand auf der Suche nach Tangfliegen und Flohkrebsen anzutreffen.

Zaunkönige brüten verstreut in Buschwerk, Waldgebieten, bewachsener Lava und Geröllhängen im Tiefland. Das kugelförmige Nest wird vom ♂ unter überhängenden Ufern, in Bäumen und Lavaspalten kunstvoll aus dürrem Gras und Pflanzenresten geflochten. Im Winter leben Zaunkönige meist an eisfreien Bächen und Entwässerungsgräben oder an der Küste.

Isländische Zaunkönige sind im Gegensatz zu ihren Verwandten in Skandinavien Standvögel und bilden eine eigene Unterart, *T.t. islandicus*. Zaunkönige brüten in einem breiten Gürtel der nördlichen Hemisphäre.

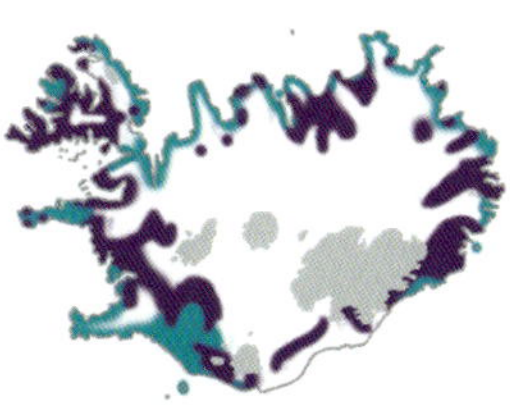

3.

Steinschmätzer

Oenanthe oenanthe

DIESER LEBHAFTE VOGEL lebt verbreitet in steinigem Gelände mit relativ wenig Vegetation; er ist etwas größer und kräftiger als der Wiesenpieper. PK ♂: Kopf, Nacken und Rücken blaugrau, Flügel schwarz; schwarze Maske über den Augen, weißer Überaugenstreif. Kehle hellbraun, Brust und Bauch rahmgelb. ♂ im SK ähnelt ♀. ♀ ist schwächer gefärbt als ♂. Rücken braungrau, keine Zeichnung am Kopf. Imm. und ♀ im SK sind an der Oberseite heller. Der Steinschmätzer hat in allen Kleidern eine typische schwarz-weiße Schwanzzeichnung, ein breites, umgekehrtes „T".

Schnabel schmal und schwarz; Beine schwarz, Augen dunkelbraun.

Steinschmätzer sind agil und rastlos, sie fliegen niedrig und und lassen sich häufig kurz nieder, wobei sie knicksen und mit Schwanz und Flügeln rucken. Normalerweise einzeln oder in sehr kleinen Gruppen anzutreffen.

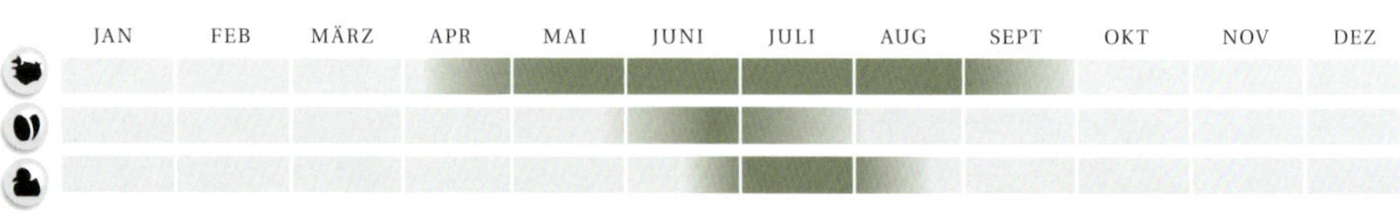

Sehr verbreiteter Brutvogel / Zugvogel

LÄNGE	SPANNWEITE	GEWICHT	GELEGE	BRUT	AUFZUCHT	BRUTPAARE
15–16 cm	25–32 cm	30 g	5–6 Eier	13 Tage	15 Tage	20.000–50.000

1. ♀ | 2. Jungvogel | 3. Streitende Jungvögel

♫ Gepresste Laute oder geschwätzige Melodien, die der Steinschmätzer sowohl im Flug als auch sitzend von sich gibt.

Steinschmätzer suchen in offenem Gelände laufend oder hüpfend nach Insekten, Spinnen und Fliegen. Zur Zugzeit nehmen sie auch Tangfliegen am Strand und Beeren und Samen zu sich.

Steinschmätzer bewohnen offenes, steiniges Gelände wie Geröllhänge oder Steinmauern, sind aber auch in Zwergstrauchheiden und Lavafeldern anzutreffen, vorwiegend im Tiefland. Das Nest ist ein sorgfältig geflochtenes Körbchen, das in Löchern, Erdspalten oder zwischen Steinen versteckt wird. Brütet manchmal zweimal im Sommer. Außerhalb der Brutzeit häufig am Strand, in kultiviertem Land oder in Feuchtgebieten anzutreffen.

In Grönland brütende Steinschmätzer machen im Frühjahr und im Herbst in Island Station. Die Winterquartiere liegen in Westafrika. Verbreitete Art in der nördlichen Hemisphäre, vor allem in Europa und Asien.

Rotdrossel

Turdus iliacus

DIE STIMMFREUDIGE ROTDROSSEL ist nicht nur ein charakteristischer Vogel isländischer Birkenwälder, sondern auch im Kulturland und in Ortschaften anzutreffen. Mittelgroße Drossel, mit brauner Ober- und weißer oder cremefarbener Unterseite Die Brust ist dicht längs gestreift, der Bauch weniger. Ein breiter heller Überaugenstreif und schmalerer Bartstreif sowie die rostroten Flanken und Unterflügeldecken unterscheiden Rotdrosseln von anderen Drosseln. Imm. sind am Ende des Sommers heller und haben an der Oberseite helle Federspitzen.

Relativ kräftiger, gelblicher Schnabel mit dunkler Spitze und First. Beine hellbraun, Augen dunkelbraun.

Im Frühjahr beginnt das ♂ unmittelbar nach der Ankunft in Island zu singen und sein Revier zu sichern. Gesellig außerhalb der Brutzeit, häufig in Gruppen anzutreffen. Hüpft meist mit beiden Beinen gleichzeitig.

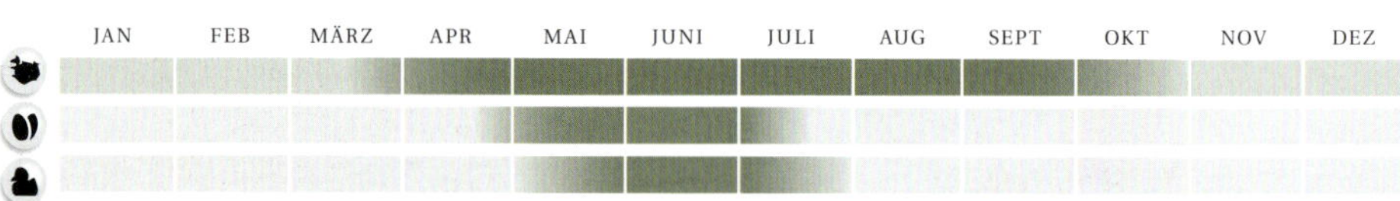

Sehr verbreiteter Brutvogel / größtenteils Zugvogel

1.

2.

LÄNGE	SPANNWEITE	GEWICHT	GELEGE	BRUT	AUFZUCHT	BRUTPAARE
21 cm	33–35 cm	70 g	4–6 Eier	12–13 Tage	13–14 Tage	100.000–200.000

1. Jungvogel, Altvogel | 2. Altvogel | 3. Streit bei Altvögel

Zur Brutzeit weiche Strophenfolgen, im Herbst und Winter manchmal melancholische Töne. Außerdem harte und durchdringende Alarmrufe.

Ernährt sich von tierischer und pflanzlicher Kost, von Insekten, Spinnen, Würmern und kleinen Mollusken.

Brütet im Tiefland in wald- oder strauchbestandenem Gelände, meist in Birkenwäldern mit viel Unterholz, aber auch in Gärten und Parks. Das korbförmige Nest aus Lehm, Weidenstengeln und Gras wird meist in Bäumen angelegt, in Ortschaften oft in Nadelbäumen; andernorts auch am Boden im Gesträuch, in Drainage-Gräben und an Gebäuden. Brütet häufig 2–3 mal im Sommer. Zur Zugzeit überall anzutreffen, u.a. an der Küste oder in Waldgebieten.

Im Herbst ziehen isländische Rotdrosseln größtenteils nach Westeuropa, vor allem nach Schottland, Irland, Frankreich und auf die Pyrenäenhalbinsel. Einige tausend Individuen überwintern in Städten und Ortschaften in Island. Das Verbreitungsgebiet von Rotdrosseln liegt in N-Europa und in Asien.

3.

Wacholderdrossel

Turdus pilaris

DIE WACHOLDERDROSSEL hat eine gewisse Ähnlichkeit mit der Rotdrossel, ist aber größer und hat einen längeren Schwanz. Kopf und Bürzel bleigrau, Brust ockerfarbig; Brust und Flanken kräftig dunkel gefleckt, Bauch hell. Der lange Schwanz ist schwarz.

Schnabel gelb mit dunkler Spitze; Beine und Augen dunkel.

Gleitet zwischen Flügelschlägen mit angezogenen Flügeln. Wachsam und scheu. Einzeln oder in kleineren oder größeren Gruppen anzutreffen.

JAN	FEB	MÄRZ	APR	MAI	JUNI	JULI	AUG	SEPT	OKT	NOV	DEZ

Herbst- und Wintergast / unregelmäßiger Brutvogel

LÄNGE	SPANNWEITE	GEWICHT	GELEGE	BRUT	AUFZUCHT	BRUTPAARE
25–26 cm	39–42 cm	100 g	5–6 Eier	10–13 Tage	12–15 Tage	0–5

1. Altvogel | 2. Altvogel | 3. Altvogel

♫ Ruft rau, laut und oft wiederholt „Schak". Der Gesang ist eine schnelle Folge von eher leisen, gepressten Tönen.

Ähnliche Kost wie Rotdrossel, nimmt sowohl tierische als auch pflanzliche Nahrung zu sich. Am Strand erbeuten sie Tangfliegen u.a.

In Island sind Wacholderdrosseln in Waldgebieten, in Parks und Gärten, bei Höfen und an der Küste anzutreffen. Das solide gebaute Nest wird in Bäumen angelegt.

Häufiger Herbst- und Wintergast in Island. Seit 1950 sind mehrere Brutversuche in N- und S-Island nachgewiesen. Die Verbreitungsgebiete liegen in einem breiten Gürtel von Skandinavien quer durch Europa bis nach Asien nach Osten.

Landesteile, in denen das Eintreffen von Wacholderdrosseln wahrscheinlich ist

Amsel

Turdus merula

DIE AMSEL ist von vergleichbarer Größe wie die Wacholderdrossel. In der Farbe ähnelt sie am ehesten dem Star, ist aber von ihm leicht durch den langen Schwanz, das tiefe Schwarz (♂) sowie das typische Drossel-Verhalten zu unterscheiden. Das ad. ♂ ist schwarz, Schnabel und Lidring sind gelb. Beim imm. ♂ ist im 1. Winter der Schnabel dunkel und hellt nach und nach auf. ♀ ist an der Oberseite dunkelbraun, an der Unterseite etwas heller und gefleckt, an der Kehle grau. Der dunkle Schnabel ist an der Basis heller.

Vgl. oben. Beine und Augen dunkel.

Normalerweise scheu, doch das singende ♂ präsentiert sich im Frühjahr stolz hoch oben in Bäumen. Einzeln oder in kleinen Gruppen anzutreffen.

Durchdringender melodischer oder melancholisch klingender Gesang, aber bei Erregung auch harte, schnalzende Alarmlaute.

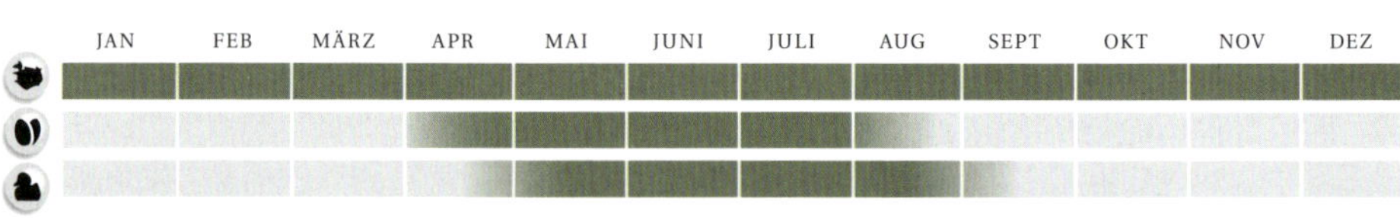

Seltener und lokaler Brutvogel / Herbst- und Wintergast

LÄNGE	SPANNWEITE	GEWICHT	GELEGE	BRUT	AUFZUCHT	BRUTPAARE
24–25 cm	34–39 cm	100 g	3–5 Eier	13–15 Tage	13–14 Tage	200–400

1. Jungvogel | 2. ♀ | 3. ♂

Sowohl pflanzliche als auch tierische Nahrung; sucht am Boden nach Insekten, Spinnen und Würmer, nimmt auch Beeren in Bäumen und Sträuchern.

Nistet in Parks und Gärten und ist vermutlich Standvogel. Amseln haben eine lange Brutzeit und brüten oft mehrmals im gleichen Sommer. Der Gesang beginnt im Februar, häufig lange vor Dämmerungsanbruch und vor allem bei verhangenem Himmel. Die erste Brut kann bereits Ende März stattfinden, und noch nicht flügge Jungvögel wurden bis Ende September gefunden. Außerhalb der Brutzeit in Gärten, bei Höfen und am Strand anzutreffen.

Herbst-und Wintergast in Island; der erste Brutversuch von Amseln wurde 1969 in Reykjavík nachgewiesen. Seit 1991 brüten sie regelmäßig in Reykjavík. 1999 verschlug es während des Vogelzugs einen größeren Trupp nach Island, was den Bestand erheblich stärkte, der seitdem ständig gewachsen ist. Amseln sind jetzt im Haupstadtbereich als Brutvögel verbreitet, und möglicherweise wird es ihnen ähnlich wie dem Star gelingen, auch andernorts Fuß zu fassen; inzwischen liegen Brutnachweise aus einigen anderen Orten des Landes vor. Die Verbreitungsgebiete der Amsel liegen in Europa, Nordafrika, sowie in einem schmalen Gürtel quer durch Asien bis nach Indochina.

Wintergoldhähnchen

Regulus regulus

DER KLEINSTE unter den europäischen Vögeln hat gewisse Ähnlichkeit mit kleinen Grasmücken, ist aber kugeliger und hat einen kurzen Hals. Oberseite olivgrün, Flanken graugrünlich; der gelbe Scheitelstreif ist beidseitig schwarz gerandet; kein Überaugenstreif. Zwei helle Flügelbinden und gelbe Federränder an schwarzen Flügeldecken sind kennzeichnend. Beim ♂ ist der Scheitelstreif z.T. orangefarben. Imm. ohne Scheitelstreif, aber auch bei ihnen ist das Flügelmuster vorhanden. Flügel kurz und breit.

Schnabel und Augen schwarz, Beine bräunlich, Zehen gelb.

Agiler und ständig aktiver Vogel, der manchmal mit dem Kopf nach unten seine Nahrung in Bäumen sucht, manchmal auch im Flug.

Feiner Ruf mit sehr hoher Frequenz, von älteren Menschen oft nicht zu hören. Der Gesang ist laut, ein gereihter zweisilbiger Ruf, der mit mit einem Triller endet, den jeder hört.

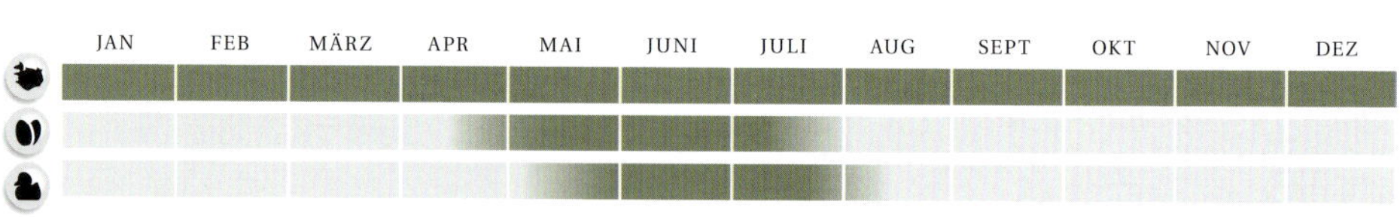

Verbreiteter und lokaler Brutvogel / Standvogel

LÄNGE	SPANNWEITE	GEWICHT	GELEGE	BRUT	AUFZUCHT	BRUTPAARE
9 cm	14–16 cm	6 g	6–11 Eier	15–17 Tage	17–22 Tage	1.000–2.000

1. Jungvogel | 2. Altvogel | 3. Altvogel

Wintergoldhähnchen ernähren sich vorwiegend von Läusen (Sitkafichtenlaus) und Springschwänzen, fressen aber auch andere Kleintiere in Bäumen wie Spinnen, Blattläuse, Spanner, Larven, Puppen und Insekteneier an Laub und Nadeln.

Das Nest ist kugelförmig mit zwei Öffnungen und wird aus Moos und Vegetationsresten geflochten. Es hängt an Nadelbaumzweigen.

Lange Zeit ein jährlich anzutreffender Irrgast im Herbst, der nun schon seit einiger Zeit in Island brütet und sich hier in Nadelwald-Aufforstungsgebieten gut etabliert hat. Im Herbst 1996 fand eine große Invasion statt, daraufhin erfolgten vermutlich die ersten Brutversuche, nachgewiesen wurden sie aber erst 1999. Anschließend breiteten sich Wintergoldhähnchen rasch in ganz Island mit Ausnahme des Nordwestens aus. Aufgrund eines extremen Kälteeinbruchs im November 2004 wurde der Bestand sehr dezimiert, hat sich danach aber regeneriert und inzwischen wohl wieder dieselbe Größe erreicht wie vor dem Einbruch. In Island Standvogel, der anscheinend isländische Winter gut übersteht, sieht man von den Einbußen 2004 ab. Verbreiteter Waldvogel in Europa und stellenweise auch in Asien bis nach Japan.

Größte bekannte Verbreitung

Kolkrabe

Corvus corax

DER KOLKRABE ist der einzige isländische Vertreter der Familie Rabenvögel. Jedes isländische Kind kennt den Raben, der von einigen geliebt, von anderen gehasst wird. Der größte Sperlingvogel ist kräftig gebaut und hat lange, breite, gefingerte Flügel und einen keilförmigem Schwanz. Gefieder schwarz, bei Ad. grün oder violett schillernd; die Schenkel sind befiedert, die Halsfedern oft gesträubt.

Schnabel schwarz, dick und kräftig; Oberschnabel an der Basis gefiedert. Beine und Augen schwarz.

Kraftvoller Flug mit tief fördernden Flügelschlägen; fliegt gerade und oft hoch, gleitet mit ausgebreiteten Flügeln, lässt sich mit angewinkelten Flügeln fallen; führt gern allerlei Flugkunststücke vor. Hüpft häufig auf beiden Füßen. Kolkraben sind gesellig und gruppen- oder paarweise anzutreffen.

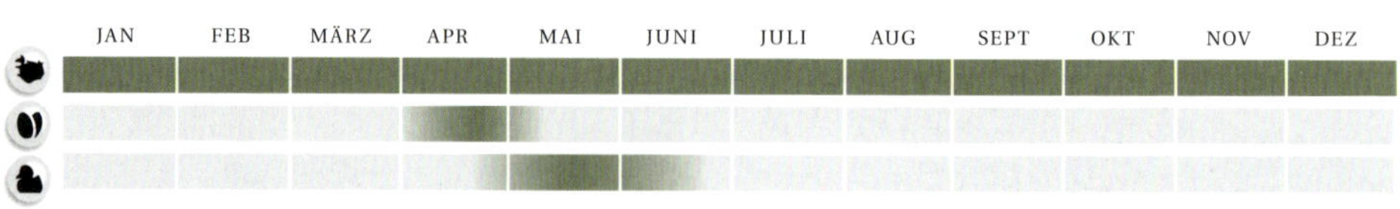

Verbreiteter Brutvogel / Standvogel

LÄNGE	SPANNWEITE	GEWICHT	GELEGE	BRUT	AUFZUCHT	BRUTPAARE
64 cm	120–150 cm	1,2 kg	4–6 Eier	20–21 Tage	35–49 Tage	~2.000

1. Altvogel | 2. Jungvogel | 3. Altvögel

Der Kolkrabe krächzt mit tiefer Stimme, gibt aber auch eine Vielzahl von anderen Lauten von sich.

Allesfresser, das Nahrungsspektrum reicht von Aas, Abfall, bis hin zu Eiern und imm. Vögeln; erbeutet manchmal auch ad. Vögel.

Kolkraben brüten in Felsen, Schluchten und im Flachland in Lavafeldern, aber selten über 400 m. Im südisländischen Tiefland nisten Kolkraben an diversen Bautwerken, beispielweise an Futtersilos, Strommasten und verlassenen Stallungen, mancherorts auch in Bäumen. Das große Nest wird aus allen möglichen Fundsachen wie Tierknochen, Zweigen und sogar Stacheldraht gebaut und mit Wolle und Federn ausgepolstert. Brutpaare halten sich ganzjährig in der Nähe ihres Reviers auf, während Imm. vagabundieren, oft in der Nähe von Ortschaften; abends finden sie sich gemeinschaftlich am Schlafplatz ein.

Die Verbreitungsgebiete von Kolkraben liegen in weiten Teilen der nördlichen Hemisphäre, sie sind aber in Ballungsgebieten kaum noch anzutreffen.

Star

Sturnus vulgaris

DER STAR IST EIN KOMPAKTER, dunkler Singvogel von der Größe einer Rotdrossel. Er ist häufig ein Kulturfolger. Kennzeichnend sind ein langer, sehr spitzer Schnabel, eine eher flache Stirn, dreieckige, spitz zulaufende Flügel und ein kurzer, breiter Schwanz. PK: schwarz mit blauem, grünem oder violettem Glanz, der beim ♂ stärker ist; vor allem an der Oberseite ein wenig fleckig. Im SK ist das Gefieder an der Oberseite fein hellbraun, an der Unterseite dicht weiß gefleckt, was von helleren Federspitzen herrührt, die sich im Spätwinter abnutzen. Imm. sind graubraun mit heller Kehle und an Brust und Bauch gestrichelt.

Schnabel gelblich im Sommer, braun im Winter. Beine rötlich, Augen dunkel.

Der Star fliegt gerade und flattert schnell oder gleitet; ist leicht an Flugweise und Silhouette zu erkennen. Er singt sitzend mit hängenden oder zittrigen Flügeln und gesträubten Halsfedern, auch im Winter. Sitzt normalerweise aufrecht

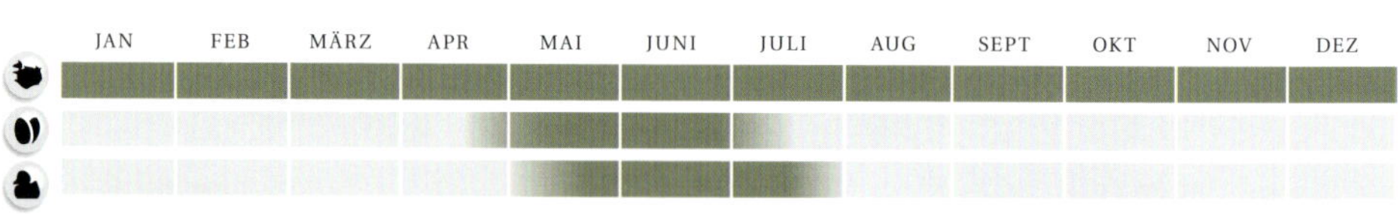

Verbreiteter Brutvogel / Standvogel

1.

2.

LÄNGE	SPANNWEITE	GEWICHT	GELEGE	BRUT	AUFZUCHT	BRUTPAARE
21–22 cm	37–42 cm	80 g	4–6 Eier	13–14 Tage	21 Tage	3.000–4.000

1. Schlichtkleid | *2. Schlichtkleid* | *3. Jungvogel*

und trippelt am Boden, hüpft nicht wie Drosseln beidbeinig. Stets gesellig und oft in riesigen Trupps am Schlafplatz.

Stimme sehr variabel, meist lärmend oder kreischend. Der Star ahmt Stimmen anderer Vögel nach und kann sogar Worte und Melodien lernen.

Breites Nahrungsspektrum – wichtig sind Insekten und Spinnen, mit denen die Jungvögel gefüttert werden; außerdem Beeren und andere Früchte. Sucht auch am Strand nach Nahrung sowie an Müllhalden und Kloaken.

Meist in Ortschaften und bei Höfen anzutreffen. Brütet an Gebäuden, in Brutkästen und in letzter Zeit auch zunehmend an Felsen. Das unsorgfältige Nest wird mit Altgras, Federn und allen möglichen Fundsachen hergerichtet, in Löchern unter Dachtraufen oder an Wänden, in Brutkästen und gelegentlich in ausrangierten Landmaschinen oder Booten sowie in Felsnischen. Brütet manchmal zweimal im Sommer. Stare sammeln sich abends aus großen Einzugsgebieten und fliegen in großen Trupps zu den Schlafplätzen in Nadelwäldern oder an hohen Gebäuden.

In Island brüteten Stare erstmals 1940 in Hornafjörður. In Reykjavík fassten sie erst um 1960 Fuß. Seitdem breiten sie sich von dort langsam aus. Andernorts seltener. Der Star ist überall auf der Welt verbreitet, in der nördlichen wie der südlichen Hemisphäre, wo er eingeführt wurde.

3.

Birkenzeisig

Carduelis flammea

KLEINER GESTREIFTER FINKENVOGEL mit kurzem Schwanz. Charakteristisch sind der rote Fleck auf der Stirn, dunkle Strichel an den Flanken, ein schwacher Flügelstreif und ein leicht gegabelter Schwanz. Im Spätwinter und im Frühjahr wird ♂ rötlich an Brust und manchmal auch Bürzel. Imm. sind braun gestrichelt und ohne roten Stirnfleck. Sie erhalten ihr Alterskleid im August.

Der Schnabel ist wie bei anderen Finkenvögeln kurz und gelblich, die Schnabelspitze schwarz; Beine dunkel und Augen braun.

Birkenzeisige fliegen leicht und wellenförmig, sie suchen agil und quecksilbrig Nahrung in Bäumen und anderer Vegetation. Außerhalb der Brutzeit meist in kleinen, aber auch größeren Trupps anzutreffen.

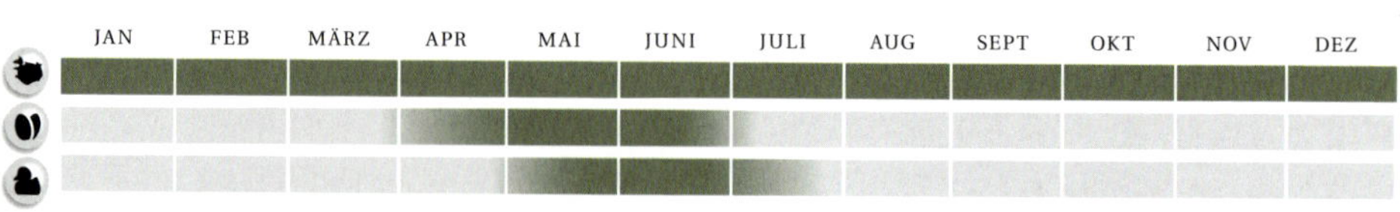

Sehr verbreiteter Brutvogel / Standvogel / Durchzügler

LÄNGE	SPANNWEITE	GEWICHT	GELEGE	BRUT	AUFZUCHT	BRUTPAARE
12–14 cm	20–25 cm	15 g	4–6 Eier	10–12 Tage	10–14 Tage	10.000–30.000

1. Altvogel ♀ mit Küken | 2. Jungvogel | 3. Altvogel

Scheppernde Rufe, aber auch trillernder, langgezogener Gesang.

Samenfresser, der sich hauptsächlich von Birkensamen ernährt, nimmt aber auch Samen von Nordischem Ampfer, Strand-Kamille und anderen Wildpflanzen. Seit neuestem auch imstande, Nadelholzzapfen Samen zu entnehmen. Jungvögel werden mit Insekten und Spinnen gefüttert.

Der Lebensraum von Birkenzeisigen ist der isländische Birkenwald. Sie sind aber auch in Aufforstungsgebieten und in Gärten anzutreffen. Das Nest wird in Bäumen und Gebüsch angelegt, ein sorgfältig geflochtenes Körbchen aus dürrem Gras und Pflanzen, das mit Fasern und Federn gepolstert wird. Normalerweise brüten die Vögel mehrmals im Sommer.

Der Bestand an Birkenzeisigen schwankt von Jahr zu Jahr, bedingt durch Wetterverhältnisse und das Angebot an Birkensamen, nimmt aber mit zunehmender Aufforstung zu. Grönländische Birkenzeisige sind im Frühjahr und Herbst als Durchzügler in Island anzutreffen und überwintern hier möglicherweise. Die Verbreitungsgebiete liegen in einem breiten Gürtel zirkumpolar in der nördlichen Hemisphäre.

Haussperling

Passer domesticus

DER HAUSSPERLING IST KLEIN, kompakt und etwas größer als der Birkenzeisig. ♂: an Oberseite und im Nacken rotbraun, Rücken und Flügeldecken dunkel gestreift; Scheitel grau, Kehle und Brustlatz schwarz. ♀ Oberseite graubraun, Unterseite hellgrau, sonst an Rücken und Flügeln wie ♂, Kopf und Ohrendecken dunkel, fahler Überaugenstreif. Imm. ähnlich. Beide Geschlechter haben weiße Flügelbänder.

Schnabel keilförmig, variierend von hell bis dunkel. Beine hellbraun, Augen dunkel.

Agiler Vogel. Flugweise wellenförmig. Haussperlinge sind ganzjährig gesellig.

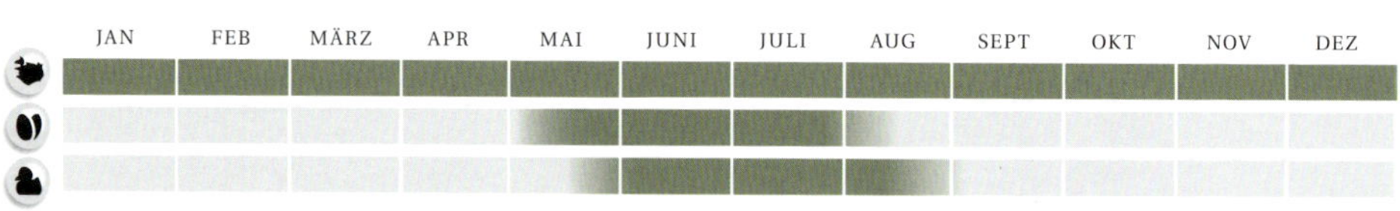

Sehr seltener Brutvogel / Standvogel

1.

2.

LÄNGE	SPANNWEITE	GEWICHT	GELEGE	BRUT	AUFZUCHT	BRUTPAARE
14–16 cm	21–26 cm	33 g	3–5 Eier	11–14 Tage	13–17 Tage	15–20

1. Jungvogel | *2.* ♀ | *3.* ♂

Ständiges lautes Tschilpen.

Ernährt sich vorwiegend von Samen und Beeren, füttert aber die Jungen mit proteinreicher tierischer Nahrung, u.a. Insekten und Spinnen.

Haussperlinge sind in ihrem Lebensraum an den Menschen angepasst. Sie nisten in Löchern und Nischen an Gebäuden und brüten gewöhnlich 2–3 mal pro Sommer.

In Island sind Haussperlinge seltene Gäste; erster Brutversuch 1959. In den Jahren von 1971–1980 brüteten einige Paare im Borgarfjörður Eystri. Seit 1985 gibt es einen winzigen Bestand in Hof, SO-Island, andernorts kommt der Haussperling nicht vor. Ursprüngliche Verbreitungsgebiete waren in Europa, Asien und Afrika und ist ein typischer Vogel europäischer Städte und Dörfer. Er wurde an vielen Orten der Welt eingeführt und brütet inzwischen auf allen Kontinenten mit Ausnahme der Antarktis.

3.

♂ *Sommer*

Schneeammer

Plectrophenax nivalis

CHARAKTERISTISCHER SINGVOGEL in kargem Land und im Hochland. Eher klein, etwa so groß wie Steinschmätzer. PK ♂: schneeweiß, aber schwarz an Rücken, Schulterfedern und Handschwingen. Im SK ähnlich wie ♀. PK ♀: Oberseite hellbraun, unten heller, Rücken dunkel, ebenso die Flügeldecken mit hellen Flügelbinden; im SK ähnlich, nur schwächer gefärbt. Flügge Imm. sind grau, ohne Flügelfelder. Auffallend weiße Flügeldecken im Flug.

Keilförmiger Schnabel, im Sommer schwarz, im Winter gelb. Beine schwarz, Augen dunkel.

Schneeammern fliegen schnell und wellenförmig. Sie rasten auf Steinen, Dächern, Überlandleitungen und andernorts, selten in Bäumen. Im Winter sind sie extrem gesellig, im Sommer sind sie in Paaren oder Familien anzutreffen.

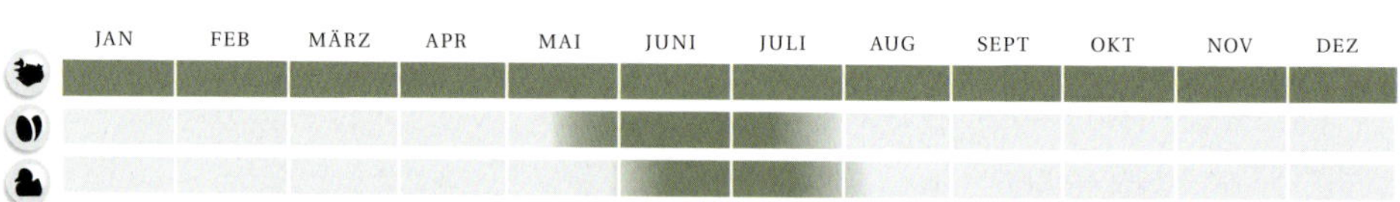

Sehr verbreiteter Brutvogel / Standvogel / Durchzügler

1.

2.

LÄNGE	SPANNWEITE	GEWICHT	GELEGE	BRUT	AUFZUCHT	BRUTPAARE
16–17 cm	32–38 cm	35 g	4–6 Eier	12–13 Tage	12–14 Tage	50.000-100.000

1. Schlichtkleid | 2. Jungvogel | 3. Schlichtkleid

Lauter, schneller und melodischer Gesang im Flug und im Sitzen. Im Winter klingelnde oder klirrende Laute.

Ernährt sich hauptsächlich von Strandhaferkorn, aber auch von Beeren. Im Sommer sind Insekten und Spinnen wichtig. Sie sind die Haupnahrung für den Nachwuchs. Im Winter stellen Getreidefelder eine wichtige Vorratskammer dar.

Als Brutvogel in höheren Lagen und im Hochland verbreitet, vereinzelt im Flachland. Brütet in steinigem Gelände und an Felsen in Küstennähe, auch auf Inseln. Das körbchenförmige Nest wird sorgfältig geflochten und in Felsnischen oder auch in Spalten von aufgeschichteten Steinmauern angelegt. Brütet oft zweimal im Sommer. Im Winter halten sich Schneeammern sowohl in Küstennähe als auch landeinwärts auf, häufig in großen Schwärmen in der Nähe menschlicher Siedlungen.

Ein Teil der Population überwintert in Schottland, gleichzeitig sind grönländische Schneeammern Wintergäste in Island oder rasten hier auf dem Zug. Schneeammern brüten in Nordskandinavien und anderen Ländern rund um das nördliche Eismeer.

3.

LÄNGE	SPANNWEITE	GEWICHT
18–19 cm	30–36 cm	40 g

Feldlerche

Alauda arvensis

Häufiger Gast vor allem im Herbst von Mitte Oktober bis Dezember, aber vereinzelt auch zu den mitteleuropäischen Zugzeiten dieser Art im ausgehenden Winter bis Mitte März nachgewiesen; am häufigsten in S-Island, von der südwestlichsten Spitze bis zum Álftafjörður in SO-Island. Keine Nachweise in W-Island von Reykjavík bis Siglufjörður. Die Feldlerche hat gewisse Ähnlichkeit mit dem Wiesenpieper, ist aber kompaker und deutlich größer. Sie ist an der Oberseite gestrichelt und hat eine gestutzt wirkende Haube. Wie beim Wiesenpieper sind die Schwanzkanten weiß. Verbreiteter Brutvogel in Europa, Asien und Nordafrika.

LÄNGE	SPANNWEITE	GEWICHT
17–19 cm	32–35 cm	20 g

Rauchschwalbe

Hirundo rustica

Häufiger Sommergast, der von Mitte April bis Oktober anzutreffen ist, am häufigsten aber im Frühjahr; Nachweise im ganzen Land. An Oberseite und Kopf schwarz glänzend; schwarzes Brustband, Kehle und Gesicht rot. Die Flügel sind lang, der Schwanz ist tief gegabelt mit langen Schwanzspießen, die bei Imm. kurz sind. Bauch und Brust hellgelb. Fliegt schnell und leicht, gleitet oft. Sitzt oft auf Leitungsdrähten, Antennen u.ä. Hat des öfteren in Island gebrütet, sich aber nicht eingebürgert. Nester finden sich häufig in Stallungen und an anderen Gebäuden. Brutvogel in Europa, Nordafrika, Asien und Nordamerika; europäische Vögel überwintern im südlichen Afrika.

LÄNGE	SPANNWEITE	GEWICHT
13 cm	26–29 cm	19 g

LÄNGE	SPANNWEITE	GEWICHT
16,5–17 cm	22,5–28 cm	24 g

Mehlschwalbe

Delichon urbicum

Häufiger Frühjahrs- und Sommergast, kommt nicht selten zusammen mit Rauchschwalben. Bei Mehlschwalben ist die Oberseite glänzend schwarz, die Unterseite weiß. Weißer Bürzel und gegabelter Schwanz. Von Rauchschwalben, denen sie in Flugweise und Verhalten ähneln, sind sie durch die kürzeren Schwanzfedern zu unterscheiden. Einige Brutversuche in Island, das Nest wird außen an Häusern unter Dachtraufen angebracht. Brutvogel in Europa, NW-Afrika und Asien.

Strandpieper

Anthus petrosus

Unregelmäßiger Irrgast in Island, der auch Brutversuche unternommen hat. Nachweise in S-Island in den meisten Monaten, aber am häufigsten im Frühjahr. Brutversuche auf Kap Ingólfshöfði und wahrscheinlich auch den Westmännerinseln. Strandpieper gleichen Wiesenpiepern, sind aber dunkler und unterseits dichter gestreift, mit hellgrauen Schwanzkanten. Die Beine sind dunkel. Brütet entlang der Küsten in Skandinavien, Frankreich sowie auf den Britischen Inseln und den Färöern.

LÄNGE	SPANNWEITE	GEWICHT
18 cm	32–36 cm	65 g

Seidenschwanz

Bombycilla garrulus

Unregelmäßiger Gast, der vermutlich wegen Nahrungsmangel in den Winterquartieren manchmal in großen Trupps im Herbst und Winter in Island erscheint. Die Invasionen von Seidenschwänzen beginnen meist im Oktober, und die Vögel halten sich den ganzen Winter über in Island auf, manchmal bis April. Sie sind in allen Landesteilen nachgewiesen. Der Seidenschwanz ist leicht an seinem auffallenden Gefieder zu erkennen, die Grundfarbe ist graurosa; kennzeichnend sind die lange Kopfhaube, das schwarze Gesicht, das gelb-weiß-rote Farbmuster an Flügeln und Schwanz und der rötliche Steiß. Die Verbreitungsgebiete liegen im nördlichsten Nadelwaldgürtel von Skandinavien, Rußland, Sibirien und Nordamerika.

LÄNGE	SPANNWEITE	GEWICHT
14 cm	20–22 cm	18 g

Rotkehlchen

Erithacus rubecula

Jedes Jahr auftretender Gast, der vor allem im Spätherbst in Island anzutreffen ist und manchmal hier überwintert, deswegen auch Nachweise im Frühjahr. Im ganzen Land nachgewiesen, aber am häufigsten in S- und O-Island. Der erste Brutversuch fand 1989 in Hallormsstaður (O-Island) statt, seitdem gab es einige weitere Belege. Klein und kugelig, leicht an der orangerot gefärbten Brust und Stirn zu erkennen. Oberseite bräunlich, Unterseite weiß; die rote Farbe ist grau umrahmt, vor allem an den Seiten. Steht oft aufrecht. Häufiger und verbreiteter Waldvogel in Europa, Westasien und Nordafrika.

♂ í vetrarbúningi

Ungfugl

LÄNGE	SPANNWEITE	GEWICHT
14 cm	20,5–24 cm	15 g

Gartenrotschwanz

Phoenicurus phoenicurus

Der Gartenrotschwanz ist ein Herbstgast, der aber nicht jedes Jahr anzutreffen ist. Die Nachweise sind seit 1990 weniger geworden. Die Vögel wurden von Anfang September bis Anfang November gesichtet, im Frühjahr und Sommer gibt es nur ganz wenige Nachweise. Der Gartenrotschwanz ist verwandt mit dem Steinschmätzer. Beim ♀ und Imm. ist die Oberseite bräunlich, die Unterseite beigeweiß. Heller Augenring. Beim ♂ sind im Herbst Kehle, Vorderhals und obere Brust schwärzlich geschuppt, an der unteren Brust und an den Seiten sind sie gelbrot. Stirn weiß. In allen Kleiden fallen rostroter Bürzel und Schwanz auf, der im Stehen ständig zuckt. Verbreiteter Brutvogel in Europa und Asien.

Jungvogel

Jungvogel

LÄNGE	SPANNWEITE	GEWICHT
12,5 cm	21–24 cm	17 g

Braunkehlchen

Saxicola rubetra

Beinahe jedes Jahr anzutreffender herbstlicher Irrgast, Nachweise von Anfang September bis November von SW-Island bis im Norden auf der Insel Grímsey. Das Braunkehlchen ist mit dem Steinschmätzer verwandt. Im Herbstkleid fallen ein dunkler Augenstreif und gestrichelte Kopfseiten auf, die von hellgelben Überaugenstreif und Kehle eingerahmt sind. An der Oberseite braun und schwarz gefleckt, die Brust íst gelblich. Weiße Schwanzwurzeln. Das ♂ ist krontrastreicher gefärbt. Wippt ständig mit dem Schwanz. Brütet in weiten Teilen Europas und in Asien.

LÄNGE	SPANNWEITE	GEWICHT
23 cm	33–36 cm	80 g

Singdrossel

Turdus philomelos

Jährlich anzutreffender Herbstgast, am häufigsten im Oktober und November; hält sich häufig längere Zeit in Island auf. Nachweise in allen Monaten außer Juli, und zwar in allen Landesteilen mit Ausnahme der Westfjorde. Ähnelt im Aussehen der Rotdrossel, ist aber etwas größer und unten gefleckt; Flanken und Unterflügel ockergelb an den Stellen, wo die Rotdrossel rot ist; am Kopf weniger markant als sie gestreift. Heimlich und scheu. Verbreitet in den Wäldern von Europa sowie West- und Mittelasien.

LÄNGE	SPANNWEITE	GEWICHT
27 cm	42–47,5 cm	130 g

Misteldrossel

Turdus viscivorus

Eher unregelmäßiger herbstlicher Irrgast, der aber auch im Frühjahr nachgewiesen ist und dann vermutlich hier überwintert hat. Kommt meist im Oktober und November. Nachweise vor allem auf den Westmännerinseln, im Bezirk Austur-Skaftafell und in Húsavík, aber nicht in W-Island und in Reykjavík. Ein Brutversuch (1988) ist aus dem Bárðardalur bekannt. Die Misteldrossel ist eine große Drossel, die gewisse Ähnlichkeit mit einer Singdrossel hat, aber größer, grauer und heller ist; die Flecken an Brust und Bauch sind runder. Unterflügel weiß, Bürzel heller als Rücken. Brütet in Europa, NW-Afrika und Mittelasien.

ZWEIGSÄNGER sind eine buntgemischte Familie kleinwüchsiger Singvögel, die in Europa, Asien und Afrika verbreitet sind. Die meisten hier auftretenden Individuen stammen aus Skandinavien und werden auf dem Zug über die Nordsee bei südöstlichen Winden nach Island verdriftet, meist handelt es sich um Jungvögel des Sommers.

LÄNGE	SPANNWEITE	GEWICHT
14 cm	20–24,5 cm	19 g

Gartengrasmücke

Sylvia borin

Die Gartengrasmücke ist ein jährlich auftretender Gast, der hauptsächlich von September bis Anfang Oktober, manchmal auch bis den November hinein nachgewiesen ist, sehr viel seltener im Frühjahr. Abgesehen von W-Island in allen Landesteilen nachgewiesen, am häufigsten in S-Island. Die Gartengrasmücke ist graubraun und hat keine hervorstechenden Merkmale; etwa so groß wie Wiesenpieper, Unterseite heller als Oberseite; heller Augenring, Halsseiten oft grau. Brütet in fast ganz Europa bis nach Zentralasien.

LÄNGE	SPANNWEITE	GEWICHT
15,5 cm	23–27 cm	25 g

Sperbergrasmücke

Sylvia nisoria

Häufiger Irrgast, der von Ende August bis Anfang November anzutreffen ist, vor allem in S-Island. Etwa so groß wie Gartengrasmücke, aber etwas größer, kräftiger gebaut, aber mit kantigerem Kopf und deutlich grau; auch der Schnabel ist kräftiger; andeutungsweise weiße Ränder an Flügeldecken. Unterseite im PK „gesperbert". An den bei hier im Herbst beobachteten Vögeln ist die Bänderung z.T. hinten vorhanden. Brutvogel in Osteuropa und Mittelasien.

LÄNGE	SPANNWEITE	GEWICHT
12,5–13,5 cm	16,5–20,5 cm	12 g

Klappergrasmücke

Sylvia curruca

Praktisch jährlich anzutreffender Irrgast des Herbstes, von Ende August bis November; gelegentlich auch im Frühjahr um die Monatswende Mai–Juni. Häufigste Nachweise in S-Island, auch häufig im äußersten Nordosten (Melrakkaslétta); nicht in NW- und W-Island zwischen Siglufjörður und Reykjavík. Die Klappergrasmücke hat gewisse Ähnlichkeit mit der Gartengrasmücke, ist aber kleiner und hat ein kontrastreicheres Gefieder. Oberseite graubraun, Unterseite hell; dunkelgraue Ohrdecken; Kehle und Vorderhals weiß, ebenso äußere Steuerfedern. An den Flügeln keine rostbraune Färbung wie bei Dorngrasmücke *(Sylvia communis)*, einem anderen seltenen Herbstgast in Island. Sie ist etwas größer und die Kopfseiten sind heller.

Klappergrasmücken brüten in großen Teilen Europas bis nach Zentralasien.

LÄNGE	SPANNWEITE	GEWICHT
13 cm	20–23 cm	21 g

Mönchsgrasmücke

Sylvia atricapilla

Die am häufigsten jährlich in Island anzutreffende Grasmückenart, vor allem im Spätherbst (Okt.–Nov.), und in allen Landesteilen. Die Vögel überleben manchmal den Winter hierzulande, was möglicherweise im Zusammenhang mit der neuen Entwicklung in W-Europa steht, wo Mönchsgrasmücken im Winter nicht mehr wegziehen. Sie wurde auch im Frühjahr nachgewiesen und singend gehört. Ähnelt der Gartengrasmücke in Färbung und Größe, ist aber grauer und stets leicht an der bis zu den Augen hinunterreichenden Kopfplatte zu erkennen, die beim ♂ schwarz ist, bei ♀ und Imm. braun. Verbreiteter Brutvogel in Europa bis nach Zentralasien sowie in NW-Afrika.

LÄNGE	SPANNWEITE	GEWICHT
10 cm	14,5–20 cm	7 g

Gelbbrauen-Laubsänger

Phylloscopus inornatus

Jährlich anzutreffender Herbstgast, am häufigsten im Bezirk Austur-Skaftafell und auf den Westmännerinseln, ist aber auch andernorts nachgewiesen, aber nicht von Akranes bis Ingólfsfjörður (NW-Island). Ein winziger Laubsänger, der in der Größe etwa zwischen Fitis und Wintergoldhähnchen liegt. Ähnelt dem Fitis, hat aber zwei auffallend helle Flügelbinden und einen hellgelben Überaugenstreif, unten abgesetzt mit einem dunklen Augenstreif. Oberseite gelbgrün, Unterseite weißlich, Bürzel hellgrün. Beine bräunlich. Brutvogel in Mittel- und Ostsibirien.

LÄNGE	SPANNWEITE	GEWICHT
11–12 cm	17–22 cm	10 g

Fitis

Phylloscopus trochilus

Jährlicher Irrgast, etwas seltener als Zilpzalp. Trifft meist früher im Jahr ein, von Ende August bis Mitte Oktober: wurde im ganzen Land nachgewiesen, aber am häufigsten in S-Island. Einige Nachweise auch im Mai und Juni. Hin und wieder wurden singende Vögel beobachtet; man vermutet, dass es Brutversuche gegeben hat, in Öræfi 1989 und vielleicht auch öfter. Ähnelt dem Zilpzalp, hat aber hellere Beine und einen deutlicheren Überaugenstreif; Oberseits grünlicher, unterseits gelblicher. Verbreitet in Laubwäldern Europas und des nördlichen Asiens.

LÄNGE	SPANNWEITE	GEWICHT
10–11 cm	15–21 cm	8 g

Zilpzalp

Phylloscopus collybita

Jährlich auftretender Herbstgast, nach der Mönchsgrasmücke der zweihäufigste Irrgast aus der Familie der Zweigsänger. Ist imstande, den Winter hier zu überleben und ernährt sich dann hauptsächlich von Läusen an Nadelbäumen. Trifft meist in der zweiten Hälfte September bis zum November ein, wurde aber auch im Frühjahr und Sommer nachgewiesen. Im Sommer 2009 Brutversuch in Höfn. In allen Landesteilen nachgewiesen, am häufigsten in S-Island. Sehr kleiner Vogel, etwas größer als Zaunkönig; Oberseits graubräunlich-grün, heller Überaugenstreif; Oberseite dunkler als Unterseite; Schnabel schmal und schwarz, Beine meist schwarz. Ähnelt dem Fitis, ist aber gedrungener und der Augenstreif ist matter. Brutvogel in europäischen und asiatischen Wäldern.

LÄNGE	SPANNWEITE	GEWICHT
12 cm	19,5–24 cm	10 g

Waldlaubsänger

Phylloscopus sibilatrix

Irrgast vor allem im Herbst (August–Oktober), aber nicht jährlich anzutreffen; wurde auch im Frühjahr (Mai und Juni) nachgewiesen. Wie bei so vielen anderen Singvögeln stammen die meisten Nachweise aus dem Bezirk Austur-Skaftafell und den Westmännerinseln; Individuen wurden auch andernorts gesichtet, mit Ausnahme von NW-Island. Erinnert an Fitis, ist aber etwas größer; Oberseite gelb-grün, Kehle, Brust und Überaugenstreif zitronengelb. Deutlich Farbtrennung zwischen gelber Brust und weißem Bauch. Füße hell wie beim Fitis. Verbreiteter Brutvogel in europäischen Laubwäldern.

LÄNGE	SPANNWEITE	GEWICHT
14,5 cm	23–25,5 cm	17 g

Grauschnäpper

Muscicapa striata

Jährlich auftretender Irrgast, der meist im Herbst (September und Oktober) erscheint, aber auch im Frühjahr von Mitte April bis Mitte Juni; praktisch nur in S-Island von Reykjavík bis Berufjörður (O-Island) nachgewiesen. Grauschnäpper haben wenig markante Merkmale, der Rücken ist graubraun, Brust und Scheitel sind gestrichelt. Die unterschiedlichen Arten von Schnäppern ähneln sich im Verhalten, sie sitzen aufrecht auf einer niedrigen Warte, zucken mit dem Schwanz und halten Ausschau nach Insekten, auf die sie sich dann mit raschem Flügelschlag stürzen. Grauschnäpper setzen sich häufig auf dieselbe Warte. Verbreiteter Brutvogel in Europa, Zentralasien und NW-Afrika.

LÄNGE	SPANNWEITE	GEWICHT
13 cm	21,5 cm	13 g

Trauerschnäpper

Ficedula hypoleuca

Ein recht häufiger, aber nicht jährlich auftretender Irrgast der nach demselben Muster wie Grauschnäpper eintrifft, hauptsächlich im Herbst , aber vereinzelt auch im Frühjahr Nachweise stammen überwiegend aus S-Island Im Herbst ist der Trauerschnäpper oberseits olivbraun und unterseits hell; auffälliges weißes Flügelfeld Schwanzränder und Kehle weiß, undeutlicher weißer Bartstreif. Das ♂ im PK ist oberseits schwarz, unterseits weiß; es hat weiße Flügelfelder und einen kleinen weißen Stirnfleck. Verhalten vgl. Grauschnäpper, aber Trauerschnäpper wechseln die Warte und erbeuten Insekten auch am Boden. Brutvogel in Europa, Zentralasien und NW-Afrika.

LÄNGE	SPANNWEITE	GEWICHT
45–47 cm	93–104 cm	500 g

Nebelkrähe

Corvus cornix

Unregelmäßiger Irrgast, von dem es mit Ausnahme von Juli Nachweise im ganzen Jahr gibt, am häufigsten von März–Mai. Die Nebelkrähe ist etwa so groß wie die Saatkrähe, kleiner als der Kolkrabe. Leicht zu erkennen am Grau auf Rücken, Unterhals und Brust, sonst schwarz. Verbreiteter Brutvogel im östlichen Europa, aber auch auf den Färöern und in Irland, Schottland und Skandinavien.

Jungvogel

LÄNGE	SPANNWEITE	GEWICHT
44–46 cm	81–87 cm	310 g

Saatkrähe

Corvus frugilegus

Ähnelt dem Kolkraben, ist aber kleiner. Ad. sind völlig schwarz, das Kopfgefieder glänzt; unbefiederte Haut an der Schnabelbasis. Imm. sind schwächer gefärbt und im Gesicht befiedert. Die Schenkelfedern stehen struppig ab; der Schwanz ist gerundet und nicht keilförmig wie beim Kolkraben; Flugweise leichter als bei Kolkraben. Jährlicher Irrgast; die Anzahl schwankt von Jahr zu Jahr; die Vögel treffen meist im Herbst einzeln oder in kleinen Trupps ein und bleiben häufig im Winter; Nachweise vor allem aus S-Island in unterschiedlichen Lebensräumen, häufig in Ortschaften. Verbreiteter Brutvogel in Europa und in Asien.

LÄNGE	SPANNWEITE	GEWICHT
33–34 cm	67–74 cm	225 g

Dohle

Corvus monedula

Kleiner, gedrungener Krähenvogel von der Größe einer Taube. Schwarz oder dunkelgrau, im Nacken und an den Halsseiten blaugrau. Kopf und Kehle schwarz; manche Individuen sind heller. Imm. sind fast schwarz. Die Flugweise erinnert an Tauben. Regelmäßiger Irrgast im Frühjahr und Herbst; die meisten Vögel kommen Ende Oktober, manchmal in Trupps. Brütet an Gebäuden und hat einige Brutversuche hierzulande unternommen, aber ohne Erfolg. Brutvogel in Europa, NW-Afrika und Westasien.

LÄNGE	SPANNWEITE	GEWICHT
14 cm	25–26 cm	24 g

Bergfink

Fringilla montifringilla

Bergfinken sind etwa so groß wie Steinschmätzer; PK ♂: Kopf und Schultern schwarz, Brust, Vorderhals und -flügel orangefarben. SK: Kopf und Schultern heller. ♀ ist an Kopf und Schultern brauner als ♂ im SK und matter gefärbt; Imm. sind ähnlich. Beide Geschlechter haben einen auffallend weißen Bürzel und zwei breit weiße Flügelbinden. Wellenförmiger Flug mit flatternden Wendungen. Bergfinken treten meist in kleinen Trupps auf, singendes ♂ im Frühjahr einzeln. In Island meist im Herbst anzutreffen. Bergfinken sind in den Nadelwäldern von Europa und Asien verbreitet.

LÄNGE	SPANNWEITE	GEWICHT
15 cm	25–29 cm	24 g

Buchfink

Fringilla coelebs

Buchfinken sind etwa so groß wie Bergfinken; Kopf und Schultern blaugrau, Rücken, Kopfseiten, Kehle, Brust und Unterseite braunrosa. ♀ ist grauer; der Bürzel ist bei beiden Geschlechtern grünlich. Buchfinken sind Herbst- und Wintergäste, aber häufig auch im Frühjahr anzutreffen, doch seltener als Bergfinken. In den letzten Jahren gab es einige Nachweise für Brutversuche, vor allem in Nadelwald-Aufforstungsgebieten in S-Island. Verbreiteter Brutvogel in europäischen Wäldern und Parkanlagen bis nach Zentralasien.

LÄNGE	SPANNWEITE	GEWICHT
12 cm	20–23 cm	15 g

Erlenzeisig

Carduelis spinus

Der Erlenzeisig ähnelt dem Birkenzeisig; ♂ ist grüngelblich mit schwarzer Scheitelkappe, gelben Flügelbinden und gelbem Schwanzfleck; ♀ ist matter, doch die Musterung ist ähnlich. Erlenzeisige verschlägt es jährlich nach Island, vor allem im Herbst von Mitte Sept. bis Ende Okt., aber auch im Frühjahr. 1994–1997 und 2001 Brutversuche in Aufforstungsgebieten in S-Island. Im Herbst 2007 kamen ungewöhnlich viele Erlenzeisige, von denen man im Winter darauf kaum etwas sah, doch im Sommer 2008 gab es in S- und O-Island diverse Brutversuche, und 2009 und 2010 jeweils einen. Vermutlich sind Erlenzeige im Begriff, in Island Fuß zu fassen. Brutvogel in den Nadelwäldern von Europa und Asien.

LÄNGE	SPANNWEITE	GEWICHT
14,5–15 cm	24–26,5 cm	23 g

Karmingimpel

Carpodacus erythrinus

Praktisch jährlich anzutreffender Irrgast des Herbstes, der aber auch im Frühjahr nachgewiesen wurde; vor allem im September und Oktober anzutreffen, aber auch im Frühjahr von Mai–Mitte Juli. In Island treten vor allem Imm. auf, die wenig besondere Merkmale haben. Das Gefieder ist braun gestreift, mit zwei hellen Flügelbinden; kräftiger, konischer Schnabel. Das ♂ im PK ist an Kopf, Brust und Bürzel rot; im SK matter gefärbt. Brutvogel in NO-Europa und quer durch Asien bis zum Pazifik.

♂

LÄNGE	SPANNWEITE	GEWICHT
17 cm	27–31 cm	43 g

Fichtenkreuz-schnabel

Loxia curvirostra

Großer Fink mit eigentümlich gekreuztem Schnabel, der ihm den Namen gibt. Aufgrund der Schnabelform sind die Vögel darauf spezialisiert, Nadelholzzapfen Samen zu entnehmen. ♂ ziegelrot mit dunkleren Flügeln, ♀ graugrün mit gelbgrünem Bürzel; Imm. sind bräunlich und kräftig gestreift. Nach beendeter Brut streifen die Vögel oft weit vom Brutplatz entfernt umher und erreichen so auch manchmal in großen Trupps Island. Sie können zu allen Jahreszeiten brüten, da die Brutzeit von reifen Zapfen abhängig ist. Der erste Brutversuch fand im Dezember 1994 statt, und dann wieder 2006. Die nächsten Nachweise stammen von 2008–2009, als es etliche Paare Brutversuche in 0-, S-, SW- und W-Island gab, und seitdem brüten sie regelmäßig hier. Fichtenkreuzschnäbel sind in den Nadelwäldern von Eurasien und Nordamerika beheimatet.

Jungvogel

♀

LÄNGE	SPANNWEITE	GEWICHT
15,5–16,5 cm	22–29 cm	32 g

Gimpel

Pyrrhula pyrrhula

Gimpel sind eher unregelmäßige Wintergäste; zweimal gab es verhältnismäßig große Invasionen in Island, im Winter 1994–95 und im Herbst 2004. Es gibt Nachweise aus dem ganzen Land, die meisten aus der Zeit von Oktober–März. Der Gimpel ist ein recht großer, kompakter und bunter Fink; beide Geschlechter haben eine schwarze Kopfplatte, einen weißen Bürzel, einen schwarzen Schwanz und eine weiße Flügelbinde; beim ♂ ist die Brust rosenrot, beim ♀ beigegrau. Gimpel sind Waldvögel und brüten in Europa und Asien bis zum Pazifik.

LÄNGE	SPANNWEITE	GEWICHT
15–16 cm	26–28 cm	24 g

Spornammer

Calcarius lapponicus

Spornammern sind in Island Durchzügler, die auf dem Weg von den Winterquartieren in Europa zu den Brutgebieten in Grönland im Frühjahr und Herbst hier rasten. Sie sind am ehesten am Strand und vor allem in bewachsenen Dünen anzutreffen; im Frühjahr im ganzen Land, im Herbst am häufigsten in SW-Island und auf den Westmännerinseln. Im Sommer 2007 und 2009 wurden Brutversuche in NW-Island nachgewiesen, und vermutlich haben sie 1999 auf Snæfellsnes gebrütet. Spornammern ähneln Schneeammern in Bezug auf Größe und Verhalten, unterscheiden sich aber im Gefieder. Das ♀ ist im PK an Kopf und Brust dunkel, im SK heller. ♂ hat rotbraune Flecken an den Flügeln. Verbreitet in Grönland und im Norden von Europa, Asien und Nordamerika.

1.

2.

3.

1. Papageitaucher | 2. Papageitaucher mit Ei | 3. Nestling des Papageitauchers

Eier und Küken

Allen Vögeln ist u.a. gemeinsam, dass sie Eier legen. Das Ei als geschlossene Hülse enthält alles, was der Embryo in seiner Entwicklung bis zum Schlüpfen braucht. Vogeleier unterscheiden sich von Eizellen anderer Lebewesen durch eine harte Kalkschale. Sie werden zum Ausbrüten meist in Nestern abgelegt. Die Farbe der Eier hängt meist vom Nistplatz ab; ist das Nest offen, haben sie oft Tarnfarben, dagegen sind Eier von Höhlenbrütern meist einfarbig weiß. Bei der Eiform können innerhalb ein und derselben Art und womöglich sogar in einem Nest Abweichungen auftreten.

Im Folgenden sind in Originalgröße die Eier der isländischen Brutvögel abgebildet, zudem die von Wasserralle und Krabbentaucher, die nicht mehr in Island brüten, und den unregelmäßigen Brutvögeln Kiebitz, Blässhuhn und Wacholderdrossel.

Zuvor werden Nester und Küken von Vertretern der jeweiligen Gruppen gezeigt, die Aufschluss über das Habitat der betreffenden Art und die Wahl des Nistplatzes geben.

4. Nistplatz der Dickschnabellumme | 5. Nistplatz der Trottellumme | 6. Nest des Basstölpels
7. Nest der Gryllteiste | 8. Nest der Krähenscharbe

EIER UND KÜKEN VON SEEVÖGELN

Die meisten Seevögel legen nur ein Ei. Bei ihnen zieht sich die Brutzeit über einen langen Zeitraum hin, manchmal über den ganzen Sommer. Eissturmvögel brüten auf Felsvorsprüngen oder an bewachsenen Hängen. Atlantiksturmtaucher, Wellenläufer und Sturmschwalbe graben Höhlen für ihre Eier oder legen sie unter vorspringenden Felsen ab. Der Basstölpel schichtet für sein Ei ein großes Haufennest oben steil aufragenden Inseln auf. Kormorane legen ihre Eier in einem Nest aus Tang ab, das mit Federn und Gras ausgekleidet wird. Alle Alke legen ein einziges Ei, nur bei der Gryllteiste sind es zwei. Trottel- und Dickschnabellummen geben sich mit einem nackten Felssims zufrieden; ihre Eier drehen sich aufgrund der Form um das schmale Ende und können daher kaum vom Brutplatz rollen. Tordalke brüten in Geröllhängen oder Felsspalten. Gryllteisten nisten unter Steinen und in Geröllhängen, Papageitaucher graben Bruthöhlen.

Seevögeleier sind meist einfarbig weiß oder hell, doch bei Trottel- und Dickschnabellummen, Tordalken und Gryllteisten sind die Eier gefleckt.

Seevögelküken sind Nesthocker und verlassen den Nistplatz erst, wenn sie voll entwickelt sind, die Jungen von Trottel- und Dickschnabellummen sowie Tordalken verlassen den Nistplatz aber schon nach 2–3 Wochen und werden auf dem Meer von den Eltern betreut.

EIER VON SEEVÖGELN

Trottellumme

Trottellumme

Gryllteiste

Tordalk

Dickschnabellumme

Atlantiksturmtaucher

EIER VON SEEVÖGELN

Kormoran

Eissturmvogel

Basstölpel

Krähenscharbe

Papageitaucher

Krabbentaucher

Sturmschwalbe

Wellenläufer

1. Küken des Meerstrandläufers | 2. Nest des Goldregenspfeifers | 3. Nest des Alpenstrandläufers
4. Nest der Bekassine | 5. Nest der Uferschnepfe

6. Nest des Rotschenkels | 7. Küken des Rotschenkels | 8. Nest des Sandregenpfeifers
9. Nest der Austernfischers

EIER UND KÜKEN VON WATVÖGELN

Bei Watvögeln sind die Nester meist ähnlich angelegt. In vielen Fällen handelt es sich um eine flache Mulde in bewachsenem Land, die mit Pflanzen und dürrem Gras getarnt wird. Austernfischer und Sandregenpfeifer wählen ihre Nestplätze aber meist in offenem, unbewachsenem Gelände. Das Gelege des Austernfischers besteht meist aus drei Eiern, während andere Arten in der Regel vier Eier legen, manchmal aber auch drei oder fünf. Eier von Limikolen sind birnenförmig und gemustert; die unterschiedlich starke Fleckung ist an der stumpfen Rundung dichter. So passen die Eier sich ihrer Umgebung gut an. Im Nest werden die Eier mit dem spitzeren Ende nach innen angeordnet.

Küken von Watvögeln verlassen das Nest gleich nach dem Trocknen der Daunen, d.h. nach ein oder zwei Tagen. Sie müssen sich von Anfang an selber ernähren, stehen aber bis zum Flüggewerden unter Aufsicht eines oder beider Elternteile. Nur Austernfischer und Bekassinen füttern ihre Jungen eine gewisse Zeit.

EIER VON WATVÖGELN

Uferschnepfe

Austernfischer

Kiebitz

Goldregenpfeifer

Rotschenkel

Regenbrachvogel

Waldschnepfe

Alpenstrandläufer

Sandregenpfeifer

Meerstrandläufer

Odinshühnchen

Bekassine

Thorshühnchen

Wasserralle

Blässhuhn

1. Nestling der Silbermöwe | 2. Nest der Silbermöwe | 3. Nest der Küstenseeschwalbe
4. Küken der Lachmöwe | 5. Nest der Lachmöwe

6. Nest der Dreizehnmöwe | 7. Nistplatz der Großen Raubmöwe | 8. Nest der Sturmmöwe
9. Nest der Mantelmöwe

EIER UND KÜKEN VON MÖWEN

Die Nester von Möwen, Skuas, Schmarotzerraubmöwen und Küstenseeschwalben haben einige Ähnlichkeit, sind aber je nach Habitat unterschiedlich kompliziert gebaut. Lachmöwen-Nester in trockenen Gebieten sind bescheiden, in seggenbestandenen Flachgewässern können sie aber einen beträchtlichen Umfang erreichen und auf dem Wasser schwimmen. Die Heringsmöwe legt ihr unauffälliges Nest am Boden an, die Mantelmöwe baut es aufwendiger auf Bodenerhebungen. Eismöwen und Silbermöwen brüten meistens an steilen Hängen und Felsen am Meer. Die Dreizehenmöwe ist mehr als andere Möwen vom Meer abhängig. Ihr meist recht großes Nest aus Altgras und Tang wird Lehm und Guano an Steilklippen befestigt es. Bei Skuas und Schmarotzerraubmöwen sind die Nester wenig kompliziert, und Küstenseeschwalben gehen unterschiedlich sorgfältig vor, doch begnügen sie sich meist mit einer Bodenvertiefung, die nur wenig ausgepolstert wird. Möwengelege bestehen meist aus drei Eiern, bei Dreizehenmöwen sind es zwei. Raubmöwen und Küstenseeschwalben legen meist zwei Eier, letztere aber unter Umstände auch nur eines oder drei. Möweneier sind lebhaft gemustert wie Watvogeleier, aber meist größer und weniger birnenförmig. Die Küken dieser Gruppe sind Nestflüchter und werden gefüttert, bis sie flügge sind und sich selbst ernähren können. Bei vielen Arten würgen die Eltern halb verdaute Nahrung heraus, Küstenseeschwalben füttern ihren Nachwuchs mit Sandaalen, Stichlingen und anderen Kleinfischen.

EIER VON MÖWEN

Lachmöwe

Silbermöwe

Große Raubmöwe (Skua)

Heringsmöwe

Mantelmöwe

Eismöwe

Küstenseeschwalbe

Küstenseeschwalbe

Dreizehenmöwe

Sturmmöwe

Dreizehenmöwe

Schmarotzerraubmöwe

1. Nest der Kurzschnabelgans | 2. Nest der Löffelente | 3. Nest der Bergente | 4. Nest des Sterntauchers

5. Nest der Pfeifente | 6. Nest des Singschwans | 7. Nest des Ohrentauchers
8. Nest der Graugans | 9. Nest der Schnatterente | 10. Nest der Eisenente
11. Nest der Stockente | 12. Nest des Mittelsägers | 13. Nest der Reiherente

EIER UND KÜKEN VON WASSERVÖGELN

Nester von Entenvögeln sind im Prinzip sehr ähnlich angelegt. Charakteristisch sind die Daunen, mit denen das ♀ das aus Pflanzen und dürrem Gras gebaute Nest polstert. Das ♀ verlässt das Nest meist zweimal täglich zur Nahrungsbeschaffung und breitet hierfür die Daunen über die Eier. Die Nester von Entenvögeln werden normalerweise gut getarnt in Altgras, Vegetation, Gesträuch oder in Höhlen und Spalten angelegt; nur der Singschwan baut ein großes und auffälliges Nest in meist sumpfigem Gelände. Die Nistplätze von Kurzschnabelgänsen befinden sich häufig an unzugänglichen Stellen und sind deswegen offen. Das Durchschnittsgelege bei Entenvögeln variiert von vier Eiern (Singschwan) bis zu zehn (einige Entenarten). Die Eier von Entenvögeln sind einfarbig und sehen auch bei unterschiedlichen Arten oft sehr ähnlich aus. Seetaucher legen ihre Nester am Ufer an, sie legen zwei Eier. Der Ohrentaucher baut ein Schwimmnest, das Gelege besteht aus 3–6 Eiern.

Küken von Wasservögeln sind Nestflüchter und folgen den Eltern nach 1–2 Tagen aufs Wasser bzw. zur Weide. Küken von Entenvögeln ernähren sich selber; See- und Ohrentaucher hingegen füttern ihren Nachwuchs einige Wochen.

Singschwan

Graugans

Kurzschnabelgans

Nonnengans

Mittelsäger

Reiherente

Bergente

EIER VON WASSERVÖGELN

Eiderente

Stockente

Eisente

Brandgans

Spatelente

Gänsesäger

Kragenente

Pfeifente

Trauerente

Schnatterente

Spießente

Löffelente

Krickente

Ohrentaucher

Sterntaucher

Eistaucher

1. Junge Falken | 2. Nest der Sumpfohreule mit zwei Nestlingen | 3. Nest des Alpenschneehuhns

EIER UND KÜKEN VON LANDVÖGELN

In dieser inhomogenen Gruppe gibt es auch die unterschiedlichsten Nester. Merlin und Gerfalke brüten nicht selten in alten Kolkrabennestern, auf bewachsenen Felssimsen oder unter Felsüberhängen in einer flachen Bodenmulde. Für den großen Horst des Seeadlers ist viel Materialbeschaffung erforderlich. Das Nest des Alpenschneehuhns in Sträuchern oder Strauchheiden wird häufig hervorragend getarnt und gut gepolstert; die Sumpfohreule wählt meist einen Nistplatz auf einer Bodenerhebung mit gutem Ausblick. Tauben bauen ein lockeres Nest aus Zweigen.

Die Eier von Seeadlern, Eulen und Tauben sind einfarbig weiß, die von Gerfalken, Merlinen und Alpenschneehühnern gemustert. Gerfalken und Merline legen meist 3–5 Eier, Kolkraben und Tauben zwei, Alpenschneehühner 10–12, die Sumpfohreule 4–8.

Die Küken dieser Vögel sind Nesthocker und werden von den Eltern gefüttert. Küken des Alpenschneehuhns sind Nestflüchter und folgen der Mutter vom ersten Tag; sie werden nach zehn Tagen flügge, sind aber erst nach 2–3 Monaten ausgewachsen, ein Unikum in der isländischen Vogelwelt.

Seeadler

Merlin

Alpenschneehuhn

Gerfalke

Felsentaube

Schnee-Eule

Sumpfohreule

1. Kolkrabe, Nest mit frisch geschlüpften Jungen | 2. Nestlinge des Kolkraben

3. Nest des Birkenzeisigs | 4. Nest der Rotdrossel | 5. Nest des Stars | 6. Nest des Wiesenpiepers

EIER UND KÜKEN VON SPERLINGSVÖGELN

Zu den Charakteristika von Sperlingsvögeln gehört, dass sie kunstvolle Nester bauen, die sie mit Federn, Fasern u.a. auspolstern. Kolkrabennester können wegen der Baumaterialien verlottert wirken, sind aber sorgfältig gebaut und im Nistbereich gut gepolstert. Zaunkönige bauen Kugelnester, Schwalben verwenden Lehm zum Nestbau. Sperlingsvögel tarnen ihre Nester meist gut oder legen sie an unzugänglichen Stellen an. Die Eier sind entweder einfarbig (Star, Steinschmätzer) oder mit Tupfen und Flecken (Kolkrabe, Rotdrossel u.a.) versehen. Das Gelege besteht meist aus 4–6 Eiern.

Küken von Sperlingsvögeln sind Nesthocker und werden von den Eltern gefüttert, bis sie selbständig sind, häufig sogar noch einige Zeit nach dem Verlassen des Nestes. Bei einigen Arten (u.a. Rotdrossel) verlassen die Küken noch vor dem Flüggewerden das Nest, bei anderen erst, wenn sie selbständig sind (z.B. Star).

EIER VON SPERLINGSVÖGELN

Kolkrabe

Rotdrossel

Wiesenpieper

Wacholderdrossel

Schneeammer

Amsel

Star

Wintergoldhähnchen

Haussperling

Steinschmätzer

Zaunkönig

Birkenzeisig

Bachstelze

1.

2.

3.

Der Lebensraum der Vögel

Vögel wählen sich ihren Bedürfnissen entsprechende Lebensräume oder Habitate, die für ihr Gedeihen und Überleben notwendig sind. Deshalb ist es kein Zufall, dass sich der Kampf von Naturfreunden in den letzten Jahren und Jahrzehnten vor allem um den Schutz von Lebensräumen gedreht hat. Im Folgenden werden wichtige Habitate aufgeführt, sowie Vögel, die in ihnen zu finden sind. Auf den Lebensraum der einzelnen Arten wird im jeweiligen Abschnitt über sie eingegangen. Bei den folgenden zehn Habitaten handelt es sich keineswegs um eine erschöpfende Darstellung.

1. ISLÄNDISCHE ZWERGSTRAUCHHEIDEN

Isländische Zwergstrauchheidegebiete mit der typischen Vegetation, die sich aus Krautpflanzen, niedrigen Sträuchern (Moor-Birke, Zwerg-Birke und Weidenarten) zusammensetzt, ist ein speziell in Island sehr verbeiteter Lebensraum, den zahlreiche Vögel zu schätzen wissen. Vorherrschende Arten sind Schneehuhn, Goldregenpfeifer, Regenbrachvogel, Schmarotzerraubmöwe und Wiesenpieper, und in steinigerem Gelände der Steinschmätzer. Für Falken und Merline, die in naheliegenden Felsen und Schluchten brüten, ist dieser Lebensraum ein wichtiges Jagdgebiet.

2. WALD

Nur ein geringer Teil des Landes ist von richtigem Wald bedeckt, aber es gibt vielerorts niedrigwachsende Moor-Birken. In den letzten Jahrzehnten ist überall in Island sehr viel aufgeforstet worden. Angestammte isländische Waldvögel sind Zaunkönig, Rotdrossel und Birkenzeisig; Strauchbirkengelände bieten Lebensraum für Alpenschneehuhn, Bekassine und Wiesenpieper, aber in zunehmendem Maße sind diese Vögel auch am Rand von Waldanpflanzungen anzutreffen. Diverse neue Siedler haben die Aufforstungsgebiete für sich entdeckt, und Wintergoldhähnchen und Waldschnepfe gelten inzwischen als vollgültige Neubürger in der isländischen Avifauna. Außerdem sind Waldvögel wie Fichtenkreuzschnabel, Erlenzeisig, Waldohreule oder Ringeltaube im Begriff, in Island Fuß zu fassen.

3. BESIEDELTE GEBIETE UND GRÜNANLAGEN

Die wahrscheinlich größte Ansammlung von Bäumen ist wohl in Gärten und Grünanlagen im Großraum Reykjavík bzw. in Ortschaften und Sommerhaussiedlungen rings ums Land zu finden, und entsprechend reich ist dort die Vogelfauna. Noch bis vor kurzem war der Star ausschließlich ein Vogel städtischer Siedlungsräume, aber nun ist er weiter verbreitet und vermutlich auch die der Amsel, die bislang nur in Reykjavík anzutreffen war. Rotdrossel und Birkenzeisig leben überall in Parks und Gärten, Bachstelze und Zaunkönig dagegen eher in Randgebiete von Siedlungen. Aber auch Wintergoldhähnchen und diverse andere unregelmäßige Brutvögel finden in dichtbesiedelten Gebieten einen angemessenen Lebensraum. Bekassine, Rotschenkel, Wiesenpieper und Stockente sind ebenfalls Vögel, die mit der Nähe zum Menschen zurechtkommen.

4.

5.

6.

4. KULTIVIERTES LAND

Etliche Vögel haben sich zur Nahrungsbeschaffung oder Brut an kultiviertes Land angepasst. Gedüngte Heuwiesen und Äcker mit Getreidekörnern und übrig gebliebenen Kartoffeln haben im Frühjahr für Gänse und Singschwäne große Bedeutung bei der Nahrungsbeschaffung. Die fünf Gänsearten (Graugans, Kurzschnabelgans, Blässgans, Weißwangengans und Ringelgans) sind zu den Zugzeiten in unterschiedlichem Maße auf kultivierten Wiesen anzutreffen. Rotschenkel und Bekassine brüten oft am Rand von Heuwiesen. Während der Heuernte sind solche Wiesen, in denen nach der Mahd Würmer an die Oberfläche kommen, oft voll von Uferschnepfen, Austernfischern, Regenbrachvögeln, Lachmöwen, Sturmmöwen und Heringsmöwen. Mit vermehrtem Getreideanbau eröffnet sich so auch für Graugänse eine neue Option, um den Winter in Island verbringen zu können. Schneeammern nutzen manchmal in Trupps von Tausenden das, was von den Getreidekörnern des Vorjahrs auf den Feldern übrig blieb.

5. STRÄNDE, WATTGEBIETE UND FLACHE KÜSTENGEWÄSSER

Diese Lebensräume gehören zu den vogelreichsten in Island. Die Küstenlinie der Insel hat eine Länge von etwa 6000 km, und vor allem in W-Island an den weiten Meeresbuchten von Faxaflói und Breiðafjörður gibt es große flache Strandbereiche und Küstengewässer, in kleinerem Maße aber auch anderorts. Zu den Zugzeiten im Frühjahr und Herbst sammeln sich Austernfischer, Goldregenpfeifer, Sandregenpfeifer, Alpenstrandläufer, Meerstrandläufer, Sanderling, Knutt, Rotschenkel und Steinwälzer zu Tausenden an Strand- und Wattgebieten in ganz Island. Auch die Ringelgans ist ein Vogel der Küste. Brandgänse halten sich vor allem an Watt- und Schlickgebiete im Uferbereich. Flache Küstengewässer sind während der Mauser und im Winter wichtig für Eiderenten, Eisenten, Mittelsäger und Kragenenten. Aber auch für Möwen und Küstenseeschwalben ist dies ein bevorzugter Lebensraum. Kormorane, Eissturmvogel, Dreizehenmöwe, Papageitaucher und Gryllteiste brüten häufig auf flachen Inseln und Schären, ebenso der Seeadler, der hier auch sein Jagdgebiet hat. Im Winter finden in kleineren oder größeren Meeresbuchten vor allem in SW-Island, wo das Meer wärmer ist als andernorts, zahlreiche Austernfischer, Meerstrandläufer, Pfeifenten, Stockenten und Möwen eine Lebensgrundlage, aber auch seltenere Vögel wie Graureiher und Großer Brachvogel. Es hängt vom Gezeitenstand ab, wie viele Vögel sich am Meeresufer aufhalten; bei Ebbe sind sie dort zahlreich vertreten, doch bei Flut suchen sie die Rastplätze auf und putzen sich.

6. SCHWEMMGEBIETE VON GLETSCHERFLÜSSEN

Weithin an den von Gletscherflüssen geschaffenen Sandstränden der Südküste gibt es ein reichhaltiges Vogelleben, vor allem dort, wo genügend Feuchtigkeit vorhanden ist und die Sander sich begrünen. Dort ist die Domäne der Skuas. Aber wo Wasser ist und sich eine Vegetationsdecke ausgebreitet hat, sind auch Sterntaucher, Alpenstrandläufer, Odinshühnchen, das seltene Thorshühnchen und die Küstenseeschwalbe zu finden. An Stellen mit weniger Vegetation brüten Sandregenpfeifer und Austernfischer.

7.

8.

9.

10.

7. FELSENKÜSTE

In Island finden sich die größten Vogelfelsen Europas. Sie gehören zu den Charakteristika dieser Insel. Die wichtigsten Bewohner der Vogelklippen sind Eissturmvogel, Basstölpel (er brütet nur an einigen wenigen Stellen), Alke (Trottellumme, Dickschnabellumme, Tordalk und in geringerem Maße Papageitaucher und Gryllteiste), Dreizehenmöwe, Silbermöwe und Eismöwe. Die Krähenscharbe nistet manchmal unterhalb von Vogelfelsen, und die Mantelmöwe auf Felsvorsprüngen und Einzelfelsen in der Nähe. Zu den kleinsten Bewohnern der Vogelfelsen zählen Bachstelze und Schneeammer.

8. DAS ISLÄNDISCHE HOCHLAND

Das zentrale isländische Hochland ist ein idealer Lebensraum für arktische Arten, nicht zuletzt weil sich dort die einzigen tundraartigen Permafrostgebiete befinden. Der charakteristische Vogel ist die Kurzschnabelgans, aber dort brüten auch Eistaucher, Singschwan, Krickente, Eisente und Bergente, und an Flüssen und Bächen trifft man häufig auf die Kragenente. Odinshühnchen und Alpenstrandläufer finden in zahlreichen Hochlandoasen ein geeignetes Habitat, und an Seen und Teichen mit Stichlingen sind sogar Küstenseeschwalben anzutreffen. Schneehühner, Goldregenpfeifer, Sandregenpfeifer, Meerstrandläufer und Schneeammer bevorzugen trockenere Gebiete im Hochland.

9. SUMPFGEBIETE, TEICHE, SEEN UND FLÜSSE IM FLACHLAND

Feuchtgebiete und Gewässer gehören zu den reichhaltigsten Lebensräumen. Zahlreiche Wasservögel sind dort anzutreffen. Charakteristisch sind Eistaucher und Sterntaucher, Ohrentaucher sowie Entenvögel aller Arten und Größen (Singschwan, Gänse und Enten). Ebenso ist die Lachmöwe ein Vogel der Feuchtgebiete, und die Küstenseeschwalbe fischt in Seen und Teichen. Auch die Sumpfohreule ist in ihnen oder in unmittelbarer Nähe heimisch. Viele Limikolen sind auf Feuchtgebiete angewiesen, vor allem Alpenstrandläufer, Uferschnepfe und Odinshühnchen. Die meisten Watvögel und verschiedene Sperlingsvögel finden Nahrung an Gewässerufern, an denen häufig Mückenlarven und andere Insekten antreiben. Zu Zugzeiten halten sich auch viele Sperlingsvögel in den Feuchtgebieten auf. Von den Durchzüglern bevorzugt vor allem die Blässgans feuchtes Gelände. An Flüssen sind Kragenente, Gänsesäger und sogar Spatelente anzutreffen. Eisfreie Binnenseen und Flüsse sind wichtige Winterquartiere für etliche Wasservögel, aber auch für einige überwinternde Vögel wie Spatelente, Schellente, Gänsesäger und Krickente.

10. FELSEN, GERÖLLHÄNGE UND LAVAFELDER

Felsen und Schluchten im Binnenland bieten ideale Lebensräume für Falken und Kolkraben; der Merlin ist dort auch anzutreffen, doch er brütet auch andernorts. Der Steinschmätzer liebt das offene, steinige Gelände. Diesem Habitat haben sich aber auch Schneeammern angepasst, die auch in rauen Lavafeldern anzutreffen sind. Wenn Lavafelder sich begrünt haben, finden sich auch die anderen Vögel der Strauchheidengebiete dort ein.

1.

2.

1. Alpenschneehühn | 2. Rauðinúpur in NO-Island

Die Besonderheiten der isländischen Vogelfauna

Als isländische Vögel bezeichnet man meist nur die Vögel, die hier brüten. Von ihnen sind viele Zugvögel und verbringen nur den Sommer hier. Andere Arten halten als Standvögel auch im Winter hierzulande durch. Nicht wenige Arten sind aber auch Teilzieher.

Das Besondere an der isländischen Vogelfauna ist die Artenarmut bei Landvögeln, während Wasservögel und Vögel der Feuchtgebiete relativ zahlreich vertreten sind. Man geht in Island von 77 Arten aus, die regelmäßig hier brüten. 21 davon sind Standvögel, 33 Teilzieher, und 23 Arten sind Zugvögel.

VÖGEL „KOMMEN UND GEHEN"

Verhältnismäßig viele Vogelarten fassten im 20. Jahrhundert in Island Fuß, vor allem Entenvögel und Möwen. Neue Arten kommen immer noch hinzu, und im Gegenzug verschwinden andere oder sind im Begriff, sich zurückzuziehen. Einerseits Überjagung, andererseits Veränderungen in Bezug auf Klima und Lebensräume sind die gängigsten Erklärungen für das Hinzukommen und Verschwinden von Arten. Der Riesenalk wurde durch die Jagd ausgerottet, die letzten Brutvögel wurden 1844 in Island getötet. Zwei Arten starben im 20. Jh. als Brutvögel in Island aus, Wasserralle und Krabbentaucher. Klimaveränderungen sind die Ursache für den Rückzug des Krabbentauchers, doch das Schicksal der Wasserralle wurde durch groß angelegte Drainagemaßnahmen und die Auswilderung des amerikanischen Nerzes besiegelt. Zusätzlich zu den regelmäßigen Brütern hat es Brutversuche von weiteren 30 Arten in Island gegeben, die sich aber nicht hier eingebürgert haben. Anfang 2011 lag die Zahl der hier gesichteten Vogelarten bei 376; es handelt sich dabei zum größten Teil um Irrgäste, von denen einige nur ein einziges Mal nachgewiesen sind.

Die isolierte Lage der Insel ist ganz sicher einer der wichtigsten Gründe dafür, dass der Zahl der Neuansiedlung von Vögeln und anderen Lebewesen natürliche Grenzen gesetzt sind. Zwischen Island und Schottland liegen 800 km Fluglinie über den Atlantik. Aufgrund dieser Entfernung tun sich neue Arten schwer damit, hier Fuß zu fassen. Die meisten neuen Landnehmer im 20. Jh. sind Vögel, die auf dem Meer rasten können, u.a. Weißwangengans, Brandgans, Reiherente, Lachmöwe und Heringsmöwe. Die Neusiedler unter den Sperlingsvögeln sind allesamt Standvögel: Amsel, Wintergoldhähnchen, Star und Wacholderdrossel, ebenso die Felsentaube. Aber es gibt auch Ausnahmen von der Regel, die Sumpfohreule, die Anfang des vergangenen Jahrhunderts hier Fuß fasste, ist größtenteils Zugvogel, und die Waldschnepfe ist vermutlich Teilzieher.

Die isolierte nördliche Lage, das extrem wechselhafte Wetter, die Artenarmut im Hinblick auf Insekten sowie der Mangel an Wald sind als Gründe dafür zu nennen, weshalb so wenige Sperlingsvögel hier brüten. Infolge von Aufforstung und zunehmender Gartenbepflanzung sind nun aber Waldvögel (u.a. Waldschnepfe, Amsel und Wintergoldhähnchen) hinzugekommen. Einige sind womöglich im Begriff, hier Land zu nehmen, u.a. Ringeltaube, Waldohreule, Erlenzeisig und Fichtenkreuzschnabel. Ringeltaube und Fichtenkreuzschnabel sind Standvögel, über den Zug von isländischen Waldohreulen und Erlenzeisigen ist nichts bekannt.

ISLAND TRÄGT VERANTWORTUNG

Die Anzahl der Arten ist zwar gering, aber die Bestandgrößen einiger Arten sind enorm. Im Meer rings um die Insel findet sich reichhaltige Nahrung für Seevögel, und große Feuchtgebiete, flache Küstengewässer, Seen, Teiche Sumpfgebiete und Flüsse bieten Watvögeln und anderen Bewohnern der Feuchtgebiete ausreichende Lebensgrundlagen.

Die riesigen Vogelklippen in den Westfjorden und auf den Westmännerinseln zählen zweifellos zu den größten Naturwundern der Welt. Beispielhaft sei hier genannt, dass der Brutbestand des Papageitauchers auf 3 Millionen Paare, und der Gesamtbestand gegen Ende des Sommers auf 10 Millionen Vögel geschätzt wird. Weitere große Bestände sind bei Eissturmvogel, Dreizehenmöwe, Trottellumme, Dickschnabellumme und Tordalk zu verzeichnen. Außerdem finden sich große Kolonien von Basstölpeln, Skuas, Küstenseeschwalben und die größten Sturmschwalbenbrutgebiete in Europa. Island beheimatet auch einen großen Anteil an globalen Beständen von Limikolenarten, u.a. Goldregenpfeifer, Sandregenpfeifer, Alpenstrandläufer, Bekassine, Regenbrachvogel, Rotschenkel und Odinshühnchen. Das gleiche gilt für Sperlingsvögel wie Rotdrossel und Wiesenpieper. In den Eiderentenkolonien entlang der isländischen Küsten brütet etwa ein Drittel des europäischen Bestands, und in den Kolonien der Kurzschnabelgans im zentralen Hochland ein Großteil der Weltpopulation. Hierzulande finden sich wichtige Brutgebiete des Singschwans und zahlreicher Entenarten. Island trägt international gesehen Verantwortung für seine regionalen Arten.

ZUFLUCHT FÜR DURCHZÜGLER

Island spielt eine wichtige Rolle als Rastplatz für hocharktische Arten auf ihrem Zug von den Winterquartieren in Europa und Afrika zu den Brutgebieten in Grönland und den Eismeerinseln Kanadas. Aufgrund der kurzen arktischen Sommer steht den Vögeln dort nur eine begrenzte Zeit für Brut und Aufzucht des Nachwuchses zur Verfügung. Sie rasten in Island, um sich Fettvorräte zuzulegen, mit deren Hilfe sie ihre Brutgebiete erreichen und die ihnen über die erste Zeit hinweghelfen. Ihr Aufenthalt in Island ist lebenswichtig, denn sonst wären die Vögel nicht imstande, so weit in den Norden zu fliegen.

WIE STEHT ES UM DEN VOGELSCHUTZ IN ISLAND?

Da die Überlebenschancen vieler Vogelarten nachweislich vom isländischen Ökosystem abhängen, muss man sich hierzulande dessen bewusst sein, welche Bedeutung die Insel für diese Vögel hat. Die größte Bedrohung besteht in der Zerstörung von Lebensräumen. Im vergangenen Jahrhundert wurden im Interesse der Landwirtschaft viele Feuchtgebiete entwässert. Aber auch andere menschliche Eingriffe in die Natur wie bei der Errichtung von Kraftwerken und im Straßenbau bedrohen die Lebensräume der Vögel. Der isländische Vogelschutzverband setzt sich nach Kräften für die Erhaltung von

Lebensräumen ein. Die Mitgliedschaft bei BirdLife International ermöglicht es dem Verband, wichtige Belange auf internationaler Ebene zu vertreten.

In Island ist man der Meinung, dass der Natur in Bezug auf die Ansiedlung von Vögeln freier Lauf gelassen werden sollte. Im Hinblick auf Pflanzen verhält es sich völlig anders. Inzwischen stellt die umfangreiche Aufforstung eine Bedrohung für einige einheimische isländische Brutvögel dar, die unter den Bereich der regionalen Verantwortung fallen – u.a. Goldregenpfeifer und Regenbrachvogel. Andererseits sind die Bestände derjenigen Waldvögel, die hier Fuß fassen, in ihrem ursprünglichen Verbreitungsgebiet nicht gefährdet.

Hin und wieder haben Isländer aber Pionierarbeit in Sachen Vogelschutz geleistet, nicht zuletzt im Hinblick auf den Seeadler, der bereits 1913 unter Schutz gestellt wurde. Trotzdem verringerte sich der Bestand, und um die Mitte des 20. Jhs. lag er bei maximal 20-25 Brutpaaren. Der isländische Vogelschutzverband wurde 1963 zum Schutz des Seeadlers gegründet, und dieses Ziel wurde erreicht – der Brutbestand ist auf 70 Paare angestiegen, und der Gesamtbestand auf rund 200 Individuen.

DIE HERKUNFT ISLÄNDISCHER VÖGEL

Sowohl Fauna als auch Flora in Island sind größtenteils europäischen bzw. paläarktischen Ursprungs, doch auf dieser Insel zwischen den Kontinenten haben sich auch einige Vogelarten aus dem Westen angesiedelt. Darüber hinaus liegen hier für hier einige Vogelarten die nördlichsten bzw. südlichsten Verbreitungsgrenzen. Hier treffen also nicht nur Alte und Neue Welt, sondern auch Süd und Nord aufeinander.

Aus der westlichen nearktischen Welt stammen Eistaucher, Kragenente und Spatelente. Sie sind innerhalb Europas nur hier anzutreffen, und die Kragenente brütet nirgendwoanders auf der Welt an vergleichbar zugänglichen Stellen. Diese Arten sind deshalb von besonderem Interesse für europäische Vogelbeobachter. Man nimmt an, dass das isländische Alpenschneehuhn und der Gerfalke von Grönland herübergekommen sind.

In Island liegt auch die südliche Verbreitungsgrenze einiger für Vogelbeobachter interessanten arktischen Vogelarten. Kurzschnabelgans, Eisente, Alpenschneehuhn, Gerfalke, Thorshühnchen , Odinshühnchen, Eismöwe, Dickschnabellumme und Schneeammer gehören zu den Arten, die man kaum irgendwo anders so gut beobachten kann wie hier. Gerfalke, Thorshühnchen, Seeadler und Schnee-Eule sind streng geschützte Arten, deren Nistplätzen man sich nur mit Genehmigung des Umweltministeriums nähern darf.

Im Winter sind Polarmöwen, Prachteiderenten und andere Arten aus noch nördlicheren Regionen an Islands Küsten anzutreffen. Eisenten kommen zum Überwintern nach Island, ebenso grönländische Gryllteisten und manchmal auch Trupps von Krabbentauchern, und wenn sich das Treibeis in Richtung Süden vorschiebt, finden sich vor allem an der Nordküste auch Elfenbeinmöwen ein.

Vogelbeobachtung

VORBEREITUNG

Vogelbeobachtung, Birdwatching oder Birding erfreut sich als Hobby zunehmender Beliebtheit - es kostet nicht viel und an Vögel ist leicht heranzukommen. Zur Grundausstattung gehört ein Fernglas mit 7- bis 10facher Vergrößerung, das man tunlichst in einem Spezialgeschäft kaufen sollte. Außerdem braucht man sowohl ein Bestimmungsbuch als auch ein Notizbuch, um die Beobachtungen zu notieren, z.B. eine Liste über die gesichteten Vögel eines Tages, Beschreibungen von beobachteten Vögeln u. dgl. Das Gehör ist bei der Bestimmung nicht weniger wichtig als das Auge, nicht zuletzt im Wald, wo Vögel oft nur über ihre rufe eindeutig zu bestimmen sind. Ein Vogelbeobachter benötigt eine gute Portion an Geduld und Konzentrationsfähigkeit, und er muss immer darauf bedacht sein, die Objekte seiner Beobachtungen nicht zu stören oder zu verschrecken. Wie bei so vielem anderem macht die Übung den Meister.

Wen die Freude am Birding gepackt hat, wird sich bald ein Teleskop zulegen, ein Fernrohr mit 20–60facher Vergrößerung. Dazu bedarf es aber eines Stativs oder einer anderen stabilen Stütze zum Auflegen. Und häufig genug wird dann auch bald eine Kamera mit dem entspechenden Zoom zur Ausrüstung gehören.

Anfänger in diesem ebenso spannenden wie entspannenden Hobby beginnen meist in ihrer näheren Umgebung mit der Vogelbeobachtung, aber vielleicht kann auch eine Islandreise die ersten Anstöße geben, denn hier begegnet man ihnen sozusagen Schritt auf Tritt. Vögel lassen sich rund ums Jahr beobachten, nicht nur im Sommer. In anderen Ländern gibt es an vielen Orten spezielle Vogelbeobachtungshäuschen, die auch hierzulande an einigen Stellen errichtet wurden, inzwischen sind es an die zwanzig. Vögel gewöhnen sich an diese Häuschen, und in ihnen kommt man ihnen näher als im Gelände. Auch sind sie dort bei unterschiedlichen Wetterverhältnissen zu beobachten.

WO KANN MAN VÖGEL BEOBACHTEN?

Man braucht gar nicht weit zu fahren, denn überall gibt es gute Stellen zur Vogelbeobachtung, beispielsweise in Reykjavík bei einem Abendspaziergang am Stadtteich. Im Winter sind die Verhältnisse in den einzelnen Landesteilen aber sehr unterschiedlich, sie sind dann vor allem an den Küsten und Ufern in SW-und SO-Island anzutreffen. Jeder Islandbesucher möchte den Papageitaucher sehen, er lässt sich vor allem auf den Westmännerinseln, auf den Inseln im Breiðafjörður, am Steilkliff Látrabjarg und im Borgarfjörður eystri hervorragend beobachten, aber nur in der Zeit von Mitte Mai bis Anfang August. Das Vogel -Refugium in der Nähe von Eyrarbakki („Friðland í Flóa") ist schnell von Reykjavík aus zu erreichen. Ohnehin ein Muss für Islandreisende und schlechthin ein Paradies für Vogelbeobachter ist der See Mývatn – an keinem anderen vergleichbar hochgelegenen See der Welt brüten so viele Entenarten wie hier (14). Aber auch in allen anderen Landesteilen gilt es, überall dort wo Wasser ist – an Flüssen, Seen, Teichen und Tümpeln – die Augen offen zu halten

1. Vogelbeobachtung mit dem Spektiv | 2. Vogelfotografie | 3. Vogelbeobachtungshäuschen in Hrísey

und das Fernglas bereit zu haben.
Vögel können das ganze Jahr über beobachtet werden. Die beste Zeit ist allerdings nach Meinung des Verfassers Mitte April bis Ende Juni. Der Frühjahrszug erreicht seinen Höhepunkt Mitte April bis Mitte Mai, gefolgt von der Brutzeit, die aber im Juli schon größtenteils abgeschlossen ist. Der Herbstzug beginnt bei einigen Arten Ende Juli und dauert bis Ende Oktober an.

DIE WICHTIGE ARBEIT VON LAIEN

Viele Vogelbeobachter spezialisieren sich auf unterschiedliche Weise. Einige interessieren sich in erster Linier für Ausnahmeerscheinungen, sie fahren kreuz und quer durchs Land und legen Listen an, auf denen sie die seltenen Arten sammeln, denn ihnen geht es um eine möglichst hohe Zahl von Arten. Andere befassen sich vor allem mit der Markierung von Vögeln und haben auf diese Weise als interessierte Laien wesentliche Beiträge zur Erforschung der isländischen Avifauna geleistet. Wieder andere suchen sich bestimmt Gebiete aus, zählen die Vögel regelmäßig und registrieren die Änderungen in der Vogelwelt, und solche Beobachtungen machen sich die Wissenschaftler häufig zunutze. Ein Beispiel dafür ist die jährliche Wintervogelzählung. 1953 wurde mit dieser Art von Kontrolle begonnen, an der im Schnitt an die 200 Laien und Fachleute teilnehmen. Gezählt wird an einem bestimmten Tag kurz vor oder nach der Jahreswende. Schließlich müssen auch noch diejenigen erwähnt werden, deren Hobby die Vogelfotografie ist. Alle diese Interessengebiete überschneiden sich häufig, und viele Vogelliebhabe lassen sich mehrere oder alle davon angelegen sein.

1. Beringung von Sturmschwalben | 2. Uferschnepfe

Vogelmarkierung

Vogelberingung ist seit langem eines der wichtigsten Hilfsmittel bei der ornithologischen Forschung, denn beringte Vögel können unschätzbare Informationen über Zugwege und Lebensweise der Vögel geben. Mit diversen Markierungen wird der Vogelflug zwischen Ländern oder Landesteilen verfolgt, man kann ihn zeitlich lokalisieren und Aufschlüsse über die Heimattreue gewinnen. Außerdem geben sie Auskunft über das Alter der Vögel oder aber Familien- und Artverbindungen. Früher wurden Vögel mit beschrifteten Metallringen am Bein gekennzeichnet, doch Markierungen dieser Art können nur abgelesen werden, wenn der Vogel gefangen bzw. tot aufgefunden wird. In letzter Zeit beringt man immer mehr mit farbigen Kunststoffringen, die entweder beschriftet sind oder in unterschiedlichen Farben so angeordnet werden, dass das Individuum daran zu erkennen ist. Kunststoffringe mit Beschriftung werden meist am Bein, manchmal aber auch am Hals angebracht. Bei Mehrfachablesungen gewinnt man daraus Erkenntnisse über den Lebenslauf des Individuums.

Heutzutage werden Vögel auch mit Satellitensonden ausgestattet, und auf diese Weise kann man ihnen auf Schritt und Tritt folgen. Größe und Preis für solche Sonden setzen aber ihrer Verwendung Grenzen. Die kleinsten Vögel, die bislang damit ausgestattet wurden, sind Regenbrachvögel und Schmarotzerraubmöwe. Radiosonden sind wesentlich kleiner, und sie wurden zur Kontrolle kürzerer Flugstrecken genutzt. Ganz neu hinzugekommen sind sogenannte Geolokatoren, deren Vorteil darin besteht, dass sie sowohl relativ billig als auch klein sind. Der Nachteil ist aber, dass man die Vögel wieder einfangen muss, um die Daten abzurufen, und auch die Positionsangaben sind ungenau. Hierzulande wurden sie an Papageitauchern, Küstenseeschwalben, Dreizehenmöwen, Atlantiksturmtauchern, Sterntauchern und Trauerenten erprobt.

Vogelmarkierungen sind international und die Beringungsstationen kooperieren gut. In Island ist das Naturwissenschaftliche Institut für Beringung und Markierung zuständig und erteilt Auskünfte.

Vereine, Institutionen und Publikationen

VEREINE

Der Isländische Vogelschutzverband (Fuglaverndarfélag Íslands) wurde 1963 gegründet und ist der einzige Interessenverband in Island, der sich voll und ganz dem Schutz von Vögeln und ihren Lebensräumen und der Wissensvermittlung über Vögel verschrieben hat. In seiner Arbeit konzentrierte er sich in der ersten Zeit auf den Seeadler, und dem Verband ist es zu verdanken, dass dieser in den sechziger Jahren nicht ausgerottet wurde.

In den letzten Jahrzehnten drehte sich die Verbandsarbeit vor allem um den Erhalt von bedrohten Lebensräumen wie Feuchtgebieten, Stränden und flachen Küstengewässern, aber gleichzeitig auch um den Schutz von seltenen Vögeln und Durchzüglern. Der Verband betreut das Feuchtland-Vogelrefugium (Flóagaflsengjar) in der Nähe des Mündungsdeltas der Ölfusá, in Zusammenarbeit mit der Landgemeinde Eyrarbakki und seit 1999 Árborg.

Als Mitglied von *BirdLife International* vertritt der Verband isländische Belange auf internationaler Ebene. *BirdLife International* ist als Organisation in 111 Ländern vertreten und führend im Kampf für den Schutz der Vögel, für Erhaltung von Lebensräumen und für Artenvielfalt.

Der isländische Vogelschutzverband gibt das Jahrbuch *Fuglar* heraus, und darüber hinaus Broschüren, Plakate, Karten, Aufkleber u.a. Außerdem organisiert er zahlreiche Informationsveranstaltungen und Vogelbeobachtungsfahrten und gehört zu den Mitherausgebern der ornithologischen Zeitschrift *Bliki*. Der Verband ist außerdem für die jährliche, landesweite Erfassung der Gartenvögel (Garden Bird Survey) zuständig. In seinen Aufgabenbereich fiel auch lange die alljährliche Zählung des Seeadlers. An weiteren Aktivitäten können u.a. die Erfassungen zum gefährdeten Bestand des Thorshühnchen genannt werden, sein Einsatz für den Schutz bzw. die Rückgewinnung von Feuchtgebieten und die Inobhutnahme des Ohrentauchers, als diese Art stark bedroht war.

Der Isländische Verein für Naturkunde (Hið Íslenska Náttúrufræðifélag) wurde 1889 gegründet. Er engagiert sich nicht nur für die Förderung isländischer Naturforschung, sondern ist auch darum bemüht, das Interesse und den Kenntnisstand der Allgemeinheit in allen naturwissenschaftlichen Fragen zu vergrößern. Der Verein veranstaltet im Winter einmal monatlich Vorträge zu naturwissenschaftlichen Themen, und im Sommer Exkursionen zur Vertiefung des allgemeinen und besonderen Naturverständnisses. Darüber hinaus wird monatlich ein Mitteilungsbrief versandt, und vierteljährlich erscheint seit 1933 die populärwissenschaftliche Zeitschrift *Nattúrufræðingurinn*, in der Artikel aus allen naturwissenschaftlichen Sparten veröffentlicht werden, darunter auch ornithologische.

In NO-Island wurde 2004 ein Verein der Vogelfreunde gegründet, der es sich in Zusammenarbeit mit dem Naturforschungsinstitut für den nordöstlichen

Landesteil zum Ziel gesetzt hat, sich in Sachen Vogelschutz zu engagieren und das Interesse und das Wissen der Allgemeinheit in Bezug auf Vögel zu fördern. Auch in Höfn (Hornafjörður) gibt es einen ornithologischen Verein, der u.a. eine Vogelbeobachtungswarte und die Webseite birds.is betreibt und außerdem für die Beringung von Vögeln zuständig ist.

Schließlich darf der Verband isländischer Biologen (Líffræðifélag Íslands) nicht unerwähnt bleiben, der sein Fachwissen, u.a. über Vögel, auch der Öffentlichkeit zugänglich macht.

INSTITUTIONEN

Das Naturwissenschaftliche Institut Islands *(Náttúrufræðistofnun Íslands)* ist diejenige öffentliche Institution, die sich am meisten mit ornithologischer Forschung befasst, aber auch alle möglichen anderen Informationen über Vögel sammelt und dabei nicht zuletzt auch auf die Arbeit von Nichtornithologen zurückgreift. Das Institut gibt ein Mitteilungsblatt heraus, in dem auch manchmal Interessantes über Vögel zu erfahren ist.

Am Biologischen Institut der Universität Islands *(Líffræðistofnun Háskólans)* arbeiten Wissenschaftler und Studenten, u.a. auch im Fachgebiet Ornithologie, aber auch interessierte Laien haben Zugang.

Es gibt inzwischen acht Naturforschungsinstitute, die regional tätig sind – auf den Westmännerinseln für die Region Südisland, für die Halbinsel Reykjanes in Sandgerði, für Westisland in Stykkishólmur, für die Westfjorde in Bolungarvík, für Nordwestisland in Sauðárkrókur, für Nordisland in Húsavík, und das Naturforschungsinstitut für die Region Ostisland ist sowohl in Egilsstaðir als auch in Neskaupsstaður vertreten.

Außerdem sammeln diverse andere Institutionen naturkundliche Objekte und befassen sich mit wissenschaftlicher Arbeit, darunter das Regional- und Naturkundemuseum Árnes (Byggða- og náttúrusafn Árnesinga) in Eyrarbakki, die Regionalmuseen in Höfn und Dalvík, das naturkundliche Informationszentrum in Sandgerði (Reykjanes), das Fisch-und Naturkundemuseum auf den Westmänner-Inseln (Fiska- og náttúrugripasafn Vestmannaeyja); außerdem die Sammlung ausgestopfter Vögel am Mývatn (Fuglasafn Sigurgeirs) und das wissenschaftliche Forschungsinstitut am Mývatn und das Naturkundemuseum in Borgarnes.

PUBLIKATIONEN

Der Vogelschutzverband gibt das Jahrbuch *Fuglar* heraus, das erstmals 2003 zum 40jährigen Verbandsjubiläum erschien. Die darin publizierten Artikel sind für die Allgemeinheit gedacht, und es wird nicht zuletzt Wert auf ausgezeichnetes Fotomaterial gelegt.

Bliki ist die einzige ornithogische Fachzeitschrift in Island; sie erschien erstmals 1983, seitdem gibt es jährlich 1–2 mal Ausgaben. *Bliki* enthält kürzere oder längere Beiträge zur isländischen ornithologischen Forschung, aber auch zu seltenen Vogelarten und Irrgästen bzw. Ausnahmeerscheinungen.

1.

2.

3.

4.

1. Löffler (Platalea leucorodia) | 2. Gelbbauch-Saftlecker (Sphyrapicus varius)
3. Seidenreiher (Egretta garzetta) | 4. Kronwaldsänger (Dendroica coronata)

Seltene Vögel – Irrgäste und Ausnahmeerscheinungen

In jedem Jahr werden zahlreiche Vögel nach Island verdriftet, die als Irrgäste oder Ausnahmeerscheinungen bezeichnet werden. Besonders häufig landen junge und unerfahrene Vögel auf dem Herbstzug von Skandinavien zu den Britischen Inseln in Kaltfronten über der Nordsee und treiben mit ihnen nach Island. Ebenso können Vögel auf dem Herbstzug von Kanada Richtung Süden in Tiefdruckgebiete oder sogar die Ausläufer von Orkanen geraten und von ihnen mit nach Island gerissen werden. Auch beim Frühjahrszug ist das möglich, kommt aber seltener vor. Anscheinend sind Vögeln auch keine Grenzen gesetzt, was Irrflüge und Strapazen betrifft. Einige von diesen Vögeln gehen bald ein, andere nehmen Kurs zurück zu ihren eigentlichen Verbreitungsgebieten; wieder andere bleiben hier und unternehmen Brutversuche. Amerikanische Irrgäste sind bei Vogelbeobachtern besonders gefragt. Unter ihnen gibt es einige, die sonst nirgends wo in Europa nachgewiesen sind. Bei den Ausnahmeerscheinungen handelt es sich in der Mehrzahl um Limikolen und Sperlingsvögel. Von Beginn der Registrierung bis 2007 sind 18 Watvogelarten amerikanischer Herkunft hier gesichtet worden, insgesamt 245 Individuen; bei den Sperlingsvögeln beläuft sich die Zahl auf 39 Arten, aber nur 162 Individuen im Zeitraum vom Beginn der Registrierung bis 2010.

Was ist zu tun, wenn man auf einen Irrgast trifft? Interessierte seien an die isländische Seltenheitenkommission verwiesen, die alle Informationen über Irrgäste sammelt und in Jahresberichten in der Zeitschrift *Bliki* veröffentlicht. All diese Arten finden sich in der Liste auf S. 310 (nicht mit gelben Farbe gekennzeichnet). Außerdem finden sich dort die seltenen Brutvögel Brandgans, Löffelente, Waldschnepfe, Schnee-Eule und Haussperling. Die Seltenheitenkommission bewertet die Zuverlässigkeit der Beobachtungen. Diese jeweils mit sieben Personen besetzte Kommission beurteilt alle Meldungen von Ausnahmeerscheinungen in Island. Sie besteht seit 1979, und die Berichte erscheinen seit 1981. Gut organisierte Webseiten bringen beinahe täglich Nachrichten von seltenen Gästen: fuglar.is und birdingiceland.com.

Im Hauptteil dieses Buchs werden 158 Arten behandelt, und zusätzlich werden einige andere aufgefürt. Um hier Eingang zu finden, mussten mindestens fünfzig Nachweise vorliegen; nur bei Vögeln, die schon seit längerer Zeit und jedes Jahr wieder hier anzutreffen sind, wurde eine Ausnahme gemacht, auch wenn es sich um dieselben Individuen handelt (Scheckente und Dunkelente). In diesem Buch wird also nicht einmal die Hälfte der 376 Arten behandelt, die bislang in Island nachgewiesen wurden.

1. Rotschenkel | 2. Austernfischer | 3. Sterntaucher mit Sandaal

Statistische Fakten zu isländischen Vögeln

Ende 2010 belief sich die Zahl der in Island nachgewiesenen Vogelarten auf 376. Nur 77 Arten brüten regelmäßig, aber weitere 20 Arten haben einmal oder öfter Brutversuche unternommen, und einige Arten sind im Begriff, sich in Island einzubürgern.

Drei Brutvogelarten sind verschwunden, Riesenalk und Wasserralle wurden ausgerottet und den Krabbentaucher haben die Umweltbedingungen vertrieben.

Die nachfolgende Tabelle zeigt den Status isländischer Vögel. Die Zahlen sind unter dem Vorbehalt zu betrachten, dass dieser Status von einem Jahrzehnt zum anderen Veränderungen unterworfen sein kann.

Regelmäßige Brutvögel	77
Standvögel	21
Teilzieher	9
Größtenteils Zugvögel	24
Zugvögel	23
Unregelmäßige Brutvögel	30
Durchzügler	9
Wintergäste	10
Sommergäste	2
Jährliche auftretende Irrgäste	35
Unregelmäßige Irrgäste	213
Nachgewiesene Arten insgesamt	**376**

Arten-verzeichnis

Dieses Artenverzeichnis enthält alle bis Jahresende 2010 nachgewiesenen Vögel. Im Schnitt erweitert sich die Liste seit 1960 um drei Vogelarten pro Jahr. Alle in diesem Buch ausführlich behandelten Arten sind grün gekennzeichnet. Interessierte seien auf die Seltenheitenkommission verwiesen, die Meldungen von Ausnahmeerscheinungen sammelt und einmal im Jahr veröffentlicht.

Im Kreis vor jeder Vogelart können die beobachteten Vögel angekreuzt werden. Für neue, nicht in der Liste aufgeführte Arten sind einige Spalten am Ende der Liste vorgesehen.

ENTENVERWANDTE *(ANATIDAE)*

- Höckerschwan *(Cygnus olor)*
- Zwergschwan *(Cygnus columbianus)*
- **Singschwan** *(Cygnus cygnus)*
- Saatgans *(Anser fabalis)*
- **Kurzschnabelgans** *(Anser brachyrhynchus)*
- **Blässgans** *(Anser albifrons)*
- **Graugans** *(Anser anser)*
- Schneegans *(Anser caerulescens)*
- Kanadagans *(Branta canadensis)*
- Zwergkanadagans *(Branta hutchinsii)*
- **Weißwangengans** *(Branta leucopsis)*
- **Ringelgans** *(Branta bernicla)*
- Rothalsgans *(Branta ruficollis)*
- Rostgans *(Tadorna ferruginea)*
- **Brandgans** *(Tadorna tadorna)*
- Brautente *(Aix sponsa)*
- Mandarinente *(Aix galericulata)*
- **Pfeifente** *(Anas penelope)*
- Kanadapfeifente *(Anas americana)*
- **Schnatterente** *(Anas strepera)*
- **Krickente** *(Anas crecca)*
- Carolinakrickente *(Anas carolinensis)*
- **Stockente** *(Anas platyrhynchos)*
- Dunkelente *(Anas rubripes)*
- **Spießente** *(Anas acuta)*
- Knäkente *(Anas querquedula)*
- Blauflügelente *(Anas discors)*
- **Löffelente** *(Anas clypeata)*
- Tafelente *(Aythya ferina)*
- Riesentafelente *(Aythya valisineria)*

- Rotkopfente *(Aythya americana)*
- Ringschnabelente *(Aythya collaris)*
- **Reiherente** *(Aythya fuligula)*
- **Bergente** *(Aythya marila)*
- Kleine Bergente *(Aythya affinis)*
- **Eiderente** *(Somateria mollissima)*
- Prachteiderente *(Somateria spectabilis)*
- Scheckente *(Polysticta stelleri)*
- **Kragenente** *(Histrionicus histrionicus)*
- **Eisente** *(Clangula hyemalis)*
- **Trauerente** *(Melanitta nigra)*
- Brillenente *(Melanitta perspicillata)*
- Samtente *(Melanitta fusca)*
- Amerikanische Samtente *(Melanitta deglandi)*
- Büffelkopfente *(Bucephala albeola)*
- **Spatelente** *(Bucephala islandica)*
- Schellente *(Bucephala clangula)*
- Kappensäger *(Lophodytes cucullatus)*
- Zwergsäger *(Mergellus albellus)*
- **Mittelsäger** *(Mergus serrator)*
- **Gänsesäger** *(Mergus merganser)*
- Schwarzkopf-Ruderente *(Oxyura jamaicensis)*

RAUFUSSHÜHNER *(TETRAONIDAE)*

- **Alpenschneehuhn** *(Lagopus muta)*

GLATTFUSSHÜHNER *(PHASIANIDAE)*

- Wachtel *(Coturnix coturnix)*

SEETAUCHER *(GAVIIDAE)*

- **Sterntaucher** *(Gavia stellata)*
- **Eistaucher** *(Gavia immer)*

LAPPENTAUCHER *(PODICIPEDIDAE)*

- Bindentaucher *(Podilymbus podiceps)*
- Zwergtaucher *(Tachybaptus ruficollis)*
- Haubentaucher *(Podiceps cristatus)*
- Rothalstaucher *(Podiceps grisegena)*
- **Ohrentaucher** *(Podiceps auritus)*

ALBATROSSE *(DIOMEDEIDAE)*

- Schwarzbrauenalbatros *(Thalassarche melanophris)*

STURMVÖGEL *(PROCELLARIIDAE)*

- **Eissturmvogel** *(Fulmarus glacialis)*
- Großer Sturmtaucher *(Puffinus gravis)*
- Dunkler Sturmtaucher *(Puffinus griseus)*
- **Atlantiksturmtaucher** *(Puffinus puffinus)*

STURMSCHWALBEN *(HYDROBATIDAE)*

- Buntfuß-Sturmschwalbe *(Oceanites oceanicus)*
- **Sturmschwalbe** *(Hydrobates pelagicus)*
- **Wellenläufer** *(Oceanodroma leucorhoa)*

TÖLPEL *(SULIDAE)*

- **Basstölpel** *(Morus bassanus)*

KORMORANE *(PHALACROCORACIDAE)*

- **Kormoran** *(Phalacrocorax carbo)*
- **Krähenscharbe** *(Phalacrocorax aristotelis)*

REIHER *(ARDEIDAE)*

- Rohrdommel *(Botaurus stellaris)*
- Nordamerikanische Rohrdommel *(Botaurus lentiginosus)*
- Amerikanische Zwergdommel *(Ixobrychus exilis)*
- Zwergdommel *(Ixobrychus minutus)*
- Nachtreiher *(Nycticorax nycticorax)*
- Grünreiher *(Butorides virescens)*
- Rallenreiher *(Ardeola ralloides)*
- Kuhreiher *(Bubulcus ibis)*
- Schmuckreiher *(Egretta thula)*
- Seidenreiher *(Egretta garzetta)*
- Silberreiher *(Ardea alba)*
- Graureiher *(Ardea cinerea)*
- Kanadareiher *(Ardea herodias)*
- Purpurreiher *(Ardea purpurea)*

STORCHENVÖGEL *(CICONIIDAE)*

- Schwarzstorch *(Ciconia nigra)*
- Weißstorch *(Ciconia ciconia)*

IBISSE *(THRESKIORNITHIDAE)*

- Sichler *(Plegadis falcinellus)*
- Löffler *(Platalea leucorodia)*

HABICHTVERWANDTE *(ACCIPITRIDAE)*

- Wespenbussard *(Pernis apivorus)*
- Schwarzmilan *(Milvus migrans)*
- Rotmilan *(Milvus milvus)*
- **Seeadler** *(Haliaeetus albicilla)*
- Rohrweihe *(Circus aeruginosus)*
- Kornweihe *(Circus cyaneus)*
- Wiesenweihe *(Circus pygargus)*
- Sperber *(Accipiter nisus)*
- Mäusebussard *(Buteo buteo)*
- Raufußbussard *(Buteo lagopus)*
- Zwergadler *(Aquila pennata)*

FISCHADLER *(PANDIONIDAE)*

- Fischadler *(Pandion haliaetus)*

FALKEN *(FALCONIDAE)*

- Turmfalke *(Falco tinnunculus)*
- Rotfußfalke *(Falco vespertinus)*
- **Merlin** *(Falco columbarius)*
- Baumfalke *(Falco subbuteo)*
- **Gerfalke** *(Falco rusticolus)*
- Wanderfalke *(Falco peregrinus)*

RALLEN *(RALLIDAE)*

- Wasserralle *(Rallus aquaticus)*
- Tüpfelsumpfhuhn *(Porzana porzana)*
- Wachtelkönig *(Crex crex)*
- Teichhuhn *(Gallinula chloropus)*
- Zwergsultanshuhn *(Porphyrio martinica)*
- Blässhuhn *(Fulica atra)*
- Amerikanisches Blässhuhn *(Fulica americana)*

KRANICHE *(GRUIDAE)*

- Kranich *(Grus grus)*

AUSTERNFISCHER *(HAEMATOPODIDAE)*

- **Austernfischer** *(Haematopus ostralegus)*

SÄBELSCHNÄBLERVERWANDTE *(RECURVIROSTRIDAE)*

- Säbelschnäbler *(Recurvirostra avosetta)*

TRIELE *(BURHINIDAE)*

- Triel *(Burhinus oedicnemus)*

BRACHSCHWALBENARTIGE *(GLAREOLIDAE)*

- Rotflügel-Brachschwalbe *(Glareola pratincola)*
- Schwarzflügel-Brachschwalbe *(Glareola nordmanni)*

REGENPFEIFER *(CHARADRIIDAE)*

- **Sandregenpfeifer** *(Charadrius hiaticula)*
- Amerika-Sandregenpfeifer *(C. semipalmatus)*
- Keilschwanz-Regenpfeifer *(C. vociferus)*
- Wüstenregenpfeifer *(C. leschenaultii)*
- Mornellregenpfeifer *(C. morinellus)*
- Prärie-Goldregenpfeifer *(Pluvialis dominica)*
- **Goldregenpfeifer** *(Pluvialis apricaria)*
- Kiebitzregenpfeifer *(Pluvialis squatarola)*
- Kiebitz *(Vanellus vanellus)*

SCHNEPFENVERWANDTE *(SCOLOPACIDAE)*

- **Knutt** *(Calidris canutus)*
- **Sanderling** *(Calidris alba)*
- Sandstrandläufer *(Calidris pusilla)*
- Bergstrandläufer *(Calidris mauri)*
- Zwergstrandläufer *(Calidris minuta)*
- Temminck-Strandläufer *(Calidris temminckii)*
- Wiesenstrandläufer *(Calidris minutilla)*
- Weißbürzel-Strandläufer *(Calidris fuscicollis)*
- Bairdstrandläufer *(Calidris bairdii)*
- Graubrust-Strandläufer *(Calidris melanotos)*
- Sichelstrandläufer *(Calidris ferruginea)*
- Bindenstrandläufer *(Calidris himantopus)*
- **Meerstrandläufer** *(Calidris maritima)*
- **Alpenstrandläufer** *(Calidris alpina)*
- Sumpfläufer *(Limicola falcinellus)*
- Grasläufer *(Tryngites subruficollis)*
- Kampfläufer *(Philomachus pugnax)*
- Zwergschnepfe *(Lymnocryptes minimus)*
- **Bekassine** *(Gallinago gallinago)*
- Wilson-Bekassine *(Gallinago delicate)*
- Großer Schlammläufer *(Limnodromus scolopaceus)*
- **Waldschnepfe** *(Scolopax rusticola)*
- **Uferschnepfe** *(Limosa limosa)*
- Pfuhlschnepfe *(Limosa lapponica)*
- **Regenbrachvogel** *(Numenius phaeopus)*
- Großer Brachvogel *(Numenius arquata)*
- Prärieläufer *(Bartramia longicauda)*
- Flussuferläufer *(Actitis hypoleucos)*
- Drosseluferläufer *(Actitis macularius)*

Waldwasserläufer *(Tringa ochropus)*

Einsamer Wasserläufer *(Tringa solitaria)*

Dunkler Wasserläufer *(Tringa erythropus)*

Großer Gelbschenkel *(Tringa melanoleuca)*

Grünschenkel *(Tringa nebularia)*

Kleiner Gelbschenkel *(Tringa flavipes)*

Bruchwasserläufer *(Tringa glareola)*

Rotschenkel *(Tringa totanus)*

Steinwälzer *(Arenaria interpres)*

Wilson-Wassertreter *(Phalaropus tricolor)*

Odinshühnchen *(Phalaropus lobatus)*

Thorshühnchen *(Phalaropus fulicarius)*

RAUBMÖWEN *(STERCORARIIDAE)*

Spatelraubmöwe *(Stercorarius pomarinus)*

Schmarotzerraubmöwe *(Stercorarius parasiticus)*

Falkenraubmöwe *(Stercorarius longicaudus)*

Skua *(Stercorarius skua)*

MÖWEN *(LARIDAE)*

Aztekenmöwe *(Larus atricilla)*

Franklin-Möwe *(Larus pipixcan)*

Ringschnabelmöwe *(Larus delawarensis)*

Sturmmöwe *(Larus canus)*

Heringsmöwe *(Larus fuscus)*

Eismöwe *(Larus hyperboreus)*

Polarmöwe *(Larus glaucoides)*

Thayermöwe *(Larus thayeri)*

Mittelmeermöwe *(Larus michahellis)*

Silbermöwe *(Larus argentatus)*

Mantelmöwe *(Larus marinus)*

Rosenmöwe *(Rhodostethia rosea)*

Zwergmöwe *(Hydrocoloeus minutus)*

Bonapartemöwe *(Chroicocephalus philadelphia)*

Lachmöwe *(Chroicocephalus ridibundus)*

Dreizehenmöwe *(Rissa tridactyla)*

Schwalbenmöwe *(Xema sabini)*

Elfenbeinmöwe *(Pagophila eburnea)*

SEESCHWALBEN *(STERNIDAE)*

Rußseeschwalbe *(Onychoprion fuscatus)*

Zwergseeschwalbe *(Sternula albifrons)*

Lachseeschwalbe *(Gelochelidon nilotica)*

Weißbart-Seeschwalbe *(Chlidonias hybrida)*

Trauerseeschwalbe *(Chlidonias niger)*

Weißflügel-Seeschwalbe *(Chlidonias leucopterus)*

Brandseeschwalbe *(Sterna sandvicensis)*

Forster-Seeschwalbe *(Sterna forsteri)*

Flussseeschwalbe *(Sterna hirundo)*

Küstenseeschwalbe *(Sterna paradisaea)*

ALKE *(ALCIDAE)*

Trottellumme *(Uria aalge)*

Dickschnabellumme *(Uria lomvia)*

Tordalk *(Alca torda)*

Riesenalk *(Pinguinus impennis)*

Gryllteiste *(Cepphus grylle)*

Krabbentaucher *(Alle alle)*

Schopfalk *(Aethia cristatella)*

Papageitaucher *(Fratercula arctica)*

TAUBEN *(COLUMBIDAE)*

- **Felsentaube** *(Columba livia)*
- Hohltaube *(Columba oenas)*
- Ringeltaube *(Columba palumbus)*
- Türkentaube *(Streptopelia decaocto)*
- Turteltaube *(Streptopelia turtur)*
- Carolinataube *(Zenaida macroura)*

KUCKUCKE *(CUCULIDAE)*

- Kuckuck *(Cuculus canorus)*
- Schwarzschnabelkuckuck *(Coccyzus erythropthalmus)*
- Gelbschnabelkuckuck *(Coccyzus americanus)*

EULEN *(STRIGIDAE)*

- Zwergohreule *(Otus scops)*
- **Schnee-Eule** *(Bubo scandiacus)*
- Waldohreule *(Asio otus)*
- **Sumpfohreule** *(Asio flammeus)*

NACHTSCHWALBEN *(CAPRIMULGIDAE)*

- Ziegenmelker *(Caprimulgus europaeus)*
- Falkennachtschwalbe *(Chordeiles minor)*

SEGLER *(APODIDAE)*

- Alpensegler *(Apus melba)*
- Mauersegler *(Apus apus)*

EISVÖGEL *(ALCEDINIDAE)*

- Gürtelfischer *(Megaceryle alcyon)*

BIENENFRESSER *(MEROPIDAE)*

- Bienenfresser *(Merops apiaster)*

RACKEN *(CORACIIDAE)*

- Blauracke *(Coracias garrulus)*

WIEDEHOPFE *(UPUPIDAE)*

- Wiedehopf *(Upupa epops)*

SPECHTE *(PICIDAE)*

- Wendehals *(Jynx torquilla)*
- Gelbbauch-Saftlecker *(Sphyrapicus varius)*
- Buntspecht *(Dendrocopos major)*

TYRANNEN *(TYRANNIDAE)*

- Buchentyrann *(Empidonax virescens)*
- Erlentyrann *(Empidonax alnorum)*
- Gartentyrann *(Empidonax minimus)*

LERCHEN *(ALAUDIDAE)*

- Kurzzehenlerche *(Calandrella brachydactyla)*
- Feldlerche *(Alauda arvensis)*
- Ohrenlerche *(Eremophila alpestris)*

SCHWALBEN *(HIRUNDINIDAE)*

- Uferschwalbe *(Riparia riparia)*
- Rauchschwalbe *(Hirundo rustica)*
- Mehlschwalbe *(Delichon urbicum)*
- Rötelschwalbe *(Cecropis daurica)*
- Amerikanische Klippenschwalbe *(Petrochelidon pyrrhonota)*

STELZENVERWANDTE *(MOTACILLIDAE)*

- Brachpieper *(Anthus campestris)*
- Waldpieper *(Anthus hodgsoni)*
- Baumpieper *(Anthus trivialis)*
- Petschorapieper *(Anthus gustavi)*
- **Wiesenpieper** *(Anthus pratensis)*
- Strandpieper *(Anthus petrosus)*
- Pazifischer *Wasserpieper(Anthus rubescens)*
- Wiesenschafstelze *(Motacilla flava)*
- Zitronenstelze *(Motacilla citreola)*
- Gebirgsstelze *(Motacilla cinerea)*
- **Bachstelze** *(Motacilla alba)*

SEIDENSCHWÄNZE *(BOMBYCILLIDAE)*

- Seidenschwanz *(Bombycilla garrulus)*
- Zedernseidenschwanz *(Bombycilla cedrorum)*

ZAUNKÖNIGE *(TROGLODYTIDAE)*

- **Zaunkönig** *(Troglodytes troglodytes)*

BRAUNELLEN *(PRUNELLIDAE)*

- Heckenbraunelle *(Prunella modularis)*

DROSSELN *(TURDIDAE)*

- Rotkehlchen *(Erithacus rubecula)*
- Sprosser *(Luscinia luscinia)*
- Nachtigall *(Luscinia megarhynchos)*
- Rubinkehlchen *(Luscinia calliope)*
- Blaukehlchen *(Luscinia svecica)*
- Hausrotschwanz *(Phoenicurus ochruros)*
- Gartenrotschwanz *(Phoenicurus phoenicurus)*
- Braunkehlchen *(Saxicola rubetra)*
- Afrikanisches Schwarzkehlchen *(Saxicola torquatus)*
- **Steinschmätzer** *(Oenanthe oenanthe)*
- Erddrossel *(Zoothera dauma)*
- Halsbanddrossel *(Ixoreus naevius)*
- Walddrossel *(Hylocichla mustelina)*
- Einsiedlerdrossel *(Catharus guttatus)*
- Zwergdrossel *(Catharus ustulatus)*
- Grauwangendrossel *(Catharus minimus)*
- Ringdrossel *(Turdus torquatus)*
- **Amsel** *(Turdus merula)*
- Schwarzkehldrossel *(Turdus atrogularis)*
- **Wacholderdrossel** *(Turdus pilaris)*
- Singdrossel *(Turdus philomelos)*
- **Rotdrossel** *(Turdus iliacus)*
- Misteldrossel *(Turdus viscivorus)*
- Wanderdrossel *(Turdus migratorius)*

ZWEIGSÄNGER *(SYLVIIDAE)*

- Strichelschwirl *(Locustella lanceolata)*
- Feldschwirl *(Locustella naevia)*
- Schlagschwirl *(Locustella fluviatilis)*
- Schilfrohrsänger *(Acrocephalus schoenobaenus)*
- Feldrohrsänger *(Acrocephalus agricola)*
- Buschrohrsänger *(Acrocephalus dumetorum)*
- Sumpfrohrsänger *(Acrocephalus palustris)*

- Teichrohrsänger *(Acrocephalus scirpaceus)*
- Steppenspötter *(Hippolais rama)*
- Gelbspötter *(Hippolais icterina)*
- Orpheusspötter *(Hippolais polyglotta)*
- Blassspötter *(Hippolais pallida)*
- Mönchsgrasmücke *(Sylvia atricapilla)*
- Gartengrasmücke *(Sylvia borin)*
- Sperbergrasmücke *(Sylvia nisoria)*
- Klappergrasmücke *(Sylvia curruca)*
- Dorngrasmücke *(Sylvia communis)*
- Weißbart-Grasmücke *(Sylvia cantillans)*
- Wanderlaubsänger *(Phylloscopus borealis)*
- Gelbbrauen-Laubsänger *(Phylloscopus inornatus)*
- Waldlaubsänger *(Phylloscopus sibilatrix)*
- Zilpzalp *(Phylloscopus collybita)*
- Fitis *(Phylloscopus trochilus)*
- Rubingoldhähnchen *(Regulus calendula)*
- **Wintergoldhähnchen** *(Regulus regulus)*

SCHNÄPPERVERWANDTE *(MUSCICAPIDAE)*

- Grauschnäpper *(Muscicapa striata)*
- Zwergschnäpper *(Ficedula parva)*
- Trauerschnäpper *(Ficedula hypoleuca)*

MEISEN *(PARIDAE)*

- Kohlmeise *(Parus major)*

KLEIBER *(SITTIDAE)*

- Kanadakleiber *(Sitta canadensis)*

PIROLE *(ORIOLIDAE)*

- Pirol *(Oriolus oriolus)*

WÜRGER *(LANIIDAE)*

- Neuntöter *(Lanius collurio)*
- Raubwürger *(Lanius excubitor)*
- Rotkopfwürger *(Lanius senator)*

RABENVERWANDTE *(CORVIDAE)*

- Dohle *(Corvus monedula)*
- Saatkrähe *(Corvus frugilegus)*
- Nebelkrähe *(Corvus cornix)*
- **Kolkrabe** *(Corvus corax)*

STARE *(STURNIDAE)*

- **Star** *(Sturnus vulgaris)*
- Rosenstar *(Pastor roseus)*

SPERLINGE *(PASSERIDAE)*

- **Haussperling** *(Passer domesticus)*
- Feldsperling *(Passer montanus)*

VIREOS *(VIREONIDAE)*

- Rotaugenvireo *(Vireo olivaceus)*

FINKEN *(FRINGILLIDAE)*

- Buchfink *(Fringilla coelebs)*
- Bergfink *(Fringilla montifringilla)*
- Grünfink *(Carduelis chloris)*
- Stieglitz *(Carduelis carduelis)*
- Erlenzeisig *(Carduelis spinus)*
- Bluthänfling *(Carduelis cannabina)*
- **Birkenzeisig** *(Carduelis flammea)*
- Polarbirkenzeisig *(Carduelis hornemanni)*
- Fichtenkreuzschnabel *(Loxia curvirostra)*
- Kiefernkreuzschnabel *(Loxia pytyopsittacus)*
- Bindenkreuzschnabel *(Loxia leucoptera)*
- Karmingimpel *(Carpodacus erythrinus)*
- Gimpel *(Pyrrhula pyrrhula)*
- Kernbeißer *(Coccothraustes coccothraustes)*

WALDSÄNGER *(PARULIDAE)*

- Kletterwaldsänger *(Mniotilta varia)*
- Brauenwaldsänger *(Vermivora peregrina)*
- Meisenwaldsänger *(Parula americana)*
- Goldwaldsänger *(Dendroica petechia)*
- Pappelwaldsänger *(Dendroica cerulea)*
- Blaurückenwaldsänger *(Dendroica caerulescens)*
- Grünwaldsänger *(Dendroica virens)*
- Fichten-Waldsänger *(Dendroica fusca)*
- Magnolien-Waldsänger *(Dendroica magnolia)*
- Kronwaldsänger *(Dendroica coronata)*
- Palmen-Waldsänger *(Dendroica palmarum)*
- Streifenwaldsänger *(Dendroica striata)*
- Schnäpperwaldsänger *(Setophaga ruticilla)*
- Weiden-Gelbkehlchen *(Geothlypis trichas)*
- Kanadawaldsänger *(Wilsonia canadensis)*

TANGARE *(THRAUPIDAE)*

- Scharlachtangare *(Piranga olivacea)*

AMMERNVERWANDTE *(EMBERIZIDAE)*

- Fuchsammer *(Passerella iliaca)*
- Dachsammer *(Zonotrichia leucophrys)*
- Weißkehlammer *(Zonotrichia albicollis)*
- Junko *(Junco hyemalis)*
- Spornammer *(Calcarius lapponicus)*
- **Schneeammer** *(Plectrophenax nivalis)*
- Fichtenammer *(Emberiza leucocephalos)*
- Goldammer *(Emberiza citrinella)*
- Ortolan *(Emberiza hortulana)*
- Waldammer *(Emberiza rustica)*
- Zwergammer *(Emberiza pusilla)*
- Weidenammer *(Emberiza aureola)*
- Rohrammer *(Emberiza schoeniclus)*
- Kappenammer *(Emberiza melanocephala)*
- Rosenbrust-Kernknacker *(Pheucticus ludovicianus)*
- Indigofink *(Passerina cyanea)*

TRUPIALE *(ICTERIDAE)*

- Gelbkopf-Stärling *(Xanthocephalus xanthocephalus)*
- Baltimoretrupial *(Icterus galbula)*

Bei den folgenden Arten handelt es sich um Gefangenschaftsflüchtlinge, die nicht aus ihren ursprünglichen Verbreitungsgebieten nach Island gekommen sind (D- und E-Arten)

- Schwarzschwan *(Cygnus atratus)*
- Streifengans *(Anser indicus)*
- Chileflamingo *(Phoenicopterus chilensis)*
- Aaskrähe *(Corvus corone)*
- Braunkopf-Ammer *(Emberiza bruniceps)*

WEITERE ARTEN

INTERNATIONALE BEZEICHNUNGEN*

S.	DEUTSCH	LATEIN	ISLÄNDISCH ÍSLENSKA	ENGLISCH ENGLISH	FÄRÖISCH FØROYSK	DÄNISCH DANSK
28	**Eissturmvogel**	*Fulmarus glacialis*	Fýll	Northern Fulmar	Havhestur	Mallemuk
30	**Atlantiksturm-taucher**	*Pufffinus puffinus*	Skrofa	Manx Shearwater	Skrápur	Almindelig skråpe
32	**Sturmschwalbe**	*Hydrobates pelagicus*	Stormsvala	European Storm-petrel	Drunnhvíti	Lille stormsvale
34	**Wellenläufer**	*Oceanodroma leucorhoa*	Sjósvala	Leach's Storm-petrel	Sýldur drunnhvíti	Stor stormsvale
36	**Krähenscharbe**	*Phalacrocorax aristotelis*	Toppskarfur	European Shag	Skarvur	Topskarv
38	**Kormoran**	*Phalacrocorax carbo*	Dílaskarfur	Great Cormorant	Hiplingur	Skarv
40	**Basstölpel**	*Morus bassanus*	Súla	Northern Gannet	Súla	Sule
42	**Tordalk**	*Alca torda*	Álka	Razorbill	Álka	Alk
43	**Riesenalk**	*Pinguinus impennis*	Geirfugl	Great Auk	Gorfuglur	Gejrfugl
44	**Papageitaucher**	*Fratercula arctica*	Lundi	Atlantic Puffin	Lundi	Lunde
46	**Gryllteiste**	*Cepphus grylle*	Teista	Black Guillemot	Teisti	Tejst
48	**Dickschnabel-lumme**	*Uria lomvia*	Stuttnefja	Brünnich's Guillemot	Islandslomvigi	Polarlomvie
50	**Trottellumme**	*Uria aalge*	Langvía	Common Guillemot	Lomvigi	Lomvie
52	**Krabbentaucher**	*Alle alle*	Haftyrðill	Little Auk	Fulkubbi	Søkonge
54	**Dunkler Sturmtaucher**	*Puffinus griseus*	Gráskrofa	Sooty Shearwater	Gráskrápur	Sodfarvet skråpe
54	**Kappensturm-taucher**	*Puffinus gravis*	Hettuskrofa	Great Shearwater	Stórskrápur	Storskråpe
60	**Austernfischer**	*Haematopus ostralegus*	Tjaldur	Eurasian Oystercatcher	Tjaldur	Strandskade
62	**Sandregenpfeifer**	*Charadrius hiaticula*	Sandlóa	Common Ringed Plover	Svarthálsa	Stor præstekrave
64	**Goldregenpfeifer**	*Pluvialis apricaria*	Heiðlóa	European Golden Plover	Lógv	Hjejle
66	**Alpenstrand-läufer**	*Calidris alpina*	Lóuþræll	Dunlin	Fjallmurra	Almindelig ryle
68	**Meerstrand-läufer**	*Calidris maritima*	Sendlingur	Purple Sandpiper	Grágrælingur	Sortgrå ryle
70	**Sanderling**	*Calidris alba*	Sanderla	Sanderling	Sandgrælingur	Sandløber
72	**Knutt**	*Calidris canutus*	Rauðbrystingur	Red Knot	Íslandsgrælingur	Islandsk ryle
74	**Steinwälzer**	*Arenaria interpres*	Tildra	Ruddy Turnstone	Tjaldurs-grælingur	Stenvender

***Die Arten sind in der Reihenfolge aufgeführt. Wie sie im Hauptteil vorgestellt werden**

SCHWEDISCH SVENSKA	NORWEGISCH NORSK	FINNISCH SUOMI	HOLLÄNDISCH NEDERLANDS	ITALIENISCH ITALIANO	FRANZÖSISCH FRANÇAIS	SPANISCH ESPAÑOL
Stormfågel	Havhest	Myrskylintu	Noordse Stormvogel	Fulmaro artico	Fulmar boréal	Fulmar boreal
Mindre lira	Havlire	Pikkuliitäjä	Noordse Pijlstormvogel	Berta minore	Puffin des Anglais	Pardela pichoneta
Stormsvala	Havsvale	Merikeiju	Gewoon Stormvogeltje	Uccello delle tempeste	Océanite tempête	Paiño europeo
Klykstjärtad stormsvala	Stormsvale	Myrskykeiju	Vaal stormvogeltje	Uccello delle tempeste codaforcuta	Océanite culblanc	Paiño boreal
Toppskarv	Toppskarv	Karimetso	Kuifaalscholver	Marangone dal ciuffo	Cormoran huppé	Cormorán moñudo
Storskarv	Storskarv	Merimetso	Aalscholver	Marangone	Grand Cormoran	Cormorán grande
Havssula	Havsule	Suula	Jan van Gent	Sula	Fou de Bassan	Alcatraz atlántico
Tordmule	Alke	Ruokki	Alk	Gazza marina	Pingouin torda	Alca común
Garfågel	Geirfugl	Siivetönruokki	Reuzenalk	Alca impenne	Grand Pingouin	Alca gigante
Lunnefågel	Lunde	Lunni	Papegaaiduiker	Pulcinella di mare	Macareux moine	Frailecillo
Tobisgrissla	Teist	Riskilä	Zwarte zeekoet	Uria nera	Guillemot à miroir	Arao aliblanco
Spetsbergs-grissla	Polarlomvi	Pohjankiisla	Kortsnavel-zeekoet	Uria di Brünnich	Guillemot de Brünnich	Arao de Brünnich
Sillgrissla	Lomvi	Etelänkiisla	Zeekoet	Uria comune	Guillemot de Troïl	Arao común
Alkekung	Alkekonge	Jääkyyhky	Kleine alk	Gazza marina minore	Mergule nain	Mérgulo atlántico
Grålira	Grålire	Nokiliitäjä	Grauwe pijlstormvogel	Berta grigia	Puffin fuligineux	Pardela sombria
Större lira	Storlire	Isoliitäjä	Grote pijlstormvogel	Berta dell' Atlantico	Puffin majeur	Pardela capirotada
Strandskata	Tjeld	Meriharakka	Scholekster	Beccaccia di mare	Huîtrier pie	Ostrero euroasiático
Större strandpipare	Sandlo	Tylli	Bontbekplevier	Corriere grosso	Grand Gravelot	Chorlitejo grande
Ljungpipare	Heilo	Kapustarinta	Goudpleiver	Piviere dorato	Pluvier doré	Chorlito dorado europeo
Kärrsnäppa	Myrsnipe	Suosirri	Bonte strandloper	Piovanello pancianera	Bécasseau variable	Correlimos común
Skärsnäppa	Fjæreplytt	Merisirri	Paarse strandloper	Piovanello violetto	Bécasseau violet	Correlimos oscuro
Sandlöpare	Sandløper	Pulmussirri	Drieteen-strandloper	Piovanello tridattilo	Bécasseau sanderling	Correlimos tridáctilo
Kustsnäppa	Polarsnipe	Isosirri	Kanoet Strandloper	Piovanello maggiore	Bécasseau maubèche	Correlimos gordo
Roskarl	Steinvender	Karikukko	Steenloper	Voltapietre	Tournepierre à collier	Vuelvepiedras común

S.	DEUTSCH	LATEIN	ISLÄNDISCH ÍSLENSKA	ENGLISCH ENGLISH	FÄRÖISCH FØROYSK	DÄNISCH DANSK
76	**Bekassine**	*Gallinago gallinago*	Hrossagaukur	Common Snipe	Mýrisnípa	Dobbeltbekkasin
78	**Waldschnepfe**	*Scolopax rusticola*	Skógarsnípa	Eurasian Woodcock	Vendisnípa	Skovsneppe
80	**Regenbrachvogel**	*Numenius phaeopus*	Spói	Whimbrel	Spógvi	Lille regnspove
82	**Uferschnepfe**	*Limosa limosa*	Jaðrakan	Black-tailed Godwit	Reyðspógvi	Stor kobbersneppe
84	**Rotschenkel**	*Tringa totanus*	Stelkur	Common Redshank	Stelkur	Rødben
86	**Odinshühnchen**	*Phalaropus lobatus*	Óðinshani	Red-necked Phalarope	Helsareyði	Odinshane
88	**Thorshühnchen**	*Phalaropus fulicarius*	Þórshani	Red Phalarope	Sundgrælingur	Thorshane
90	**Kiebitzregen-pfeifer**	*Pluvialis squatarola*	Grálóa	Grey Plover	Fjørulógv	Strandhjejle
90	**Kiebitz**	*Vanellus vanellus*	Vepja	Northern Lapwing	Vípa	Vibe
91	**Weißbürzel-Strandläufer**	*Calidris fuscicollis*	Vaðlatíta	White-rumped Sandpiper	Nevstuttur grælingur	Hvidrygget ryle
91	**Sichelstrand-läufer**	*Calidris ferruginea*	Spóatíta	Curlew Sandpiper	Reyðgrælingur	Krumnæbbet ryle
92	**Graubrust-Strandläufer**	*Calidris melanotos*	Rákatíta	Pectoral Sandpiper	Sjógrælingur	Stribet ryle
92	**Kampfläufer**	*Philomachus pugnax*	Rúkragi	Ruff	Kápugrælingur	Brushane
93	**Großer Brachvogel**	*Numenius arquata*	Fjöruspói	Eurasian Curlew	Tangspógvi	Stor spove
93	**Pfuhlschnepfe**	*Limosa lapponica*	Lappajaðrakan	Bar-tailed Godwit	Lónspógvi	Lille kobbersneppe
94	**Bruchwasser-läufer**	*Tringa glareola*	Flóastelkur	Wood Sandpiper	Vaðstelkur	Tinksmed
94	**Zwergschnepfe**	*Lymnocryptes minimus*	Dvergsnípa	Jack Snipe	Snípustelkur	Enkeltbekkasin
95	**Blässhuhn**	*Fulica atra*	Bleshæna	Eurasian Coot	Sjógvhøna	Blishøne
95	**Teichhuhn**	*Gallinula chloropus*	Sefhæna	Common Moorhen	Sevhøna	Grønbenet rørhøne
96	**Wasserralle**	*Rallus aquaticus*	Keldusvín	Water Rail	Jarðarkona	Vandrikse
96	**Kranich**	*Grus grus*	Grátrana	Common Crane	Trani	Trane
97	**Graureiher**	*Ardea cinerea*	Gráhegri	Grey Heron	Hegri	Fiskehejre
102	**Lachmöwe**	*Chroicocephalus ridibundus*	Hettumáfur	Black-headed Gull	Fransaterna	Hættemåge
104	**Sturmmöwe**	*Larus canus*	Stormmáfur	Common Gull	Skatumási	Stormmåge
106	**Silbermöwe**	*Larus argentatus*	Silfurmáfur	Herring Gull	Fiskimási	Sølvmåge
108	**Dreizehenmöwe**	*Rissa tridactyla*	Rita	Black-legged Kittiwake	Ryta	Ride
110	**Mantelmöwe**	*Larus marinus*	Svartbakur	Great Black-backed Gull	Svartbakur	Svartbag

SCHWEDISCH SVENSKA	NORWEGISCH NORSK	FINNISCH SUOMI	HOLLÄNDISCH NEDERLANDS	ITALIENISCH ITALIANO	FRANZÖSISCH FRANÇAIS	SPANISCH ESPAÑOL
Enkelbeckasin	Enkeltbekkasin	Taivaanvuohi	Watersnip	Beccaccino comune	Bécassine des marais	Agachadiza común
Morkulla	Rugde	Lehtokurppa	Houtsnip	Beccaccia	Bécasse des bois	Chocha perdiz
Småspov	Småspove	Pikkukuovi	Regenwulp	Chiurlo piccolo	Courlis corlieu	Zarapito trinador
Rödspov	Svarhalespove	Mustapyr-stökuiri	Grutto	Pittima reale	Barge à queue noire	Aguja colinegra
Rödbena	Rödstilk	Punajalkaviklo	Tureluur	Pettegola	Chevalier gambette	Archibebe común
Smalnäbbad simsnäppa	Svømmesnipe	Vesipääsky	Grauwe franjepoot	Falaropo beccosottile	Phalarope à bec étroit	Falaropo picofino
Brednäbbad simsnäppa	Polarsvømme-snipe	Isovesipääsky	Rosse franjepoot	Falaropo beccolargo	Phalarope à bec large	Falaropo picogrueso
Kustpipare	Tundralo	Tundra-kurmitsa	Zilverplevier	Pivieressa	Pluvier argenté	Chorlito gris
Tofsvipa	Vipe	Töyhtöhyyppä	Kievit	Pavoncella	Vanneau huppé	Avefría europea
Vitgumpsnäppa	Bonapartesnipe	Valkoperäsirri	Bonapartes-strandloper	Piro-piro dorsobianco	Bécasseau de Bonaparte	Correlimos culiblanco
Spovsnäppa	Tundrasnipe	Kuovisirri	Krombek-strandloper	Pivonello comune	Bécasseau cocorli	Correlimos Zarapitín
Tuvsnäppa	Alaskasnipe	Palsasirri	Gestreepte Strandloper	Piro-piro pettorale	Bécasseau tacheté	Correlimos pectoral
Brushane	Brushane	Suokukko	Kemphaan	Combattente	Combattant varié	Combatiente
Storspov	Storspove	Isokuovi	Wulp	Chiurlo maggiore	Courlis cendré	Zarapito real
Myrspov	Lappspove	Punakuiri	Rosse grutto	Pittima minore	Barge rousse	Aguja colipinta
Grönbena	Grønnstilk	Liro	Bosruiter	Piro-piro boschereccio	Chevalier sylvain	Andarríos bastardo
Dvärgbeckasin	Kvartbekkasin	Jänkäkurppa	Bojke	Frullino	Bécassine sourde	Agachadiza chica
Sothöna	Sothøne	Nokikana	Meerkoet	Folaga	Foulque macroule	Focha común
Rörhöna	Sivhøne	Liejukana	Waterhoentje	Sciabica	Gallinule poule-d'eau	Gallineta común
Vattenrall	Vannrikse	Luhtakana	Waterral	Porciglione	Râle d'eau	Rascón europeo
Trana	Trane	Kurki	Kraanvogel	Gru cenerina	Grue cendrée	Grulla común
Gråhäger	Gråhegre	Harmaahaikara	Blauwe reiger	Airone cenerino	Héron cendré	Garza real
Skrattmås	Hettmåke	Naurulokki	Kokmeeuw	Gabbiano comune	Mouette rieuse	Gaviota reidora
Fiskmås	Fiskemåke	Kalalokki	Stormmeeuw	Gavina	Goéland cendré	Gaviota cana
Gråtrut	Gråmåke	Harmaalokki	Zilvermeeuw	Gabbiano reale nordico	Goéland argenté	Gaviota argéntea
Tretåig mås	Krykkje	Pikkukajava	Drieteenmeeuw	Gabbiano tridattilo	Mouette tridactyle	Gaviota tridáctila
Havstrut	Svartbak	Merilokki	Grote mantel-meeuw	Mugnaiaccio	Goéland marin	Gavión atlántico

S.	DEUTSCH	LATEIN	ISLÄNDISCH ÍSLENSKA	ENGLISCH ENGLISH	FÄRÖISCH FØROYSK	DÄNISCH DANSK
112	**Heringsmöwe**	*Larus fuscus*	Sílamáfur	Lesser Black-backed Gull	Likka	Sildemåge
114	**Polarmöwe**	*Larus glaucoides*	Bjartmáfur	Iceland Gull	Litil valmási	Hvidvinget måge
116	**Eismöwe**	*Larus hyperboreus*	Hvítmáfur	Glaucous Gull	Valmási	Gråmåge
118	**Große Raubmöwe**	*Stercorarius skua*	Skúmur	Great Skua	Skúgvur	Storkjove
120	**Schmarotzer-raubmöwe**	*Stercorarius parasiticus*	Kjói	Arctic Skua	Kjógvi	Almindelig kjove
122	**Küstensee-schwalbe**	*Sterna paradisaea*	Kría	Arctic Tern	Terna	Havterne
124	**Falkenraubmöwe**	*Stercorarius longicaudus*	Fjallkjói	Long-tailed Skua	Snældukjógvi	Lille kjove
124	**Spatelraubmöwe**	*Stercorarius pomarinus*	Ískjói	Pomarine Skua	Jói	Mellemkjove
125	**Zwergmöwe**	*Hydrocoloeus minutus*	Dvergmáfur	Little Gull	Dvørgmási	Dværgmåge
125	**Schwalbenmöwe**	*Xema sabini*	Þernumáfur	Sabine's Gull	Ternumási	Sabinemåge
126	**Ringschnabel -möwe**	*Larus delawarensis*	Hringmáfur	Ring-billed Gull	Sæðingur	Ringnæbbet måge
126	**Rosenmöwe**	*Rhodostethia rosea*	Rósamáfur	Ross's Gull	Brandmási	Rosenmåge
127	**Elfenbeinmöwe**	*Pagophila eburnea*	Ísmáfur	Ivory Gull	Ísmási	Ismåge
127	**Trauerseeschwalbe**	*Chlidonias niger*	Kolþerna	Black Tern	Svartterna	Sortterne
134	**Singschwan**	*Cygnus cygnus*	Álft	Whooper Swan	Okn	Sangsvane
136	**Graugans**	*Anser anser*	Grágæs	Greylag Goose	Grágás	Grågås
138	**Schnabelgans**	*Anser brachy-rhynchus*	Heiðagæs	Pink-footed Goose	Íslandsgás	Kortnæbbet gås
140	**Blässgans**	*Anser albifrons*	Blesgæs	White-fronted Goose	Korngás	Blisgås
142	**Weißwangengans**	*Branta leucopsis*	Helsingi	Barnacle Goose	Brandgás	Bramgås
144	**Ringelgans**	*Branta bernicla*	Margæs	Brent Goose	Helsigás	Knortegås
146	**Stockente**	*Anas platyrhynchos*	Stokkönd	Mallard	Villdunna	Gråand
148	**Schnatterente**	*Anas strepera*	Gargönd	Gadwall	Sutlont	Knarand
150	**Spießente**	*Anas acuta*	Grafönd	Northern Pintail	Snælduont	Spidsand
152	**Pfeifente**	*Anas penelope*	Rauðhöfðaönd	Eurasian Wigeon	Ennigul ont	Pibeand
154	**Krickente**	*Anas crecca*	Urtönd	Eurasian Teal	Krikkont	Krikand
156	**Löffelente**	*Anas clypeata*	Skeiðönd	Northern Shoveler	Spónont	Skeand
158	**Reiherente**	*Aythya fuligula*	Skúfönd	Tufted Duck	Trøllont	Troldand

SCHWEDISCH SVENSKA	NORWEGISCH NORSK	FINNISCH SUOMI	HOLLÄNDISCH NEDERLANDS	ITALIENISCH ITALIANO	FRANZÖSISCH FRANÇAIS	SPANISCH ESPAÑOL
Silltrut	Sildemåke	Selkälokki	Kleine mantel-meeuw	Zafferano	Goéland brun	Gaviota sombria
Vitvingad trut	Grønlands-måke	Grönlannin-lokki	Kleine burge-meester	Gabbiano d'Islanda	Goéland à ailes blanches	Gaviota groenlandesa
Vittrut	Polarmåke	Isolokki	Grote burge-meester	Gabbiano glauco	Goéland bourgmestre	Gaviota hiperbóreo
Storlabb	Storjo	Isokihu	Grote jager	Stercorario maggiore	Grand Labbe	Págalo grande
Kustlabb	Tyvjo	Merikihu	Kleine jager	Labbo	Labbe parasite	Págalo parásito
Silvertärna	Rødnebbterne	Lapintiira	Noordse stern	Sterna codalunga	Sterne arctique	Charrán ártico
Fjällabb	Fjelljo	Tunturikihu	Kleineste jager	Labbo codalunga	Labbe à longue queue	Págalo rabero
Bredstjärtad labb	Polarjo	Leveäpyrstökihu	Middelste jager	Stercorario mezzano	Labbe pomarin	Págalo pomarino
Dvärgmås	Dvergmåke	Pikkulokki	Dwergmeeuw	Gabbianello	Mouette pygmée	Gaviota enana
Tärnmås	Sabinemåke	Tiiralokki	Vorkstaart-meeuw	Gabbiano di Sabine	Mouette de Sabine	Gaviota de Sabine
Ringnäbbad mås	Ringnebbmåke	Renga-snokkalokki	Ringsnavel-meeuw	Gabbiano di Delaware	Goéland à bec cerclé	Gaviota de Delaware
Rosenmås	Rosenmåke	Ruusulokki	Ross-meeuw	Gabbiano polare di Ross	Mouette de Ross	Gaviota rosada
Ismås	Ismåke	Jäälokki	Ivoormeeuw	Gabbiano eburneo	Mouette blanche	Gaviota marfileña
Svarttärna	Svartterne	Mustatiira	Zwarte stern	Mignattino	Guifette noire	Fumarel común
Sångsvan	Sangsvane	Laulujoutsen	Wilde zwaan	Cigno selvatico	Cygne chanteur	Cisne cantor
Grågås	Grågås	Merihanhi	Grauwe gans	Oca selvatica	Oie cendrée	Ánsar común
Spetsbergsgås	Kortnebbgås	Lyhytnokka-hanhi	Kleine rietgans	Oca zamperosee	Oie à bec court	Ánsar piquicorto
Bläsgås	Tundragås	Tundrahanhi	Kolgans	Oca lombardella	Oie rieuse	Ánsar careto
Vitkindad gås	Hvitkinngås	Valkoposki-hanhi	Brandgans	Oca facciabianca	Bernache nonnette	Barnacla cariblanca
Prutgås	Ringgås	Sepelhanhi	Rotgans	Oca colombaccio	Bernache cravant	Barnacla carinegra
Gräsand	Stokkand	Sinisorsa	Wilde eend	Germano reale	Canard colvert	Ánade a zulón
Snatterand	Snadderand	Harmaasorsa	Krakeend	Canapiglia	Canard chipeau	Ánade friso
Stjärtand	Stjertand	Jouhisorsa	Pijlstaart	Codone	Canard pilet	Ánade rabudo
Bläsand	Brunnakke	Haapana	Smient	Fischione europeo	Canard siffleur	Silbón europeo
Kricka	Krikkand	Tavi	Wintertaling	Alzavola comune	Sarcelle d'hiver	Cerceta común
Skedand	Skjeand	Lapasorsa	Slobeend	Mestolone	Canard souchet	Cuchara común
Vigg	Toppand	Tukkasotka	Kuifeend	Moretta	Fuligule morillon	Porrón moñudo

S.	DEUTSCH	LATEIN	ISLÄNDISCH ÍSLENSKA	ENGLISCH ENGLISH	FÄRÖISCH FØROYSK	DÄNISCH DANSK
160	**Bergente**	*Aythya marila*	Duggönd	Greater Scaup	Gráboka	Bjergand
162	**Eisente**	*Clangula hyemalis*	Hávella	Long-tailed Duck	Ógvella	Havlit
164	**Kragenente**	*Histrionicus histrionicus*	Straumönd	Harlequin Duck	Brimont	Strømand
166	**Spatelente**	*Bucephala islandica*	Húsönd	Barrow's Goldeneye	Íslendsk súgont	Islandsk hvinand
168	**Trauerente**	*Melanitta nigra*	Hrafnsönd	Common Scoter	Kolont	Sortand
170	**Eiderente**	*Somateria mollissima*	Æðarfugl	Common Eider	Æða	Ederfugl
172	**Brandgans**	*Tadorna tadorna*	Brandönd	Common Shelduck	Kápureyð ont	Gravand
174	**Gänsesäger**	*Mergus merganser*	Gulönd	Goosander	Tannont	Stor skallesluger
176	**Mittelsäger**	*Mergus serrator*	Toppönd	Red-breasted Merganser	Toppont	Toppet skallesluger
178	**Sterntaucher**	*Gavia stellata*	Lómur	Red-throated Diver	Lómur	Rødstrubet lom
180	**Eistaucher**	*Gavia immer*	Himbrimi	Great Northern Diver	Havgás	Islom
182	**Ohrentaucher**	*Podiceps auritus*	Flórgoði	Horned Grebe	Gjør	Nordisk lappedykker
184	**Schneegans**	*Anser caerulescens*	Snjógæs	Snow Goose	Snjógás	Snegås
184	**Kanadagans**	*Branta canadensis*	Kanadagæs	Canada Goose	Øshvít gás	Canadagås
185	**Kanadapfeifente**	*Anas americana*	Ljóshöfðaönd	American Wigeon	Bolladunna	Amerikansk pibeand
185	**Carolinakrickente**	*Anas carolinensis*	Murtönd	Green-winged Teal	Amerikansk krikkont	Amerikansk krikand
186	**Dunkelente**	*Anas rubripes*	Brúnönd	American Black Duck	Dimmmorreyð ont	Sortbrun and
186	**Knäkente**	*Anas querquedula*	Taumönd	Garganey	Teymont	Atlingand
187	**Tafelente**	*Aythya ferina*	Skutulönd	Common Pochard	Høvuðreyð ont	Taffeland
187	**Ringschnabelente**	*Aythya collaris*	Hringönd	Ring-necked Duck	Helsut trøllont	Halsbåndstroldand
188	**Schellente**	*Bucephala clangula*	Hvinönd	Common Goldeneye	Súgont	Hvinand
188	**Scheckente**	*Polysticta stelleri*	Blikönd	Steller's Eider	Høvuðhvít æða	Stellersand
189	**Prachteiderente**	*Somateria spectabilis*	Æðarkóngur	King Eider	Æðukongur	Kongeederfugl
190	**Samtente**	*Melanitta fusca*	Korpönd	Velvet Scoter	Spegilsont	Fløjlsand
190	**Rothalstaucher**	*Podiceps grisegena*	Sefgoði	Red-necked Grebe	Øsgrá gjør	Gråstrubet lappedykker
198	**Gerfalke**	*Falco rusticolus*	Fálki	Gyr Falcon	Veiðifalkur	Jagtfalk

SCHWEDISCH SVENSKA	NORWEGISCH NORSK	FINNISCH SUOMI	HOLLÄNDISCH NEDERLANDS	ITALIENISCH ITALIANO	FRANZÖSISCH FRANÇAIS	SPANISCH ESPAÑOL
Bergand	Bergand	Lapasotka	Toppereend	Moretta grigia	Fuligule milouinan	Porrón bastardo
Alfågel	Havelle	Alli	IJseend	Moretta codona	Harelde boréale	Pato havelda
Strömand	Harlekinand	Virta–alli	Harlekijneend	Moretta arlecchino	Arlequin plongeur	Pato arlequín
Islandsknipa	Islandsand	Amerikan telkkä	IJslandse brilduiker	Quattrocchi d'Islanda	Garrot d'Islande	Porrón islándico
Sjöorre	Svartand	Mustalintu	Zwarte zeeëend	Orchetto marino	Macreuse noire	Negrón común
Ejder	Ærfugl	Haahka	Eidereend	Edredone	Eider à duvet	Eider común
Gravand	Gravand	Ristisorsa	Bergeend	Volpoca comune	Tadorne de Belon	Tarro blanco
Storskrake	Laksand	Isokoskelo	Grote zaagbek	Smergo maggiore	Harle bièvre	Serreta grande
Småskrake	Siland	Tukkakoskelo	Middelste zaagbek	Smergo minore	Harle huppé	Serreta mediana
Smålom	Smålom	Kaakkuri	Roodkeelduiker	Strolaga minore	Plongeon catmarin	Colimbo chico
Svartnäbbed islom	Islom	Amerikan-jääkuikka	IJsduiker	Strolaga maggiore	Plongeon imbrin	Colimbo grande
Svarthake–dopping	Horndykker	Mustarkurkku–uikku	Kuifduiker	Svasso cornuto	Grèbe esclavon	Zampullín cuellirrojo
Snögås	Snøgås	Lumihanhi	Sneeuwgans	Oca delle nevi	Oie des neiges	Ánsar nival
Kanadagås	Kanadagås	Kanadanhanhi	Grote canadese gans	Oca del Canada	Bernache du Canada	Barnacla cana-diense
Amerikansk bläsand	Amerika–blesand	Amerikan–haapana	Amerikaanse smient	Fischione americano	Canard à front blanc	Silbón americano
Amerikansk kricka	Amerika–krikkand	Amerikantavi	Amerikaanse Wintertaling	Alzavola americana	Sarcelle à ailes vertes	Cerceta americana
Svartand	Rødfotand	Nokisorsa	Zwarte eend	Anatra zamperosse	Canard noir	Anade sombrío
Årta	Knekkand	Heinätavi	Zomertaling	Marzaiola	Sarcelle d'été	Cerceta Carretona
Brunand	Taffeland	Punasotka	Tafeleend	Moriglione	Fuligule milouin	Porrón europeo
Ringand	Ringand	Amerikan–tukkasotka	Ringsnaveleend	Moriglione dal collare	Fuligule à bec cerclé	Porrón acollarado
Knipa	Kvinand	Telkkä	Brilduiker	Quattrocchi comune	Garrot à oeil d'or	Porrón osculado
Alförrädare	Stellerand	Allihaahka	Steller–eider	Edredone di Steller	Eider de Steller	Eider menor
Praktejder	Praktærfugl	Kyhmyhaanka	Koningseider-eend	Re degli Edredoni	Eider à tête grise	Eider real
Svärta	Sjøorre	Pilkkasiipi	Grote Zeeüend	Orco marino europeo	Macreuse brune	Negrón Especulado
Gråhake–dopping	Gråstrupe–dykker	Härkälintu	Roodhalsfuut	Svasso collorosso	Grèbe jougris	Somormujo Cuellirrojo
Jaktfalk	Jaktfalk	Tunturihaukka	Giervalk	Girfalco d'Islanda	Faucon gerfaut	Halcón gerifalte

S.	DEUTSCH	LATEIN	ISLÄNDISCH ÍSLENSKA	ENGLISCH ENGLISH	FÄRÖISCH FØROYSK	DÄNISCH DANSK
200	**Merlin**	*Falco columbarius*	Smyrill	Merlin	Smyril	Dværgfalk
202	**Seeadler**	*Haliaeetus albicilla*	Haförn	White-tailed Eagle	Havørn	Havørn
204	**Sumpfohreule**	*Asio flammeus*	Brandugla	Short-eared Owl	Uglubóndi	Mosehornugle
206	**Schnee-Eule**	*Bubo scandiaca*	Snæugla	Snowy Owl	Snjóugla	Sneugle
208	**Alpenschneehuhn**	*Lagopus muta*	Rjúpa	Rock Ptarmigan	Rýpa	Fjeldrype
210	**Felsentaube**	*Columba livia*	Bjargdúfa	Rock Dove	Bládúgva	Klippedue
212	**Turmfalke**	*Falco tinnunculus*	Turnfálki	Common Kestrel	Grýtissmyril	Tårnfalk
212	**Ringeltaube**	*Columba palumbus*	Hringdúfa	Wood Pigeon	Mánadúgva	Ringdue
213	**Türkentaube**	*Streptopelia decaocto*	Tyrkjadúfa	Collared Dove	Turkadúgva	Tyrkerdue
213	**Turteltaube**	*Streptopelia turtur*	Turtildúfa	Turtle Dove	Turtildúgva	Turteldue
214	**Kuckuck**	*Cuculus canorus*	Gaukur	Common Cuckoo	Geykur	Gøg
214	**Mauersegler**	*Apus apus*	Múrsvölungur	Common Swift	Feigdarsveimari	Mursejler
215	**Waldohreule**	*Asio otus*	Eyrugla	Long-eared Owl	Kattúla	Skovhornugle
220	**Wiesenpieper**	*Anthus pratensis*	Þúfutittlingur	Meadow Pipit	Títlingur	Engpiper
222	**Bachstelze**	*Motacilla alba*	Maríuerla	White Wagtail	Erla kongsdóttir	Hvid vipstjert
224	**Zaunkönig**	*Troglodytes troglodytes*	Músarrindill	Winter Wren	Músabróðir	Gærdesmutte
226	**Steinschmätzer**	*Oenanthe oenanthe*	Steindepill	Northern Wheatear	Steinstólpa	Stenpikker
228	**Rotdrossel**	*Turdus iliacus*	Skógarþröstur	Redwing	Óðinshani	Vindrossel
230	**Wacholderdrossel**	*Turdus pilaris*	Gráþröstur	Fieldfare	Fjalltrøstur	Sjagger
232	**Amsel**	*Turdus merula*	Svartþröstur	Common Blackbird	Kvørkveggja	Solsort
234	**Wintergold-hähnchen**	*Regulus regulus*	Glókollur	Goldcrest	Títlingskongur	Fuglekonge
236	**Kolkrabe**	*Corvus corax*	Hrafn	Common Raven	Ravnur	Ravn
238	**Star**	*Sturnus vulgaris*	Stari	Common Starling	Stari	Stær
240	**Birkenzeisig**	*Carduelis flammea*	Auðnutittlingur	Common Redpoll	Reyðkollur	Gråsisken
242	**Haussperling**	*Passer domesticus*	Gráspör	House Sparrow	Gráspurvur	Gråspurv
244	**Schneeammer**	*Plectrophenax nivalis*	Snjótittlingur	Snow Bunting	Snjófuglur	Snespurv
246	**Feldlerche**	*Alauda arvensis*	Sönglævirki	Skylark	Lerkur	Sanglærke
246	**Rauchschwalbe**	*Hirundo rustica*	Landsvala	Barn Swallow	Svala	Landsvale
247	**Mehlschwalbe**	*Delichon urbicum*	Bæjasvala	House Martin	Lonasvala	Bysvale

SCHWEDISCH SVENSKA	NORWEGISCH NORSK	FINNISCH SUOMI	HOLLÄNDISCH NEDERLANDS	ITALIENISCH ITALIANO	FRANZÖSISCH FRANÇAIS	SPANISCH ESPAÑOL
Stenfalk	Dvergfalk	Ampuhaukka	Smelleken	Smeriglio	Faucon-émerillon	Esmerejón
Havsörn	Havørn	Merikotka	Zeearend	Aquila di mare	Pygargue à queue blanche	Pigargo europeo
Jorduggla	Jordugle	Suopöllö	Velduil	Gufo di palude	Hibou des marais	Búho campestre
Fjälluggla	Snøugle	Tunturipöllö	Sneeuwuil	Gufo delle nevi	Harfang des neiges	Búho nival
Fjällripa	Fjellrype	Kiiruna	Alpensneeuwhoen	Pernice bianca	Lagopède alpin	Lagópodo alpino
Klippduva	Klippedue	Kalliokyyhky	Rotsduif	Piccione selvatico	Pigeon biset	Paloma brávia
Tornfalk	Tårnfalk	Tuulihaukka	Torenvalk	Gheppio comune	Faucon crécerelle	Cernícalo vulgar
Ringduva	Ringdue	Sepelkyyhky	Houtduif	Colombaccio	Pigeon ramier	Paloma torcaz
Turkduva	Tyrkerdue	Turkinkyyhky	Turkse tortel	Tortora dal collare orientale	Tourterelle turque	Tórtola turca
Turturduva	Turteldue	Turturikyyhky	Tortelduif	Tortora europea	Tourterelle des bois	Tórtola europea
Gök	Gjøk	Käki	Koekoek	Cuculo	Coucou gris	Cuco común
Tornseglare	Tårnseiler	Tervapääshy	Gierzwaluw	Rondone	Martinet noir	Vencejo común
Hornuggla	Hornugle	Sarvipöllö	Ransuil	Gufo comune	Hibou moyen–duc	Búho chico
Ängspiplärka	Heipiplerke	Niittykirvinen	Graspieper	Pispola	Pipit farlouse	Bisbita pratense
Sädesärla	Linerle	Västäräkki	Witte kwikstaart	Ballerina bianca	Bergeronnette grise	Lavandera blanca
Gärdsmyg	Gjerdesmett	Peukaloinen	Winterkoning	Scricciolo comune	Troglodyte mignon	Chochin común
Stenskvätta	Steinskvett	Kivitasku	Tapuit	Culbianco	Traquet motteux	Collalba gris
Rödvingetrast	Rødvingetrost	Punakylkirastas	Koperwiek	Tordo sassello	Grive mauvis	Zorzal alirrojo
Björktrast	Gråtrost	Räkättirastas	Kramsvogel	Cesena	Grive litorne	Zorzal real
Koltrast	Svarttrost	Mustarastas	Merel	Merlo	Merle noir	Mirlo común
Kungsfågel	Fuglekonge	Hippiäinen	Goudhaantje	Regolo	Roitelet huppé	Reyezuelo sencillo
Korp	Ravn	Korppi	Raaf	Corvo imperiale	Grand Corbeau	Cuervo
Stare	Stær	Kottarainen	Spreeuw	Storno europeo	Étourneau sansonnet	Estornino pinto
Gråsiska	Gråsisik	Urpiainen	Barmsijs	Organetto	Sizerin flammé	Pardillo sizerín
Gråsparv	Gråspurv	Varpunen	Huismus	Passera europea	Moineau domestique	Gorrión común
Snösparv	Snøspurv	Pulmunen	Sneeuwgors	Zigolo delle nevi	Bruant des neiges	Escribano nival
Sånglärka	Sanglerke	Kiuru	Veldleeuwerik	Allodola	Alouette des champs	Alondra común
Ladusvala	Låvesvale	Haarapääsky	Boerenzwaluw	Rondine comune	Hirondelle rustique	Golondrina común
Hussvala	Taksvale	Räystäspääsky	Huiszwaluw	Balestruccio	Hirondelle de fenêtre	Avión común

S.	DEUTSCH	LATEIN	ISLÄNDISCH ÍSLENSKA	ENGLISCH ENGLISH	FÄRÖISCH FØROYSK	DÄNISCH DANSK
247	**Strandpieper**	*Anthus petrosus*	Strandtittlingur	Rock Pipit	Grátítlingur	Skærpiber
248	**Seidenschwanz**	*Bombycilla garrulus*	Silkitoppa	Bohemian Waxwing	Reyðstapi	Silkehale
248	**Rotkehlchen**	*Erithacus rubecula*	Glóbrystingur	European Robin	Bringureyði	Rødhals
249	**Gartenrot-schwanz**	*Phoenicurus phoenicurus*	Garðaskotta	Common Redstart	Velreyði	Rødstjert
249	**Braunkehlchen**	*Saxicola rubetra*	Vallskvetta	Whinchat	Reyðstólpa	Bynkefugl
250	**Singdrossel**	*Turdus philomelos*	Söngþröstur	Song Thrush	Ljómtrøstur	Sangdrossel
250	**Misteldrossel**	*Turdus viscivorus*	Mistilþröstur	Mistle Thrush	Diglutrøstur	Misteldrossel
251	**Gartengras-mücke**	*Sylvia borin*	Garðsöngvari	Garden Warbler	Garðljómari	Havesanger
251	**Sperbergras-mücke**	*Sylvia nisoria*	Hauksöngvari	Barred Warbler	Heykljómari	Høgesanger
252	**Klappergras-mücke**	*Sylvia curruca*	Netlusöngvari	Lesser Whitethroat	Notuljómari	Ørkengærdesanger
248	**Mönchsgras-mücke**	*Sylvia atricapilla*	Hettusöngvari	Blackcap	Munkur	Munk
253	**Gelbbrauen-Laubsänger**	*Phylloscopus inornatus*	Hnoðrasöngvari	Yellow-browed Warbler	Nilksljómari	Hvidbrynet løvsanger
254	**Fitis**	*Phylloscopus trochilus*	Laufsöngvari	Willow Warbler	Leyvljómari	Løvsanger
254	**Zilpzalp**	*Phylloscopus collybita*	Gransöngvari	Common Chiffchaff	Grannljómari	Gransanger
255	**Waldlaubsänger**	*Phylloscopus sibilatrix*	Grænsöngvari	Wood Warbler	Grønljómari	Skovsanger
255	**Grauschnäpper**	*Muscicapa striata*	Grágrípur	Spotted Flycatcher	Gránápur	Grå fluesnapper
255	**Trauerschnäpper**	*Ficedula hypoleuca*	Flekkugrípur	Pied Flycatcher	Flekkunápur	Broget fluesnapper
256	**Nebelkrähe**	*Corvus cornix*	Grákráka	Hooded Crow	Kráka	Gråkrage
257	**Saatkrähe**	*Corvus frugilegus*	Bláhrafn	Rook	Felliskráka	Råge
257	**Dohle**	*Corvus monedula*	Dvergkráka	Jackdaw	Rókur	Allike
258	**Bergfink**	*Fringilla monti-fringilla*	Fjallafinka	Brambling	Fjallígða	Kvækerfinke
258	**Buchfink**	*Fringilla coelebs*	Bókfinka	Common Chaffinch	Bókígða	Bogfinke
258	**Erlenzeisig**	*Carduelis spinus*	Barrfinka	Eurasian Siskin	Barrígða	Grønsisken
259	**Karmingimpel**	*Carpodacus erythrinus*	Rósafinka	Common Rosefinch	Krossnev	Karmindompap
260	**Fichtenkreuz-schnabel**	*Loxia curvirostra*	Krossnefur	Common Crossbill	Roðaígða	Lille korsnæb
261	**Gimpel**	*Pyrrhula pyrrhula*	Dómpápi	Eurasian Bullfinch	Prýðisígða	Dompap
261	**Spornammer**	*Calcarius lapponicus*	Sportittlingur	Lapland Bunting	Fjallasnjófuglur	Lapværling

SCHWEDISCH SVENSKA	NORWEGISCH NORSK	FINNISCH SUOMI	HOLLÄNDISCH NEDERLANDS	ITALIENISCH ITALIANO	FRANZÖSISCH FRANÇAIS	SPANISCH ESPAÑOL
Skärpiplärka	Skjærpiplerke	Luotokirvinen	Oeverpieper	Spioncello montano	Pipit maritime	Bisbita Costero
Sidensvans	Sidensvans	Tilhi	Pestvogel	Beccofrusone	Jaseur boréal	Ampelis europeo
Rödhake	Rødstrupe	Punarinta	Roodborst	Pettirosso europeo	Rougegorge familier	Petirrojo
Rödstjärt	Rødstjert	Leppälintu	Gekraagde Roodstaart	Codirosso	Rougequeue à front blanc	Colirrojo real
Buskskvätta	Buskskvett	Pensastasku	Paapje	Stiaccino	Tarier des prés	Tarabilla norteña
Taltrast	Måltrost	Laulurastas	Zanglijster	Tordo bottaccio	Grive musicienne	Zorzal común
Dubbeltrast	Duetrost	Kulorastas	Grote Lijster	Tordela	Grive draine	Zorzal charlo
Trädgårds sångare	Hagesanger	Lehtokerttu	Tuinfluiter	Beccafico	Fauvette des jardins	Curruca mosquitera
Höksångare	Hauksanger	Kirjokerttu	Sperwergrasmus	Bigia padovana	Fauvette épervière	Curruca Gavilana
Ärtsångare	Møller	Hernekerttu	Braamsluiper	Bigiarella	Fauvette babillarde	Curruca pequeña
Svarthätta	Munk	Mustapääkerttu	Zwartkop	Capinera	Fauvette à tête noire	Curruca capirotada
Taigasångare	Gulbrynsanger	Taigauunilintu	Bladkoning	Luì forestiero	Pouillot à grands sourcils	Mosquitero bilistado
Lövsångare	Løvsanger	Pajulintu	Fitis	Luì grosso	Pouillot fitis	Mosquitero musical
Gransångare	Gransanger	Tiltaltti	Tijftjaf	Luì piccolo	Pouillot véloce	Mosquitero común
Grönsångare	Bøksanger	Sirittäjä	Fluiter	Luì verde	Pouillot siffleur	Mosquitero silbador
Grå flugsnappare	Gråfluesnapper	Harmaasieppo	Grauwe Vliegenvanger	Pigliamosche europeo	Gobemouche gris	Papamoscas gris
Svartvit flugsnappare	Svarthvit fluesnapper	Kirjosieppo	Bonte Vliegenvanger	Balia nera	Gobemouche noir	Papamoscas cerrojillo
Gråkråka	Kråke	Varis	Bonte Kraai	Cornacchia grigia	Corneille mantelée	Corneja cenicienta
Råka	Kornkråke	Mustavaris	Roek	Corvo nero	Corbeau freux	Graja
Kaja	Kaie	Naakka	Kauw	Taccola	Choucas des tours	Grajilla
Bergfink	Bjørkefink	Järripeippo	Keep	Peppola	Pinson du Nord	Pinzón real
Bofink	Bokfink	Peippo	Vink	Fringuello comun	Pinson des arbres	Pinzón vulgar
Grönsiska	Grønnsisik	Vihervarpunen	Sijs	Lucarino europeo	Tarin des aulnes	Lúgano
Rosenfink	Rosenfink	Punavarpunen	Roodmus	Ciuffolotto scarlatto	Roselin cramoisi	Camachuelo carminoso
Mindre korsnäbb	Grankorsnebb	Pikkukäpylintu	Kruisbek	Crociere comune	Bec-croisé des sapins	Piquituerto común
Domherre	Dompap	Punatulkku	Goudvink	Ciuffolotto comune	Bouvreuil pivoine	Camachuelo común
Lappsparv	Lappspurv	Lapinsirkku	IJsgors	Zigolo di Lapponia	Bruant lapon	Escribano lapón

LITERATUR UND QUELLEN

Publikationen zu isländischen Vögeln ab 1936

Arnþór Garðarsson (Red.) 1975. *Votlendi*. Rit Landverndar 4. Landvernd, Reykjavík.

Arnþór Garðarsson (Red.) 1982. *Fuglar*. Rit Landverndar 8. Landvernd, Reykjavík.

Arnþór Garðarsson & Árni Einarsson (Red.)1991. *Náttúra Mývatns*. Hið íslenska náttúrufræðifélag, Reykjavík.

Birgir Kjaran & Finnur Guðmundsson 1967. *Haförninn*. Bókfellsútgáfan, Reykjavík.

Bjarni Sæmundsson 1936. *Fuglarnir. Íslensk dýr III*. Bókaverslun Sigfúsar Eymundssonar, Reykjavík.

Björn J. Blöndal 1953. *Vinafundir. Rabb um fugla og fleiri dýr*. Hlaðbúð, Reykjavík.

Breuil, Michel 1989. *Les Oiseaux d´Islande*. Lechevalier – R. Chabaud, Paris.

Daníel Bergmann 2005. *Fuglamyndir*. Útgáfufélagið Natura, Reykjavík.

Guðmundur Páll Ólafsson 2005. *Fuglar í náttúru Íslands*. Mál og menning, Reykjavík.

Gunnlaugur Pétursson & Gunnlaugur Þráinsson 1999. *Sjaldséðir fuglar á Íslandi fyrir 1981*. Fjölrit Náttúrufræðistofnunar 37, Reykjavík.

Hanzàk, Jan 1971. *Stóra fuglabók Fjölva*. Friðrik Sigurbjörnsson þýddi og staðfærði. Fjölvi, Reykjavík.

Helgi Guðmundsson & Jón Baldur Hlíðberg 1997. *Iceland nature guides: Birdwatching*. Ritsmiðjan, Reykjavík.

Hjálmar R. Bárðarson 1986. *Fuglar Íslands*. Hjálmar R. Bárðarson, Reykjavík.

Hlöðver Johnsen 1986. *Bergið klifið*. Almenna bókafélagið, Reykjavík.

Ingvi Þorsteinsson (Red.) 1998. *Kynnumst Suðurnesjum. Fræðsluefni um náttúru og sögu*. Umhverfisdeild flotastöðvar hersins, Keflavík.

Jóhann Óli Hilmarsson 2008. *Lundinn er ljúfastur fugla*. Mál og menning, Reykjavík.

Jón Hallur Jóhannsson og Björk Guðjónsdóttir 1995. *Varpfuglar í Steingrímsfirði og nágrenni. Könnun 1987- 1994*. Fjölrit Náttúrufræðistofnunar 28, Reykjavík.

Jón S. Ólafsson (Red.) 1998. *Íslensk votlendi, verndun og nýting*. Háskólaútgáfan, Reykjavík.

Jónas Jónsson (Red.) 2001. *Æðarfugl og æðarrækt á Íslandi*. Mál og mynd, Reykjavík, 528 bls.

Kristinn Haukur Skarphéðinsson 1994. *Tjón af völdum arna í æðarvörpum*. Umhverfisráðuneytið, Reykjavík.

Kristinn Haukur Skarphéðinsson, Gunnlaugur Pétursson & Jóhann Óli Hilmarsson 1994. *Útbreiðsla varpfugla á Suðvesturlandi. Könnun 1987-1992*. Fjölrit Náttúrufræðistofnunar 25, Reykjavík.

Lúðvík Kristjánsson 1986. *Íslenskir sjávarhættir. 5. bindi*. Bókaútgáfa Menningarsjóðs, Reykjavík.

Magnús Björnsson 1939. *Fuglabók Ferðafélags Íslands*. Árbók FÍ. 1939.

Ólafur Karl Nielsen (Red.) 1992. *Tjörnin, saga og lífríki*. Reykjavíkurborg.

Peterson, Roger Tory, Guy Mountfort & P.A.D. Hollom 1964. *Fuglar Íslands og Evrópu. Fuglabók AB, 2. útgáfa*. Finnur Guðmundsson þýddi og staðfærði. Almenna bókafélagið, Reykjavík.

Pétur M. Jónasson (Red.) 1979. *Ecology of eutrophic, subarctic Lake Mývatn and the River Laxá*. Hið íslenska fræðafélag, Kaupmannahöfn.

Pilkington, Brian 1992. *Íslenskir fuglar*. Iðunn, Reykjavík.

Pilkington, Brian 1992. *Dýraríki Íslands. Undraheimur íslenskrar náttúru*. Iðunn, Reykjavík.

Schlenker, Hermann 1965. *Fuglar*. Bókaútgáfa Menningarsjóðs, Reykjavík.

Scott, Peter & James Fisher 1953. *A thousand geese*. Collins, London.

Sigurður Ægisson 1996. *Ísfygla. Íslenskir fuglar – Aves Islandicae*. Sigurður Ægisson, Grenjaðarstað.

Sutton, George M. 1961. *Iceland Summer. Adventures of a Bird Painter*. University of Oklahoma Press, Norman.

Sørensen, Søren & Dorete Bloch 1991. *Fuglar á Íslandi og öðrum eyjum í Norður-Atlantshafi*. Erling Ólafsson þýddi. Skjaldborg, Reykjavík.

Timmermann, Günter 1938-49. *Die Vögel Islands*. Vísindafélag Íslendinga, Reykjavík.

Yates, G.K. 1951. *The land of the Loon*. London.

Þorsteinn Einarsson 1987. *Fuglahandbókin. Greiningarbók um íslenska fugla*. Örn og Örlygur, Reykjavík.

Þorsteinn Einarsson 1991. *Guide to the Birds of Iceland*. Jóhann Óli Hilmarsson þýddi. Örn og Örlygur, Reykjavík.

Ævar Petersen & Jón Baldur Hlíðberg 1998. *Íslenskir fuglar*. Vaka-Helgafell, Reykjavík.

Ausgewählte Publikationen auf Englisch

Birdlife International 2004. *Birds in Europe. Population Estimates, Trends and Conservation Status.* Cambridge, UK: BirdLife International. BirdLife Conservation Series No. 12.

Brooke, Michael 1990. *The Manx Shearwater.* T & AD Poyser, London.

Cramp, Stanley (Red.) 1977-94. *Handbook of the Birds of Europe, the Middle East and North Africa. The Birds of the Western Palearctic. 1.-9. bindi.* Oxford University Press.

Fisher, James 1952. *The Fulmar.* Collins, London.

Furness, Robert W. 1987. *The Skuas.* T & AD Poyser, Berkhamstead.

Grant, Peter J. 1986. *Gulls, a guide to identification, 2. útgáfa.* T & AD Poyser, Calton.

Hagemeijer, J.M. Ward & Michael J. Blair (Red.) 1997. *The EBCC Atlas of European Breeding Birds.* T & AD Poyser, London.

Harris, Mike P. 1984. *The Puffin.* T & AD Poyser, Calton.

Harrison, Peter 1987. *Seabirds of the World. A Photographic Guide.* Christopher Helm, London.

Lack, P. 1986. *The Atlas of Wintering Birds in Britain and Ireland.* T & AD Poyser, Calton.

Madge, Steve & Hilary Burn 1988. Wildfowl. *An identification guide to the ducks, geese and swans of the world.* Christopher Helm, London.

Madsen, Jesper, Gill Cracknell & Tony Fox (Red.) 1999. *Goose populations of the Western Palearctic. A review of status and distribution.* Danmarks Miljøundersøgelser, Rønde.

Mitchell, P. Ian, Stephen F. Newton, Norman Ratcliffe & Timothy E. Dunn 2004. *Seabird Populations of Britain and Ireland.* T & AD Poyser, London.

National Geographic Society 1987. *Field Guide to the Birds of North America.* National Geographic Society, Washington D.C.

Nelson, Bryan 1978. *The Gannet.* T & AD Poyser, Berkhamstead.

Nettleship, David N. & Tim R. Birkhead 1985. *The Atlantic Alcidae.* Academic Press, London.

Robb, Magnus, Killian Mullarney & The Sound Approch 2008. *Petrels night and day. A Sound Approach Guide.*

Sandberg, Roland 1992. *European bird names in fifteen languages.* Anser, Supplement 28, Lund.

Svensson, Lars, Killian Mullarney & Dan Zetterström 2009. *Collins Bird Guide. 2. útg.* HarperCollins, London.

Thorup, O. (Zus.fassung) 2006. *Breeding waders in Europe 2000.* International Wader Studies 14, International Wader Study Group, UK.

Ausgewählte Artikel und Forschungsberichte zu isländischen Vögeln

A.D. Fox, Jóhann Óli Hilmarsson, Ólafur Einarsson, H. Boyd, J.N. Kristiansen, D.A. Stroud, A.J. Walsh, S.M. Warren, C. Mitchell, I.S. Francis & T. Nygaard 1999. *Phenology and distribution of Greenland White-fronted Geese Anser albifrons flavirostris staging in Iceland.* Wildfowl 50:29-43.

Agnar Ingólfsson 1970. *Hybridization of Glaucous Gulls Larus hyperboreus and Herring Gulls L. argentatus in Iceland.* Ibis 112:340-362.

Agnar Ingólfsson 1982. *Máfar, kjóar og skúmur.* Fuglar. Rit Landverndar 8: 61-76.

Agnar Ingólfsson & Arnþór Garðarsson 1955. *Fuglalíf á Seltjarnarnesi.* Náttúrufr. 25:7-23.

Anthony D. Fox, Ólafur Einarsson, Jóhann Óli Hilmarsson, Hugh Boyd & Carl R. Mitchell 2000. *Viðdvöl heiðagæsa á vori á Suðurlandi.* Bliki 20: 11–20.

Arnþór Garðarsson 1978. *Íslenski húsandarstofninn.* Náttúrufr. 48: 162-191.

Arnþór Garðarsson 1982. *Andfuglar og aðrir vatnafuglar.* Fuglar. Rit Landverndar 8: 77-116.

Arnþór Garðarsson 1982. *Rjúpa.* Fuglar. Rit Landverndar 8: 149-164.

Arnþór Garðarsson 1984. *Fuglabjörg Suðurkjálkans.* Árbók Ferðafélags Íslands 1984: 127-160.

Arnþór Garðarsson 1995. *Svartfugl í íslenskum fuglabjörgum.* Bliki 16: 47-65.

Arnþór Garðarsson 1996. *Ritubyggðir.* Bliki 17:1-16.

Arnþór Garðarsson 2006. *Nýlegar breytingar á fjölda íslenskra bjargfugla.* Bliki 27: 13-22.

Arnþór Garðarsson 2006. *Viðkoma ritu sumarið 2005.* Bliki 27: 23-26.

Arnþór Garðarsson 2008. *Dílaskarfsbyggðir 1994-2008.* – Bliki 29: 1-10.

Arnþór Garðarsson 2008. *Súlutalning 2005-2008.* Bliki 29: 19-22.

Arnþór Garðarsson 2009. *Fjöldi æðarfugls, hávellu, toppandar og stokkandar á grunnsævi að vetri.* Bliki 30: 49-54.

Arnþór Garðarsson & Guðmundur A. Guðmundsson 1997. *Numbers of Light-bellied Brent Geese Branta bernicla hrota staging in Iceland in spring.* Wildfowl 47: 62-66.

Arnþór Garðarsson & Kristinn Haukur Skarphéðinsson 1985. *Vetursetа álftar á Íslandi.* Bliki 4: 45-56.

Arnþór Garðarsson & Ólafur Karl Nielsen 1989. *Fuglalíf á tveimur leirum við Reykjavík. 1. Vaðfuglar.* Náttúrufr. 59: 59-84.

Arnþór Garðarsson & Þorkell Lindberg Þórarinsson 2003. *Útbreiðsla og fjöldi straumandar á Íslandi að vetrarlagi.* Bliki 23: 5-20.

Arnþór Garðarsson & Ævar Petersen 2009. *Íslenski toppskarfsstofninn.* Bliki 30: 9-26.

Árni Waag Hjálmarsson 1982. *Vaðfuglar.* Rit Landverndar 8:117-148.

Bengtson, Sven-Axel 1972. *Reproduction and fluctuations in the size of duck populations at Lake Mývatn, Iceland.* Oikos 23: 35-58.

Boyd, Hugh & Ævar Petersen 2006. *Spring arrivals of migrant waders in Iceland in the 20th century.* Ringing & Migration 23(2): 107-115.

Erpur S. Hansen, Broddi R. Hansen, Jóhann Óli Hilmarsson & Ingvar A.Sigurðsson 2009. *Breyting á stofnstærð skrofunar í Ystakletti, Vestmannaeyjum 1991-2009.* Veggspjald kynnt á Ráðstefnu Líffræðifélagsins í nóvember 2009.

Erpur Snær Hansen, Broddi Reyr Hansen & Jóhann Óli Hilmarsson 2009. *Sjósvölutal Vestmannaeyja.* Veggspjald kynnt á Ráðstefnu Líffræðifélagsins í nóvember 2009.

Finnur Guðmundsson 1955. *Íslenskir fuglar XI. Hvítmáfur (Larus hyperboreus).* Náttúrufr. 25: 24-35.

Finnur Guðmundsson 1955. *Íslenskir fuglar XII. Sílamáfur (Larus fuscus).* Náttúrufr. 25: 215-226.

Finnur Guðmundsson 1956. *Íslenskir fuglar XIII. Rita (Rissa tridactyla).* Náttúrufr. 26: 131-137.

Finnur Guðmundsson 1956. *Íslenskir fuglar XIV. Kría (Sterna paradisaea).* Náttúrufr. 26: 206-217.

Finnur Guðmundsson 1971. *Straumendur (Histrionicus histrionicus) á Íslandi.* Náttúrufr. 41: 1-28, 64-98.

Flækingsfuglanefndin 2008. *Skrá yfir íslenska fugla til 2005.* Bliki 29, fylgirit.

Francis, Ian S. & Anthony D. Fox 1987. *Spring migration of Greenland White-fronted Geese through Iceland.* Wildfowl 38: 7-12.

Freydís Vigfúsdóttir, Kristján Lilliendahl & Arnþór Garðarsson 2009. *Fæða súlu við Ísland.* Bliki 30: 55-60.

Gerritsen, Gerrit J. & Niko M. Groen 1995. *Icelandic Black-tailed Godwit Project 1993.* WIWO-report 51, Zeist, Hollandi.

Guðmundur A. Guðmundsson 1992. *Flight and migration strategies of birds at polar latitudes.* Dissertation an der Universität in Lund.

Guðmundur A. Guðmundsson 2009. *Fargestir á Íslandi.* Bliki 30: 1-8.

Guðmundur A. Guðmundsson & Arnþór Garðarsson 1993. *Numbers, geographic distribution and habitat utilization of waders (Charadrii) in spring on the shores of Iceland.* Ecography 16:82-93.

Guðmundur A. Guðmundsson & Daníel Bergmann, 2006. *Til hvers að merkja margæsir?* Fuglar 3: 42-45.

Guðmundur A. Guðmundsson, Kristinn Haukur Skarphéðinsson & Ólafur K. Nielsen 2011. *Vöktun íslenskra fuglastofna: Forgangsröðun tegunda og tillaga að vöktun.* Náttúrufræðistofnun Íslands, drög.

Gunnar Þór Hallgrímsson & Páll Hersteinsson 2004. *Varpstofn sílamáfs á Miðnesheiði sumarið 2004 – könnun á stærð og útbreiðslu varpsins.* Skýrsla til flugmálastjórnar.

Hálfdan Björnsson 1976. *Fuglalíf í Öræfum, A.-Skaft.* Náttúrufr. 46: 56-104.

Jóhann Óli Hilmarsson 2009. *Fuglalíf Vestmannaeyja.* Árbók Ferðafélags Íslands 2009 (82): 28-51.

Jóhann Óli Hilmarsson & Smári Brynjarsson 1997. *Fuglalíf í Skrúðnum.* - Glettingur 14: 21-27.

Jóhann Óli Hilmarsson & Ævar Petersen 1997. *Fuglar og spendýr á Seltjarnarnesi.* S. 43–61 und 97–110 in: Kristbjörn Egilsson (Red.), Sveinn Jakobsson, Jóhann Óli Hilmarsson, Ævar Petersen, Agnar Ingólfsson & María Björk Steinarsdóttir 1997. Náttúrufar á Seltjarnarnesi. Seltjarnarnesbær.

Kjartan G. Magnússon & Páll Hersteinsson 2002. *Fuglar og spendýr á vatnasviði Þingvallavatns.* Bls. 97-107 í Pétur M. Jónasson & Páll Hersteinsson Red.: *Þingvallavatn, Undraheimur í mótun,* Mál og menning, Reykjavík.

Kjartan G. Magnússon & Ólafur Karl Nielsen 1982. *Ránfuglar og uglur.* Fuglar. Rit Landverndar 8: 165-180.

Kristinn Haukur Skarphéðinsson 1982. *Spörfuglar.* Rit Landverndar 8: 181-207.

Kristinn Haukur Skarphéðinsson 2003. *Sea Eagles in Iceland: population trends and reproduction.* Bls. 31-38 í B. Hellander, M. Marquiss & B. Bowermann (Red.) SEA EAGLE 2000. Proceedings from an ineternational conference at Björkö, Sweden, 13-17 September 2000. Swedish Society for Nature Conservation/SNF & Åtta.45 Tryckeri AB. Stocholm.

Kristinn Haukur Skarphéðinsson 2007. *Fuglalíf í Djúpavogshreppi.* Bliki 28: 1-18.

Kristinn Haukur Skarphéðinsson, Ólafur Karl Nielsen, Skarphéðinn G. Þórisson & Ib Krag Petersen 1992. *Varpútbreiðsla og fjöldi hrafna á Íslandi.* Bliki 11:1-26.

Kristinn Haukur Skarphéðinsson, Ólafur Karl Nielsen, Skarphéðinn G. Þórisson, Sverrir Thorstensen & Stanley A. Temple 1990. *Breeding biology, movements, and persecution of Ravens in Iceland.* Acta Naturalia Islandica 34. Náttúrufræðistofnun Íslands, Reykjavík.

Kristján Lilliendahl & Jón Sólmundsson 1998. *Fæða sex tegunda sjófugla við Ísland að sumarlagi.* Bliki 19: 1-12.

Kristján Lilliendahl, Jón Sólmundsson & Anton Galan 2004. *Fæða toppskarfs og dílaskarfs við Ísland.* Bliki 25: 1-14.

Lund-Hansen, Lars Chr. & Peter Lange 1991. *The numbers and distribution of the Great Skua (Stercorarius skua) breeding in Iceland 1984-1985.* Acta Naturalia Islandica 34. Náttúrufræðistofnun Íslands, Reykjavík.

Náttúrufræðistofnun Íslands 2000. *Válisti 2. Fuglar.* Náttúrufræðistofnun Íslands, Reykjavík.

Ólafur Einarsson 2000. Iceland. In: M. F. Heath and M. I. Evans (ritstj). *Important Bird Areas in Europe: Priority sites for conservation. Wichtige Vogelgebiete* in Island S. 341-363.

Ólafur Karl Nielsen 1986. *Population ecology of the Gyrfalcon in Iceland with comparative notes on the Merlin and the Raven.* Dissertation an der Cornell-Universität, Ithaca.

Ólafur K. Nielsen 2003. *Skógvist. Mófuglar og skógarfuglar á Héraði 2002.* Skýrsla Náttúrufræðistofnunar Íslands nr. 03-010.

Ólafur K. Nielsen 2010. *Af rjúpum og fálkum.* Náttúrufr. 79: 8-18.

Skarphéðinn G. Þórisson 1981. *Landnám, útbreiðsla og stofnstærð stara á Íslandi.* Náttúrufr. 51:145-163.

Tiedemann, Ralph 1990. *Untersuchungen zum Frühjahrsdurchzug der Limikolen (Charadriiformes) in Südost-Island.* Diplomarbeit an der Universität Kiel.

Wilson, J.R. 1981. *The migration of High Arctic shorebirds trough Iceland.* Bird Study 28:21-32.

Tómas Grétar Gunnarsson 2006. *Mófuglar og skógrækt.* Fuglar 3: 46-52.

Tómas Grétar Gunnarsson, Graham F. Appleton, Hersir Gíslason, Arnþór Garðarsson, Philip W. Atkinson & Jennifer A. Gill 2007. *Búsvæðaval og stofnstærð þúfutittlings á láglendi.* Bliki 28: 19-24.

Tómas Grétar Gunnarsson, Gill. J.A., Potts, P.M., Atkinson, P.W., Croger, R.E., Gélinaud, G., Arnþór Garðarsson & Sutherland, W.J. 2005. *Estimating opulations size of Icelandic Black-tailded Godwits Limosa limosa islandica by colour-marking.* Bird Study 52: 153-158.

Whithfield, J.P. & Jón Magnússon 1987. *The migration of Waders trough north-east Iceland.* Wader Study Group Bull. 49 (Suppl.):85-89.

Worden o.fl. 2009. Worden, J, O. Crowe, Ó. Einarsson, A. Garðarsson, G. Mcelwaine & E.C. Rees 2009. *Population size and breeding success of the Icelandic Whooper Swan Cygnus cygnus: results of the January 2005 international census.* Wildfowl 59: 17–40.

Þorsteinn Einarsson 1948. *Fuglalíf í Vestmannaeyjum.* Árbók Ferðafélags Íslands 1948:158-183.

Þorsteinn Einarsson 1987. *Íslenskar súlubyggðir og saga þeirra.* Náttúrufr. 57:163-184.

Ævar Petersen 1982. *Sjófuglar. Fuglar.* Rit Landverndar 8:15-60.

Ævar Petersen 1989. *Náttúrufar í Breiðafjarðareyjum.* Árbók Ferðafélags Íslands 1989:17-52.

Ævar Petersen 2010. *Fuglalíf í Flatey á Skjálfanda.* Náttúrufræðistofnun Íslands, skýrsla NÍ-10001.

Ævar Petersen & Gaukur Hjartarson 1989, 1991 & 1993. *Vetrarfuglatalningar. Árangur 1987, 1988 og 1989.* Fjölrit Náttúrufræðistofnunar 11, 18 & 23, Reykjavík.

Örn Óskarsson 1995. *Barrfinkuvarp á Tumastöðum í Fljótshlíð 1994.* Bliki 15:57-59.

WEBSEITEN

Institutionen

Biologisches Institut www3.hi.is/pub/lif/miniweb/lifstofn.htm
Naturwissenschaftliches Institut www.ni.is
Naturhistorisches Museum Kópavogur www.natkop.is
Forschungsstation Mývatn www.ramy.is
Umweltamt www.ust.is

Naturforschungsinstitute

Ostisland: Náttúrustofa Austurlands www.na.is
Südisland: Náttúrustofa Suðurlands www.nattsud.is
Reykjanes: Náttúrustofa Reykjaness www.nr.is
Westisland: Náttúrustofa Vesturlands www.nsv.is
Westfjorde: Náttúrustofa Vestfjarða www.nave.is
Westliches Nordland: Náttúrustofa Norðurlands vestra www.nnv.is

Verbände und Vereine

BirdLife International www.birdlife.org
Isl. Vogelschutzverband www.fuglavernd.is

Die wichtigsten Webseiten für isländische Vögel und Ausnahmeerscheinungen

Vogelliebhaber im Hornafjörður www.fuglar.is
Vogelforum Djúpivogur www.birds.is/fuglavefuren/
The Icelandic Birding Pages http://notendur.hi.is/yannk/indexeng.html

Die wichtigsten Produzenten von Naturdokumentationsfilmen

Magnús Magnússon – Emmson Film – www.emmson.tv
Páll Steingrímsson – Kvik ehf., kvikmyndagerð kvik@centrum.is

ANDERE QUELLEN

Verbreitungskarten

Die Erstellung der Verbreitungskarten beruht auf Daten von *Náttúrufræðistofnun Íslands*, auf der Basis von 10x10 km Rastergittern. Für die Karten in diesem Buch wurden diese Daten vereinfacht, und Lücken wurden mit Hilfe von Kristinn Haukur Skarphéðinsson gefüllt, der für die Kartierung am Naturwissenschaftlichen Institut zuständig ist. Über die Winterverbreitung sind die Erkenntnisse sehr unterschiedlich; in einigen Landesteilen ist sie ziemlich genau bekannt, und bei einigen Arten fanden spezielle Erhebungen statt. Zum Jahresende organisiert das Naturwissenschaftliche Institut Vogelzählungen; da sich aber die Vogelbeobachter sehr unterschiedlich auf die Regionen verteilen, gibt es aus gewissen Landesteilen nur sehr mangelhafte oder keine Daten. Bei den Winterverbreitungskarten wurden die Ergebnisse dieser Zählungen zugrunde gelegt, aber es wurden auch andere Quellen und mündliche und schriftliche Informationen von Vogelkennern berücksichtigt. Die Verbreitung von Durchzüglern ist relativ gut erfasst, und die Angaben stützen sich auf Zusammenfassungen von Guðmundur A. Guðmundsson und Arnþór Garðarsson, aber auch auf die Daten von *Wildfowl & Wetland Trust*; außerdem auf eigene Beobachtungen und die von anderen Vogelbeobachtern.

Bestandgrößen

Bei diesen Angaben wurde auf unveröffentlichte Daten des Naturwissenschaftlichen Instituts zurückgegriffen (Guðmundur A. Guðmundsson et.al. 2011). Die Zahlen für Watvögel wurden Thorup u.a. (2006) entnommen. Die Angaben zu Seevögeln stammen von Arnþór Garðarsson (vgl. Literaturverzeichnis), mit Ausnahme von Sturmschwalben und Atlantiksturmtaucher von Erpur Snær Hansen u.a. (2009). Daten zum Bestand von Singschwänen und Gänsen: Webseite des *Wildlife and Wetland Trust* (Stand März 2011). In einigen Fällen (bei sehr seltenen Brutvögeln) wurden neue Daten verwendet, die auf den neuesten Informationen und der Einschätzung von Experten beruhen.

Vogelbezeichnungen und Artenliste

Die Vogelbezeichnungen in der deutschen Übersetzung richten sich nach: Artenliste der Vögel Deutschlands (Peter Barthels und Andreas J. Helbig, in: *Limicola* 19,2, 2005) und – was nearktische Arten betrifft – nach Angaben von verschiedenen Webseiten. Zu den Artenlisten in diesem Buch ist zu sagen, dass sie dem augenblicklichen Stand der Taxonomie entsprechen, doch sowohl Taxonomie als auch wissenschaftliche Bezeichnungen werden seit einigen Jahren sehr kontrovers diskutiert. Bei der Zusammenstellung der Liste über die Vogelbezeichnungen in anderen Sprachen wurde auf *European Bird Names* (Roland Sandberg 1992) und die Datenbank Avibase zurückgegriffen.

Aufenthaltszeiten

Zugrundegelegt sind diverse veröffentlichte oder unveröffentlichte Quellen sowie eigene Beobachtungen. Auch die Meldungen im Internet-Vogelforum (fugl@ni.is) wurden einbezogen und die Angaben zum Eintreffen der Zugvögel auf einschlägigen Webseiten: The Icelandic Birding Pages.

Maße und Gewichte

Diesbezügliche Angaben basieren in erster Linie auf Cramp u.a. 1977–1994, *Birds of the Western Palearctic*, aber zu einem geringen Teil auch auf veröffentlichen und unveröffentlichten isländischen Erkenntnissen.

Nahrung

Die Angaben stützen sich auf isländische Forschungen, soweit vorhanden, aber auch auf die Angaben in *Birds of the Western Palearctic* ebenso wir auf unveröffentlichte Feststellungen des Verfassers und von anderen.

INDEX